MINISTÈRE DES TRAVAUX PUBLICS

ÉTUDES

DES

GÎTES MINÉRAUX

DE LA FRANCE

PUBLIÉES SOUS LES AUSPICES DE M. LE MINISTRE DES TRAVAUX PUBLICS
PAR LE SERVICE DES TOPOGRAPHIES SOUTERRAINES

NOUVELLES CONTRIBUTIONS

À LA TOPOGRAPHIE SOUTERRAINE

DU BASSIN DE LA LOIRE

PAR

E. COSTE

INGÉNIEUR DES MINES

(Suite à la Topographie souterraine du Bassin de la Loire, par M. GRÜNER, 1882)

TEXTE

PARIS

IMPRIMERIE NATIONALE

MDCCCC

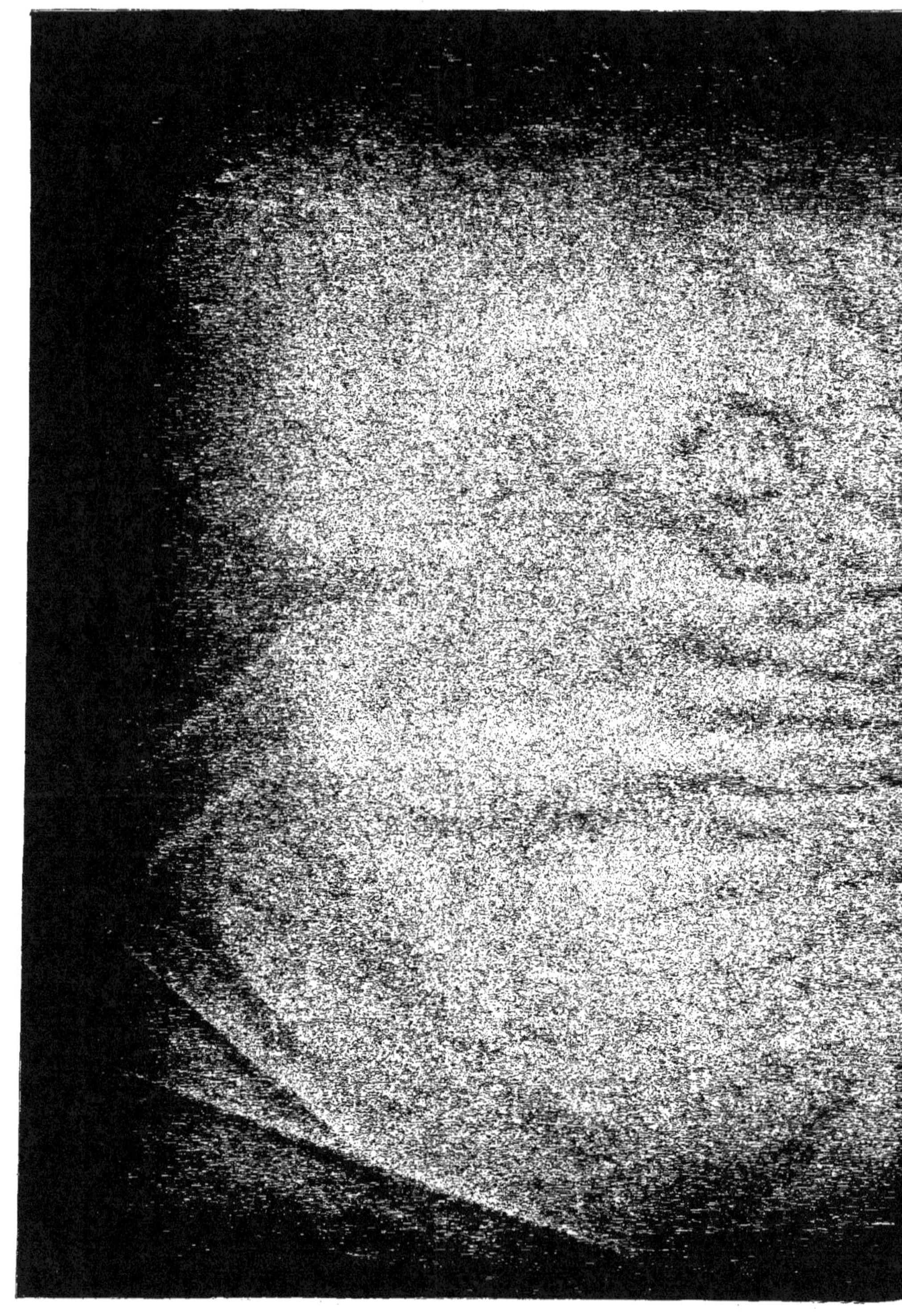

NOUVELLES CONTRIBUTIONS

À LA TOPOGRAPHIE SOUTERRAINE

DU BASSIN DE LA LOIRE

MINISTÈRE DES TRAVAUX PUBLICS

ÉTUDES

DES

GÎTES MINÉRAUX

DE LA FRANCE

PUBLIÉES SOUS LES AUSPICES DE M. LE MINISTRE DES TRAVAUX PUBLICS
PAR LE SERVICE DES TOPOGRAPHIES SOUTERRAINES

NOUVELLES CONTRIBUTIONS

À LA TOPOGRAPHIE SOUTERRAINE

DU BASSIN DE LA LOIRE

PAR

E. COSTE

INGÉNIEUR DES MINES

(Suite à la *Topographie souterraine du Bassin de la Loire*, par M. Grüner, 1882)

TEXTE

PARIS

IMPRIMERIE NATIONALE

MDCCCC

AVANT-PROPOS.

Dans le courant de l'année 1897, j'ai été chargé de remettre à jour l'atlas de la topographie souterraine du bassin houiller de la Loire, publié en 1882.

Pour la région de Rive-de-Gier, je me suis servi des minutes de l'ouvrage de M. l'Inspecteur général des mines Grüner, conservées dans les archives du bureau de Rive-de-Gier. Ces minutes ont été complétées et corrigées au moyen des plans de mines actuels. J'ai pu réunir dans deux feuilles toute la partie du bassin qui présente encore de l'intérêt, c'est-à-dire les bas-fonds de la cuvette de Rive-de-Gier et la région de Grand'Croix. Il m'a paru inutile de consacrer une feuille spéciale à la partie orientale du bassin de Rive-de-Gier. Elle n'offre plus aujourd'hui aucun intérêt. On peut se reporter, pour l'étude détaillée de cette zone, à la planche I de l'ouvrage de M. l'Inspecteur général Grüner.

Les travaux effectués depuis vingt ans dans la région de Saint-Chamond n'ont fait connaître aucun fait nouveau. Je n'aurais, par suite, eu aucune modification ou aucune addition à apporter aux planches V et VI et à la partie orientale des planches VII et VIII de l'atlas de 1882 ; il m'a paru inutile de les reproduire.

Dans le bassin de Saint-Étienne proprement dit, les nouvelles planches de l'atlas ont été établies au moyen de plans de surface dressés spécialement dans ce but par les diverses compagnies de mines de la Loire. Une triangulation générale a permis de raccorder, au préalable et dans de bonnes conditions, les plans des compagnies de la Chazotte, du Cros, des houillères de Saint-Étienne, de Ville-bœuf, des mines de la Loire, des houillères de Montrambert et de la Béraudière et enfin des mines de Roche-la-Molière et Firminy. Je me suis assuré, d'autre part, au moyen de nivellements spéciaux, que j'adoptais pour toutes les compagnies la même origine pour les cotes [1].

J'ai conservé le mode de représentation des couches adopté en 1882. Sauf indication contraire, les courbes de niveau sont toujours tracées sur le mur des couches; elles sont espacées de 10 mètres en 10 mètres dans les régions relativement plates. Dans les zones redressées et régulières, elles sont à 20 mètres ou même à 50 mètres les unes des autres.

Dans les environs mêmes de Saint-Étienne, il m'a paru préférable de ne plus figurer la 3e couche. Son exploitation est, en effet, très ancienne et les plans des travaux de 3e sont par suite fort sujets à caution. L'irrégularité de la couche en rend d'ailleurs fort difficile la représentation. J'ai remplacé dans toute cette zone la 3e couche par la 5e couche, dont l'allure est beaucoup mieux connue.

Je me suis astreint à ne figurer les couches, aussi bien en plan qu'en coupe, que dans les zones où elles sont réellement connues; j'ai tenu à éviter tous les prolongements hypothétiques, même dans les régions où on peut les considérer comme certains. Dans ces conditions, les nouvelles planches de l'atlas de la topographie souterraine de la Loire montrent quel était, au début de 1899, l'état d'avancement des travaux dans les couches représentées.

Pour faciliter le passage d'une feuille de l'atlas à l'autre, les planches 3 à 15, correspondant au bassin de Saint-Étienne proprement dit, ont été divisées en carrés de 1,000 mètres de côté par des lignes N.-S. et E.-O. L'origine de ce quadrillage est la flèche de l'hôtel de ville de Saint-Étienne. Ce quadrillage a été reporté sur la carte d'ensemble.

---

[1] Ces nivellements m'ont conduit à diminuer de 16 m. 80 les cotes des plans actuels de la Société des mines de la Loire et de 2 mètres les cotes des plans de la Chazotte.

Enfin, j'ai essayé d'indiquer dans une carte d'ensemble la configuration générale du bassin de la Loire. Cette carte comporte malheureusement un assez grand nombre d'hypothèses, car il existe encore dans le bassin houiller bien des quartiers qui n'ont pas été explorés. C'est notamment ce qui a lieu entre la Ricamarie et les Granges et au Sud de Saint-Étienne.

Je n'aurais dû insister, dans les pages qui vont suivre, que sur les parties du bassin houiller de la Loire nouvellement explorées depuis 1882 et sur celles où le développement régulier des travaux a permis de modifier certaines des conclusions auxquelles s'était arrêté M. l'Inspecteur général Grüner. Mais, pour faciliter la lecture des cartes, il m'a paru nécessaire de reprendre la description complète du bassin de la Loire. Je me suis borné, toutefois, à résumer rapidement les points qui sont élucidés depuis longtemps. Si on veut les étudier avec plus de détail, il sera nécessaire de se reporter aux chapitres correspondants de l'ouvrage de M. l'Inspecteur général Grüner.

Avec des couches aussi épaisses et de composition aussi irrégulière que celles du bassin de la Loire, la teneur en cendres des charbons produits peut être sujette à de grandes variations. J'ai toujours distingué, dans les analyses que je donne, les teneurs en cendres industrielles correspondant à des tout-venants normaux, débarrassés des pierres et des crus par le triage à la main ordinaire, et les teneurs en cendres des échantillons choisis.

Les teneurs en matières volatiles ont toutes été calculées déduction faite des cendres et de l'humidité. Comme les résultats des analyses peuvent différer sensiblement à ce point de vue, suivant la manière dont on fait les essais, j'ai fait faire au laboratoire de l'École des mines de Saint-Étienne un très grand nombre d'analyses et j'ai cherché à ne donner que des résultats qui fussent bien comparables entre eux. Pour toutes ces expériences, le charbon a été carbonisé très rapidement dans un creuset en platine bien fermé, et en prenant les dispositions voulues pour éviter la combustion du culot de coke produit.

Je dois ajouter enfin que presque toutes les couches du bassin de la Loire sont grisouteuses. La quantité de gaz dégagée par le charbon varie souvent très rapidement dans la même couche et dans un champ d'exploitation assez restreint. Il est par suite assez difficile de donner des indications générales sur la répartition du grisou dans la houille. Les dégagements augmentent toutefois presque toujours à mesure que les travaux atteignent de plus grandes profondeurs, et dans les travaux de 13ᵉ couche du puits Villiers, à 600 mètres de la surface, on a même constaté quelques dégagements instantanés de grisou.

Saint-Étienne, juillet 1900.

NOUVELLES CONTRIBUTIONS

À LA TOPOGRAPHIE SOUTERRAINE

DU BASSIN DE LA LOIRE.

DESCRIPTION GÉNÉRALE
DU BASSIN HOUILLER DE LA LOIRE.

Le terrain houiller de la Loire repose dans une grande cuvette s'étendant de la Loire, à l'Ouest, au Rhône, à l'Est, et comprise entre le massif du Pilat au Sud, la chaîne de Riverie au Nord et les derniers contreforts des montagnes du Forez à l'Ouest. La largeur de cette cuvette se réduit souvent à quelques centaines de mètres entre Rive-de-Gier et le Rhône; elle augmente au contraire vers l'Ouest et mesure près de 12 kilomètres aux environs de Saint-Étienne.

En plan, ce bassin houiller a la forme d'un triangle. Le grand côté de ce triangle s'étend de Givors à Chazeau; il correspond aux derniers contreforts du massif du Pilat au pied desquels se sont creusées les deux vallées du Gier et de l'Ondaine. Sa direction est sensiblement N.E.-S.O. et, comme le montre le plan d'ensemble, la limite Sud du bassin de la Loire est presque rectiligne.

Les deux autres côtés du triangle sont beaucoup moins réguliers; l'un va de Givors à la Fouillouse et correspond au massif de Riverie; sa direction est sensiblement E.-O.; l'autre s'étend de la Fouillouse à Chazeau; il est à peu près parallèle au cours moyen de la Loire dans cette région.

Le terrain houiller repose presque toujours directement sur les terrains anciens; le long de la limite Sud du bassin toutefois, entre la Ricamarie et la Loire, on trouve entre le houiller et les micaschistes une roche sédimentaire plus ancienne; je reviendrai plus loin sur ce point.

Tout le long du massif du Pilat, le bord de la cuvette houillère est formé par les schistes chloriteux et sériciteux ζ^2 de la carte géologique de France.

Il en est de même le long du massif de Riverie, sauf au Nord de Sorbier, où le houiller repose directement sur les gneiss feuilletés supérieurs ζ^1, traversés entre Valfleury et l'Albuzy par une série de filons d'amphibolite.

Du côté de la Loire, les micaschites et les gneiss sont en partie remplacés par des massifs de granite et de granulite au contact desquels ils sont profondément transformés.

Les affleurements du terrain houiller disparaissent sous des formations plus récentes au Nord-Ouest du bassin, du côté de la Fouillouse. Ils sont ici recouverts, et sur une faible étendue seulement, par les cailloutis des hauts plateaux. On ignore encore jusqu'où s'étend, de ce côté, le terrain houiller : les deux sondages de Saint-Galmier et de Montrond, entrepris dans le but de rechercher le prolongement du bassin houiller de la Loire sous la plaine du Forez, n'ont, en effet, donné à ce point de vue aucun résultat. Rien, d'ailleurs, ne permettait de supposer que le terrain houiller s'étendait au loin dans cette direction. Sur la rive gauche du Rhône, à l'Est de Givors, le terrain houiller disparaît aussi sous des formations tertiaires. Divers sondages exécutés entre Communay et Saint-Bonnet-de-Mure ont montré qu'il s'étend au loin dans la direction du N. E.; mais ces recherches ont été arrêtées avant d'avoir donné aucun renseignement précis sur la valeur du terrain houiller qu'elles avaient permis de reconnaître.

Tout le long de la chaîne du Pilat, les formations houillères sont fortement redressées contre les terrains anciens; elles sont même parfois renversées. Le long de la chaîne de Riverie et des montagnes du Forez, au contraire, les assises houillères reposent en pente douce sur les terrains anciens, et plongent soit vers le Sud, soit vers l'Est et le Sud-Est. Les deux versants du synclinal de la Loire se présentent donc dans des conditions absolument différentes et le thalweg du bassin houiller longe le massif du Pilat. D'autre part, la cuvette s'approfondit assez régulièrement à mesure qu'on s'éloigne soit du Rhône, soit de la Loire, et c'est à l'aplomb de la ville de Saint-Étienne qu'elle paraît mesurer la plus grande profondeur.

M. l'inspecteur général Grüner a divisé le terrain houiller de la Loire en sept étages; ce sont, en commençant par la base :

1° *La brèche de base* [1]. — Dans la partie orientale du bassin de la Loire

----

[1] Sur la carte d'ensemble, les étages 1, 2 et 3 ont été réunis.

tout au moins, le terrain primitif est directement recouvert par la brèche de base formée par une série de blocs anguleux de granite, de gneiss et de micaschistes. Les dimensions de ces blocs sont extrêmement variables. Les uns sont à peine plus gros que le poing, tandis que d'autres ont un volume de plusieurs mètres cubes. Ces variations de grosseur dans les éléments constitutifs de la brèche se retrouvent aussi bien à la partie supérieure qu'à la partie inférieure du dépôt. L'intervalle entre les blocs est rempli par les débris broyés des mêmes roches, et on ne trouve qu'exceptionnellement au milieu de cette formation des petits lits de grès plus ou moins grossier. Les galets de quartz sont très rares dans la brèche de base; ils sont, au contraire, très abondants dans les étages supérieurs.

L'épaisseur de la brèche de base est difficile à déterminer. Si, en effet, sa présence a été reconnue au fond de la cuvette houillère par un certain nombre des puits de Rive-de-Gier, aucun de ces puits ne l'a traversée de part en part. Elle paraît avoir toutefois, au Nord du bassin, une puissance considérable, puisqu'elle occupe le long du massif de Riverie une bande de terrain qui mesure 800 mètres de largeur auprès de Saint-Genis-Terrenoire, 1,000 à 1,500 mètres entre Cellieux et Saint-Chamond, et 2,400 mètres près de la Bréjassière.

Le long de la bordure Nord du bassin, la brèche de base disparaît en face de Sorbier. On retrouve d'ailleurs, à l'Ouest de ce point, des formations locales analogues dans la vallée du Furens, notamment en amont de l'Etrat et de la Fouillouse. On les a souvent considérées comme appartenant à l'étage de la brèche de base de Rive-de-Gier. Une semblable assimilation basée uniquement sur l'aspect extérieur d'une brèche peut paraître discutable. Dans un bassin houiller comme celui de Saint-Étienne, les deltas torrentiels ont évidemment pu être nombreux; les dépôts correspondants sont forcément limités, et rien *a priori* ne permet d'affirmer qu'ils sont tous contemporains. Au Sud du bassin houiller, la brèche de base ne paraît au jour qu'aux environs de Grézieux et de Saint-Martin-en-Coailleux. Ses affleurements n'occupent d'ailleurs ici qu'une bande de très faible largeur.

2° *Étage de Rive-de-Gier.* — Sur la brèche de base et dans la partie orientale du bassin de Saint-Étienne tout au moins, paraît l'étage de Rive-de-Gier. Il mesure 120 à 130 mètres de puissance; les schistes et les grès fins y dominent, et, au milieu de ces formations, on trouve un certain nombre de

couches de houille. Cinq d'entre elles ont pu être en général exploitées; ce
sont, en partant du bas, *la Gentille, la Bourrue, la Bâtarde* (souvent divisée
en deux bancs), *la Grande Couche* et la *Petite Mine de la Découverte*. Comme
la plupart des couches du bassin de la Loire, les couches de Rive-de-Gier ne
paraissent exister, ou du moins ne paraissent exploitables, que dans une zone
assez restreinte. On ne trouve la Gentille qu'à l'Est de Rive-de-Gier; la Bourrue
et la Bâtarde ont pu être encore exploitées le long de la lisière Sud du bassin
jusque dans les concessions du Reclus et de Grand-Croix; mais elles n'existent
pas sur la rive gauche du Gier, à l'Ouest de son confluent avec la Dureize. En
Grande Couche, les travaux ont pu s'étendre plus loin vers l'Ouest; mais ils se
sont arrêtés dans les concessions du Ban, de la Faverge et dans la partie Nord
de la concession de Comberigol, à une schistification et à un amincissement
complet de la couche. Cette altération est-elle locale, ou la Grande Couche
de Rive-de-Gier disparaît-elle vers l'Ouest comme ont déjà disparu la Gentille,
la Bourrue et la Bâtarde? C'est ce qu'on ne saurait encore affirmer; les travaux exécutés il y a quelques années dans la concession de Saint-Chamond
n'ont, en effet, pas été poussés assez loin pour avoir pu recouper le faisceau
de Rive-de-Gier et pour avoir pu donner une indication quelconque sur sa
valeur.

A partir de la concession de Saint-Chamond, on ne voit plus affleurer sur
la brèche de base aucune couche de houille que l'on puisse rattacher avec
certitude à l'étage de Rive-de-Gier. Les travaux souterrains sont encore loin
d'avoir pu atteindre cet étage dans la région de Saint-Étienne, et les études
superficielles ne permettent pas d'affirmer qu'il existe dans la partie occidentale du bassin de la Loire. On a pourtant cru pouvoir rattacher à l'étage de
Rive-de-Gier quelques filets charbonneux reconnus près des maisons désignées sous le nom de à l'OEuf, au Nord de Sorbier, et sur la rive gauche
du ruisseau de Cluzel, près de Poyet, on a trouvé des grès à Sigillaires que
l'on a rapportés également à cet étage.

L'épaisseur des couches de Rive-de-Gier est souvent très variable; la Grande
Couche mesure en certains points jusqu'à 12 et 15 mètres, et c'est en général
vers le fond de la cuvette houillère qu'elle atteint, comme les couches inférieures d'ailleurs, sa plus grande puissance. Le charbon des couches de Rive-
de-Gier contient jusqu'à 35 p. 100 de matières volatiles (cendres déduites) à
l'Est de Rive-de-Gier. Vers l'Ouest, la teneur en matières volatiles diminue
régulièrement à mesure que la profondeur augmente. Elle ne dépasse

pas 28 à 30 p. 100 à l'Ouest de Rive-de-Gier, se réduit à 25 p. 100 près d'Assailly et tombe à 20 p. 100 en moyenne à la Péronnière. Au puits Saint-Claude de Comberigol et au puits Saint-Privat, soit au voisinage de la cote — 200, les charbons de la Grande Couche ne contiennent plus que 15 à 18 p. 100 de matières volatiles, et à l'aval du puits Couchoud, à la cote — 500, cette teneur oscille enfin entre 7 et 9 p. 100.

3° *Étage stérile de Saint-Chamond.* — Le banc de grès fin qui forme le toit de la grande couche de Rive-de-Gier mesure, en général, une trentaine de mètres; il est recouvert par une puissante formation de poudingues stériles de plusieurs centaines de mètres d'épaisseur. Presque tous les puits de Rive-de-Gier ont traversé, en partie au moins, cet étage, et le puits Couchoud du Plat-de-Gier, notamment, est resté dans ces poudingues pendant près de 700 mètres.

Du côté de Rive-de-Gier, l'étage stérile de Saint-Chamond est constitué par des poudingues ordinaires. Les galets, dont la grosseur est encore très variable, sont toujours arrondis; le ciment qui les relie est formé par du grès houiller plus ou moins grossier. Les galets de quartz sont toujours nombreux dans cette formation; le quartz est tantôt blanc et cristallin, et provient alors des micaschistes, et tantôt coloré et amorphe. Je reviendrai tout à l'heure sur ces galets spéciaux.

Du côté de Saint-Chamond, les poudingues stériles ont un aspect différent; les éléments micacés y abondent de plus en plus, tandis qu'ils sont très rares dans les environs de Rive-de-Gier. On donne souvent alors à la roche le nom de « Gratte quartzo-micacée » pour la distinguer des « poudingues de Rive-de-Gier ». Dans ces grattes, les galets quartzeux sont toujours très nombreux; les galets calcédonieux y sont souvent plus abondants que dans les poudingues de Rive-de-Gier.

Près de Rive-de-Gier, l'étage stérile est constitué par les « poudingues de Rive-de-Gier ». A mesure que l'on s'avance vers l'Ouest, l'épaisseur de ces poudingues diminue; ils sont alors surmontés par les « grattes de Saint-Chamond » qui s'y substituent peu à peu. Cette substitution est déjà à peu près complète au Plat-de-Gier. Du côté de Saint-Étienne, l'étage stérile de Saint-Chamond n'est plus représenté que par des grattes quartzo-micacées. Elles sont souvent colorées en rouge par un ciment ferrugineux; mais ces colorations sont toujours purement locales et ne permettent pas de caractériser un niveau.

Au milieu des bancs à gros éléments de l'étage stérile, on trouve de petits filets de schistes fins, parfois un peu charbonneux. Ils n'existent que sur de très faibles étendues et ils n'accompagnent jamais des couches de houille exploitables.

Dans la partie occidentale du bassin, on retrouve presque partout, au mur de l'étage de Saint-Étienne proprement dit, des poudingues et des grattes qui paraissent appartenir à l'étage stérile de Saint-Chamond; pourtant, en divers points, et notamment le long de la bordure Ouest du bassin, le houiller débute par des grès et des schistes fins qui reposent directement sur les terrains anciens. Ailleurs, au contraire, comme à l'Étrat, à la Fouillouse et à Landuzière, des brèches à très gros éléments apparaissent sous les grattes de Saint-Chamond; on les a souvent rattachées à la brèche de base de Rive-de-Gier [1].

Au milieu de l'étage de Saint-Chamond, on connaît des dépôts siliceux qui peuvent servir à caractériser certains niveaux, et c'est à ces formations que l'on doit rattacher les galets de quartz calcédonieux qui sont souvent si abondants dans les poudingues stériles situés entre les étages de Rive-de-Gier et de Saint-Étienne. Je n'insisterai pas longtemps sur ces roches qui ont été décrites avec beaucoup de détails par M. l'inspecteur général Grüner. Je rappellerai seulement que le « gore blanc » a été retrouvé dans presque tous les puits de Rive-de-Gier, à 150 ou 180 mètres au toit (distance normale) de la grande couche. On connaît d'autres dépôts siliceux analogues au mont Reynaud, au sommet de la butte de Saint-Priest, puis le long de la bordure occidentale du bassin de la Loire, notamment à l'Ouest de Roche-la-Molière.

L'étage houiller de Saint-Étienne repose sur les poudingues de Saint-Chamond. Son épaisseur totale oscille entre 1,300 et 1,500 mètres. Il contient une trentaine de couches de houille de plus de 1 mètre de puissance représentant en tout 50 à 80 mètres de charbon. La partie inférieure de cet étage affleure au-dessus des poudingues de Saint-Chamond, à peu de distance à l'Ouest du Plat-de-Gier; elle contient, aux environs mêmes de Saint-Chamond, quelques couches de houille; mais elle n'atteint son développement complet qu'à l'Ouest de Sorbier et de Saint-Jean-Bonnefonds. Vers l'Ouest, elle s'étend

---

[1] J'ai admis sur la carte d'ensemble que ces poudingues et ces brèches appartenaient encore à la base de l'étage de Saint-Étienne. On n'a, en effet, aucune donnée qui permette de les rattacher avec certitude aux étages inférieurs.

jusqu'aux limites mêmes du bassin houiller de la Loire. La partie supérieure de l'étage de Saint-Étienne n'occupe, au contraire, qu'une bande étroite de 1,000 à 1,500 mètres de largeur, s'étendant de Terrenoire au Chambon. La lagune dans laquelle se déposaient les formations houillères de la Loire a donc diminué progressivement d'étendue.

L'étage houiller de Saint-Étienne est divisé en trois sous-étages.

4° *L'étage inférieur de Saint-Étienne* (étage des Cordaïtes) s'étend de la gratte de Saint-Chamond à la 8ᵉ couche; il mesure 600 à 700 mètres de puissance et contient trois grandes couches dont l'épaisseur dépasse toujours 2 mètres et s'élève souvent à 6 et 7 mètres. Ce sont, en partant du bas, la 15ᵉ couche, la 13ᵉ couche située à 180 ou 200 mètres de la 15ᵉ, et enfin la 8ᵉ couche séparée de la 13ᵉ par un intervalle de 280 à 350 mètres. Entre ces deux dernières couches, on trouve presque partout quatre petites veines de houille de moins de 2 mètres de puissance. Elles portent les numéros 9, 10, 11 et 12 et sont séparées de la 13ᵉ et de la 8ᵉ par des massifs stériles de près de 100 mètres de puissance. Les roches de l'étage inférieur de Saint-Étienne sont des schistes et des grès fins blancs.

Telle est la composition de cet étage aux abords mêmes de Saint-Étienne; mais, à l'Est de cette ville, il se transforme rapidement. Les couches de houille se schistifient peu à peu et cessent bientôt d'être exploitables. En même temps, les roches qui les séparent changent de nature : les grès fins et blancs et les schistes fins sont progressivement remplacés par des schistes micacés et par des poudingues quartzo-micacés qui ressemblent souvent aux grattes de l'étage de Saint-Chamond.

Cette altération présente beaucoup d'analogie avec celle que j'ai déjà signalée pour les couches de Rive-de-Gier. Dans l'un et l'autre faisceau, les lignes de schistification des couches sont à peu près parallèles, et ce sont toujours les couches les plus récentes qui s'étendent le plus loin du côté de Saint-Chamond.

L'importance de l'étage inférieur de Saint-Étienne diminue beaucoup du côté de Firminy. Les couches exploitables sont moins nombreuses qu'au centre du bassin de la Loire, et l'intervalle qui sépare la 8ᵉ de la 15ᵉ se réduit à 150 ou 200 mètres.

L'étage inférieur donne des houilles de qualités très diverses, comprises entre des houilles à gaz contenant 35 et 36 p. 100 de matières volatiles et les houilles maigres n'en contenant que 15 et 17 p. 100. D'une manière générale, les houilles sont plus maigres au Nord du bassin qu'au Sud. Leur teneur en matières volatiles diminue avec leur profondeur ; mais ces règles sont soumises à d'assez nombreuses exceptions.

5° *Étage moyen de Saint-Étienne* (étage des Fougères). — L'étage moyen de Saint-Étienne s'étend de la 8ᵉ couche à la partie supérieure du faisceau des couches des Rochettes. Son épaisseur varie de 500 à 550 mètres. Il débute à l'Est de Saint-Étienne par un massif de plus de 200 mètres de puissance, contenant à peine quelques filets de charbon. Ces filets se transforment en couches exploitables à l'Ouest de cette ville, dans les concessions du Quartier-Gaillard et de Beaubrun. Ce sont les couches 8 à 12 de Beaubrun que je désignerai ici, pour éviter toute ambiguïté, par les numéros 8^B, 9^B, 10^B, 11^B, 12^B ; avec cette notation, la 8ᵉ couche du bassin de la Loire porte à Beaubrun le n° 13^B.

Au-dessus de cette formation apparaît le faisceau des couches 7 à 4. Ce sont en général à Saint-Étienne des couches minces. Leur épaisseur augmente beaucoup dans le district de la Ricamarie. Elles ne sont plus représentées que par quelques filets de houille insignifiants aux environs de Firminy. Au-dessus, on trouve la couche n° 3 accompagnée ou non de ses satellites, les couches 2 et 1.

La 3ᵉ est, en général, la couche la plus épaisse du bassin de la Loire ; elle se présente souvent sous forme d'amas, et son épaisseur atteint alors par places 15 et 20 mètres. Elle est formée par des charbons gras ou des charbons à gaz de première qualité. Il existe toujours, au toit de la 3ᵉ couche, quelques planches de charbon cru ; elles sont souvent accolées à la 3ᵉ ; mais, parfois aussi, elles en sont nettement séparées et forment des couches distinctes que l'on exploite sous le nom de couches 2 et 1. La distance qui sépare la 8ᵉ de la 3ᵉ varie entre 250 et 300 mètres dans les environs de Saint-Étienne.

Le faisceau des couches 7 à 1 est recouvert par un massif stérile de 130 à 140 mètres de puissance du côté de Côte-Thiollière et d'Avaize, et de 100 à 120 mètres seulement d'épaisseur du côté de Montrambert et de la Béraudière ; il est surmonté par le faisceau des Rochettes. Celui-ci débute par la couche des Rochettes (couche des Littes de Montrambert et de la Béraudière) ; elle mesure en général 2 à 4 mètres ; mais sa puissance s'élève en certains points jusqu'à 5 ou 6 mètres. Au-dessus de la couche des Rochettes, on trouve en général une série de petites couches de qualité très ordinaire, particulièrement nombreuses à la Béraudière (crues des Littes). L'épaisseur totale du faisceau des couches des Rochettes augmente avec le nombre des couches qu'il contient.

Les houilles de l'étage moyen de Saint-Étienne appartiennent en général, à l'Est du bassin, au type des houilles grasses ordinaires à 3o p. 100 de matières volatiles. Elles passent aux houilles à gaz (35 p. 100 de matières volatiles) dans la partie occidentale du bassin, et à Montrambert, où ces couches sont déjà connues sur près de 500 mètres de hauteur verticale, la teneur en matières volatiles paraît à peu près indépendante de la profondeur.

6° *Étage supérieur de Saint-Étienne* (étage des Calamodendrées). — L'étage supérieur de Saint-Étienne ou étage d'Avaize ne mesure que 200 ou 250 mètres de puissance. Ses affleurements ne forment qu'une bande étroite de 1,000 à 1,500 mètres de largeur, s'étendant d'Avaize au Chambon. Du côté d'Avaize, cet étage renferme 10 à 12 couches de houille représentant en tout 15 à 20 mètres de charbon. Le nombre et l'épaisseur de ces couches diminuent très rapidement vers l'Ouest, et, près du Chambon, l'étage d'Avaize ne contient plus que deux couches de houille dont l'épaisseur totale varie entre 2 mètres et 4 mètres. Cette altération des couches correspond à une modification importante dans la nature des roches qui les entourent. Dans la colline d'Avaize, les bancs de charbon sont séparés les uns des autres par des schistes et des grès fins. A Montrambert, au contraire, ils le sont par des poudingues à gros galets de quartz blanc. Toutes les houilles de l'étage d'Avaize appartiennent à la catégorie des houilles grasses à longue flamme contenant 34 à 38 p. 100 de matières volatiles (cendres déduites). Ces couches sont souvent assez cendreuses et leur qualité s'altère assez régulièrement de l'Est à l'Ouest.

7° *Étage stérile supérieur.* — Au bois d'Avaize, la dernière couche de l'étage supérieur est recouverte par une formation de plus de 100 mètres d'épaisseur de grès schisteux verts ou roses et d'épais bancs de gratte dans lesquels les galets de quartz blanc sont particulièrement abondants. On retrouve dans le plateau de la Palle, sur le sommet de la Chauvetière et sur la crête qui sépare Montrambert des Granges, des formations analogues; l'aspect souvent rougeâtre du terrain et l'abondance des galets de quartz les rendent absolument caractéristiques. A Avaize et à la Chauvetière, cet étage stérile supérieur est loin d'être complet. Il est recouvert par une puissante formation de grès et d'argiles rouges et de poudingues couleur lie de vin, qui mesure près de 5oo mètres de puissance au Sud de Villebœuf, dans la région de Patroa et du puits de la Vogue. Au milieu de cette formation, on ne trouve au puits de la Vogue qu'un ou deux filets de houille insignifiants. La nature de ces terrains et leur flore permettent de les rattacher à la partie inférieure de l'étage Permien. Ces « terrains rouges » se retrouvent également au Nord du Chambon, au-dessus de l'étage stérile qui recouvre les couches d'Avaize ; mais leurs affleurements ne s'étendent ici que sur une zone relativement restreinte et ils ne paraissent avoir qu'une faible épaisseur.

Avant de terminer cette description générale du bassin de la Loire, je dois ajouter que, dans la cuvette de Fraisse-Unieux, on connaît au-dessus du houiller un lambeau de tertiaire tout à fait analogue à celui de la plaine du Forez. Il remplit une profonde dépression au milieu des assises houillères, fortement redressées dans tous les sens, et, sur une hauteur verticale de 1oo à 15o mètres, il est uniquement formé par des bancs de sables et d'argiles roses et verts.

J'aborderai maintenant la description détaillée du bassin de la Loire et je passerai ainsi en revue d'abord le territoire de Rive-de-Gier, où seul l'étage de Rive-de-Gier est aujourd'hui connu, puis ceux de Saint-Chamond et de Saint-Étienne. On ne connaît, dans le premier de ceux-ci, que quelques veines de houille peu importantes appartenant à la base de l'étage de Saint-Étienne. Dans le second, au contraire, l'étage de Saint-Étienne est entièrement développé, et c'est là que se trouvent aujourd'hui les exploitations les plus importantes du bassin de la Loire.

TERRITOIRE DE RIVE-DE-GIER.

Le territoire de Rive-de-Gier s'étend du pont de la Madeleine, à l'Est, à la limite orientale de la concession de Saint-Chamond, à l'Ouest. Il comprend toute la zone dans laquelle on connaît actuellement l'étage de Rive-de-Gier.

A l'Est de la ville de Rive-de-Gier, dans le *district des Grandes-Flaches,* entre le pont de la Madeleine et le cours inférieur du Féloin, le bassin de la Loire ne se présente pas encore sous sa forme normale. La profondeur de la cuvette est faible; l'allure du relèvement Sud ne diffère pas sensiblement de celle du relèvement Nord. On ne connaît, d'autre part, dans cette zone, que des couches relativement minces et de qualité secondaire.

Il n'en est plus de même entre Rive-de-Gier et Assailly, dans le *district de Rive-de-Gier.* Au Nord, la pente des assises reste toujours faible; mais, au Sud, le terrain houiller se redresse brusquement contre le massif du Pilat. Si, aux deux extrémités de ce district, la Grande Couche ne descend guère au-dessous de la cote $+100$, il faut aller jusqu'à la cote -100 pour la retrouver entre le Gier et Grézieux. Enfin, dans ce quartier, les couches sont en général très régulières; leur épaisseur est considérable et la Grande Couche surtout donne de la houille d'excellente qualité.

A l'Ouest d'Assailly, dans tout le *district de Grand'Croix,* la profondeur de la cuvette augmente régulièrement du N. E. au S. O.: au voisinage de la concession de Saint-Chamond, on ne retrouve la Grande Couche qu'à plus de 500 mètres au-dessous du niveau de la mer. Toutes les couches paraissent s'altérer et se schistifier vers l'Ouest. Enfin la houille devient de plus en plus maigre à mesure qu'on la trouve à de plus grandes profondeurs.

De ces trois districts, le premier peut être considéré comme entièrement épuisé. Je n'en dirai que peu de mots. Dans le second, il doit encore rester, au milieu des vieux travaux, des quantités de houille assez considérables. C'est dans le troisième que se trouvent actuellement les seules exploitations importantes du territoire de Rive-de-Gier.

I. — DISTRICT DES GRANDES-FLACHES.

(Voir la planche I de l'ouvrage de M. Grüner.)

A l'Est du pont de la Madeleine, la brèche de base affleure sur la rive
gauche du Gier; elle y forme une bande de 200 à 300 mètres de largeur
orientée N. E.-S. O. et plongeant vers l'Ouest sous le plateau de Montbressieu.
La brèche ne repose pas partout sur le terrain ancien. Du côté du Bozançon,
elle est séparée des micaschistes par un lambeau de terrain houiller paraissant être le prolongement de celui qui est connu à Tartaras. Ce lambeau
doit être mis au contact de la brèche par un accident important.

Sur la brèche de base, on trouve un banc de poudingue peu épais, puis
viennent à peu de distance les uns des autres, dans la concession de Combeplaine, les affleurements de *la Gentille*, de *la Bourrue* et de *la Bâtarde*. Ces
couches plongent vers l'Ouest sous le plateau de Montbressieu; puis, se relevant, elles viennent affleurer de nouveau sur la rive gauche du Féloin et on
peut suivre les affleurements de la Bâtarde et de la Bourrue du Sud au Nord,
depuis le Gier jusqu'à la limite Nord du bassin de la Loire. La Gentille disparaît vers l'Ouest avant d'avoir atteint ce relèvement. L'étage de Rive-de-
Gier est, par contre, complété de ce côté par la *Grande Couche*, qui s'amincit
progressivement vers l'Est et qui disparaît avant d'arriver dans la concession
de Combeplaine. Sous l'étage de Rive-de-Gier, la brèche de base affleure de
nouveau à l'Ouest du Féloin; mais elle ne forme de ce côté qu'une bande
étroite; elle est entièrement recouverte vers le Nord du bassin par l'étage de
Rive-de-Gier, qui s'étend jusqu'au terrain ancien.

Au Nord de la concession de la Verrerie et Chantegraine, la cuvette
houillère est partout peu profonde; la Grande Couche notamment ne descend
qu'exceptionnellement au-dessous de la cote 250; elle reste donc presque
toujours à moins de 50 ou 60 mètres de la surface. La cuvette est d'ailleurs
très large de ce côté. La distance qui sépare les affleurements de la Bourrue
dans les concessions de Combeplaine et de la Catonnière est, en effet, de
près de 1,500 mètres. La régularité des assises n'y est troublée que par
des accidents ou des plissements peu importants. La direction générale des

bancs est N. S. Ils plongent, suivant le point considéré, vers l'Est ou vers l'Ouest.

Au voisinage de Rive-de-Gier, la cuvette houillère se rétrécit brusquement. Au Sud d'un accident reconnu dans les concessions de la Verrerie et Chantegraine et de Couzon et plongeant vers le S. O., sa largeur mesurée entre les affleurements Nord et Sud de la Grande Couche se réduit à 1,000 mètres; sa profondeur augmente en même temps brusquement, et, sous le Gier, la Grande Couche se trouve au voisinage de la cote + 100. Cet approfondissement subit de la Grande Couche est encore mieux marqué à l'Ouest de la Verrerie et Chantegraine; la faille de Féloin, dirigée N. O.-S. E. et plongeant au S. O., fait descendre la Grande Couche jusqu'à la cote + 50 ou + 60.

Dans les concessions de la Verrerie et de Couzon, la direction des bancs devient N. E.-S. O.; c'est la direction générale du bassin de la Loire.

La Grande Couche n'existe pas dans les concessions de Combeplaine et de Frigerin; elle commence à apparaître dans la concession de la Pomme; mais son épaisseur n'y dépasse pas en moyenne 0 m. 40 à 0 m. 50; elle augmente, d'ailleurs, de l'Est à l'Ouest. Dans la concession de Montbressieu, près de la limite des Grandes-Flaches et de la Catonnière, elle atteint 1 m. 30 à 1 m. 50; elle est recouverte directement ici par un épais banc de grès; aussi son épaisseur est-elle fort variable. Sa puissance aux Grandes-Flaches oscille entre 1 m. 80 et 2 mètres; enfin, près du Gier, dans les concessions du Couloux, de la Verrerie et de Couzon, elle mesure 2 m. 50 à 3 mètres. De ce côté, et à 30 ou 35 mètres au toit de la Grande Couche, on trouve par places un petit banc de charbon de 0 m. 50 de puissance, c'est la petite mine de la Découverte.

Le charbon de la Grande Couche de Rive-de-Gier est en général dur dans le district des Grandes-Flaches; c'est un charbon gras à longues flammes, riche en oxygène, contenant de 32 à 35 p. 100 de matières volatiles, cendres déduites. Au voisinage de la faille de Féloin, la partie supérieure de la couche située au-dessus du « nerf blanc » est plus tendre, le charbon est plus collant; il ne contient plus que 30 p. 100 de matières volatiles. Il appartient à la catégorie des houilles grasses ordinaires ou des houilles maréchales.

A 30 ou 40 mètres du mur de la Grande Couche, on trouve la Bâtarde; l'intervalle qui la sépare de la Bourrue est encore d'une trentaine de mètres. Ces couches sont très minces à l'Est du district des Grandes-Flaches. Dans la concession de Combeplaine, la Bâtarde est divisée en deux bancs mesurant chacun 0 m. 50 à 0 m. 70. Quant à la Bourrue, elle n'a que 0 m. 90 de puissance. L'épaisseur de ces couches augmente assez régulièrement de l'Est à l'Ouest. Au voisinage de la faille de Féloin, les deux bancs de la Bâtarde atteignent 1 m. 20 à 1 m. 30 et la Bourrue 1 m. 50. Quant au nerf qui sépare les deux bancs de la Bâtarde, son épaisseur est très variable: il mesure, en certains points de la concession de Couzon, 6 à 7 mètres de puissance; ailleurs, au contraire, il se réduit à moins de 1 mètre. Le toit du banc inférieur de la Bâtarde est formé par des schistes dans lesquels on a trouvé de nombreux troncs de sigillaires disposés normalement à la couche de houille. Le charbon de la Bâtarde et de la Bourrue est assez analogue au charbon de la Grande Couche, mais il est toujours notablement plus chargé en cendres.

A 45 mètres au mur de la Bourrue, et dans la concession de Combeplaine, on trouve *la Gentille;* mais, tandis que dans le district des Grandes-Flaches tout au moins, l'épaisseur des couches supérieures de l'étage de Rive-de-Gier augmente de l'Est à l'Ouest, la Gentille, qui mesure 2 à 3 mètres de puissance près des affleurements, s'amincit rapidement vers l'Ouest et disparaît avant d'atteindre la limite occidentale de la concession de Combeplaine. Le charbon de cette couche est tendre et schisteux. Sa qualité est notablement inférieure à celle des autres couches de l'étage de Rive-de-Gier.

II. — DISTRICT DE RIVE-DE-GIER.

(Planche I.)

Le district de Rive-de-Gier commence à l'Ouest de la faille de Féloin. Il s'étend vers l'Ouest jusqu'à Assailly et mesure, suivant l'axe du bassin, près de 6 kilomètres de longueur. C'est dans ce district que le bassin de la Loire commence à se présenter sous sa véritable forme : le terrain houiller remplit une profonde dépression creusée entre la chaîne de Riverie au Nord et le massif du Pilat au Sud. Le long de la limite Nord du bassin, les bancs plongent avec une pente douce vers le S. E.; la succession des assises est complète. Sur les terrains anciens on trouve la brèche de base, puis l'étage de Rive-de-Gier, et enfin les grattes stériles de Saint-Chamond. Contre le massif du Pilat, au contraire, les terrains sont fortement redressés, et parfois renversés. Ils sont toujours plus ou moins étirés de ce côté; aussi est-il plus difficile d'y étudier la composition de l'étage de Rive-de-Gier. Par suite de cette dissymétrie dans les deux versants du bassin houiller, le fond de la cuvette est toujours voisin du relèvement Sud.

La largeur de la cuvette, mesurée entre les affleurements Nord et Sud de la Grande Couche, est faible au voisinage de la faille de Féloin; elle mesure à peine 800 mètres. Elle s'élargit vers l'Ouest et atteint en moyenne 1,500 mètres dans la zone occupée par les concessions du Sardon et de la Cappe. Plus à l'Ouest, elle se rétrécit et ne mesure plus que 1,200 mètres en face d'Assailly. Sa profondeur varie de la même manière. Le thalweg de la Grande Couche est à la cote + 50 ou + 60 au pied de la faille de Féloin; il atteint la cote — 100 près du ruisseau de Grézieux, puis se relève brusquement et se maintient en général au voisinage de la cote + 50 jusqu'à Assailly, sauf aux abords du puits Frèrejean, où deux accidents en sens contraire ont entraîné un lambeau de la Grande Couche jusqu'à la cote — 100. A l'Est d'Assailly, le fond de la cuvette se relève encore, et au Sud et au S. E. du puits Saint-Étienne de la concession du Ban, il ne descend pas au-dessous de la cote + 100.

Entre les ruisseaux de Féloin et de Grézieux, le bassin houiller est extrêmement régulier; les courbes de niveau tracées au mur de la Grande Couche le montrent bien. Le thalweg de la cuvette se trouve à 300 ou 400 mètres au Sud du Gier; sa direction est parallèle à celle de la limite Sud du bassin. La régularité des bancs n'est altérée que par un seul accident important, la faille du Mouillon, orientée E.-O. et plongeant au Sud. Cet accident se divise vers l'Est en plusieurs gradins qui disparaissent peu à peu de ce côté. Il déplace la Grande Couche de 50 à 60 mètres dans les concessions de Crozagaque et du Mouillon; son importance diminue ensuite de nouveau dans la concession de Gravenand.

Entre le ruisseau de Grézieux et la faille du puits Frèrejean, la cuvette houillère est beaucoup moins régulière; elle a été soumise à des compressions énergiques dirigées suivant l'axe du bassin, comme le montrent les courbes de niveau de la planche I; ces compressions ont été suffisantes pour provoquer en certains points des déchirures dans la Grande Couche. La coupe de Grézieux à la Montagne-du-Feu montre aussi que le bassin houiller a subi de fortes compressions suivant une direction perpendiculaire à la précédente.

Dans cette zone la Grande Couche n'atteint la cote zéro qu'en un point, à l'aplomb du confluent du ruisseau de Collenon et du Gier; partout ailleurs le thalweg de la Grande Couche se maintient entre les cotes + 50 et + 70.

La faille du Mouillon dont j'ai déjà parlé se prolonge à l'Ouest de la concession de Gravenand, à travers les concessions de la Montagne-du-Feu et de Collenon. Sa direction et sa plongée restent constantes; mais l'importance de son rejet est toujours très variable d'un point à un autre.

Au Sud du Gier, dans les concessions du Sardon et de la Cappe, les travaux ont été arrêtés à des accidents mal étudiés, au delà desquels on a retrouvé quelques lambeaux de couche. Les uns sont absolument verticaux, comme ceux du puits du Bois et du puits Girard; les autres plongent vers le Nord avec une faible pente, comme ceux du puits de la Chambaude ou de la fendue Arnaud de l'Ariège. Il est encore difficile de savoir si l'intervalle compris entre ces lambeaux et la limite Sud des travaux du Sardon et de la Cappe est réellement stérile : les travaux de recherche faits dans cette zone sont encore insuffisants pour qu'on puisse être fixé sur ce point.

Dans la partie occidentale de la concession de la Cappe, le terrain houiller est coupé par un accident important, la faille du puits Frèrejean, dirigée N.-S. et plongeant à l'Ouest. Son rejet mesure près de 200 mètres. Aussi, au toit de cet accident, retrouve-t-on la Grande Couche entre les cotes zéro et — 100. Cet approfondissement brusque de la cuvette houillère n'est que local; une série d'accidents plongeant en sens inverse de la faille du puits Frèrejean, accidents contre lesquels la Grande Couche est souvent étirée, relèvent rapidement celle-ci et on la retrouve dans les concessions de Collenon, de Corbeyre et du Ban dans les mêmes conditions qu'à la Cappe. La plongée de la couche entre les affleurements Nord et le Gier reste faible, le thalweg se retrouve aux environs de la cote + 50, enfin les courbes de niveau de la Grande Couche montrent que le terrain houiller a été plissé à Corbeyre comme à la Cappe. A l'Ouest d'Assailly, d'autres accidents plongeant à l'Est relèvent encore la Grande Couche, et, au S. E. du puits Saint-Étienne du Ban, le fond de la cuvette en Grande Couche paraît être au voisinage de la cote + 100.

Dans la partie Nord de la concession de Collenon, il n'existe que des lambeaux de Grande Couche séparés les uns des autres par une série d'accidents; c'est en effet dans cette zone que se croisent la faille du Mouillon, la faille du puits Frèrejean et la faille inverse passant par les puits Henry et Vellerut. Ces derniers accidents ont également pour effet de brouiller le relèvement Sud du bassin au Sud d'Assailly. Le puits d'Assailly n'a en particulier rencontré que la trace de la Grande Couche laminée dans un accident.

L'exploitation des couches de Rive-de-Gier dans tout le district dont je viens de parler est extrêmement avancée; dans les parties reconnues, il peut rester quelques glanages à faire au milieu des vieux travaux; on a, d'autre part, abandonné en certains points des piles de charbon importantes et on pourra peut-être les reprendre un jour ou l'autre. On ne peut espérer trouver quelque massif vierge que le long du relèvement Sud du bassin; de ce côté, en effet, les explorations ont souvent été fort sommaires. Mais il suffit de se reporter à la planche I pour comprendre que, quelle que puisse être l'épaisseur des couches dans cette zone, il ne peut y exister des ressources bien importantes. Dans ces conditions, je n'insisterai pas longtemps sur la description des couches connues dans le district de Rive-de-Gier, et je renverrai pour tous les détails concernant cette région au chapitre IX, 2° et 3°, du *Bassin houiller de la Loire*.

Grande Couche. — Les affleurements de la Grande Couche sont en général bien visibles, le long de la bordure Nord du bassin, depuis Crozagaque jusqu'au Ban. Ils sont partout recouverts par un épais banc de grès fin, blanc, exploité un peu partout pour pierre de taille. Ce banc de grès forme le vrai toit de la couche; pourtant, en certains points, on trouve entre le charbon et le grès un faux toit de schiste d'épaisseur très variable. Le long du relèvement Sud, les affleurements de la Grande Couche sont rarement visibles; la couche est, en effet, presque partout amincie et étirée avant d'arriver au jour.

Près de la faille de Féloin dans les concessions des Verchères et de Couzon, l'épaisseur de la Grande Couche ne dépasse pas 3 m. 50 à 4 mètres. Il en est de même près des affleurements de Crozagaque à la Montagne-du-Feu. Mais à mesure qu'on se rapproche du fond de la cuvette, l'épaisseur de la Grande Couche augmente rapidement. Au Mouillon, près de la faille de ce nom, elle atteint déjà 6 à 7 mètres; il en est de même sur la limite des concessions des Combes et du Sardon. Au Gourd-Marin et au Sardon, la couche mesure 8 à 9 mètres en moyenne. Elle y est en général divisée en deux bancs égaux, séparés par un nerf, le « nerf blanc », épais de 0 m. 20 environ dans les travaux du puits Bourret. Dans les concessions de la Cappe et de la Montagne-du-Feu, l'épaisseur de la couche augmente encore en certains points; mais les renflements locaux tiennent alors aux plissements de la couche, et ils sont séparés les uns des autres par des étirements et des amincissements. La Grande Couche mesure en moyenne 10 mètres au puits de Grézieux, 9 à 10 mètres à l'aplomb du Gier et atteint par places 12 à 15 mètres dans les parties basses de la Montagne-du-Feu. Vers l'Ouest, la couche s'amincit de nouveau; aux puits Chantecros et de la Marguillerie, son épaisseur ne dépasse pas 6 ou 7 mètres.

Au voisinage de la faille du puits Frèrejean, la Grande Couche subit une modification importante. Tandis que dans toute la partie orientale du district le charbon était remarquablement pur, on voit une série de filets schisteux se développer au milieu de la houille dans la partie occidentale des concessions de la Cappe et de la Montagne-du-Feu. Par place aussi, des lentilles de grès s'intercalent dans la couche; quelques-unes ont assez d'importance pour la diviser en deux bancs séparément exploitables. Au puits Saint-Mathieu du Reclus, on constate une semblable division : le banc du mur a parfois été désigné dans cette région sous le nom de « Petite Bâtarde ».

A l'Ouest de la faille du puits Frèrejean, l'épaisseur de la Grande Couche ne s'élève plus qu'exceptionnellement à 5 ou 6 mètres. Elle mesure 4 à 5 mètres en moyenne au pied de cette faille, et est schisteuse en ce point; il en est de même à Collenon. Dans la concession de Corbeyre, la couche présente quelques amas importants du côté du puits Henry; mais, par contre, elle est sujette à des amincissements fréquents, qui la réduisent à 4 mètres, 3 mètres et parfois même à 2 m. 50. La couche est toujours très schisteuse et, comme au puits Saint-Mathieu, il s'y intercale des lentilles de grès qui la divisent en deux bancs. Au puits Saint-Irénée, ces lentilles de grès atteignent en certains points 2 et 3 mètres de puissance et même accidentellement 10 mètres.

L'altération de la couche est encore plus marquée dans la concession du Ban. Près des affleurements, le long de la limite de Collenon, son épaisseur se réduit à 2 m. 50 ou 3 mètres. Au puits Saint-Cloud, à 16 mètres de profondeur, elle n'a que 1 m. 30, et à 200 mètres à l'Ouest de ce puits, 0 m. 80 seulement. Je reviendrai d'ailleurs sur cette altération, en parlant du district de Grand-Croix.

Près de la faille de Féloin, le banc inférieur de la Grande Couche de Rive-de-Gier donne encore, comme dans le district des Grandes Flaches, des houilles grasses à longue flamme. Le banc supérieur, au contraire, est formé par de la houille grasse ordinaire. La différence de composition des deux bancs disparaît progressivement vers l'Ouest, et, ainsi que je l'ai déjà dit, la Grande Couche de Rive-de-Gier donne surtout des houilles grasses ordinaires dans tout le district dont je viens de m'occuper.

La Bâtarde se trouve en général à 30 ou 35 mètres au mur de la Grande

Couche. Cet intervalle est très exceptionnellement porté en quelques points
à une cinquantaine de mètres. Le toit de la Bâtarde est formé par un épais
banc de grès fin, un peu moins blanc que celui qui est au toit de la Grande
Couche. Sous le banc de grès, l'épaisseur de la Bâtarde est parfois réduite par
érosion. Le mur est constitué par des schistes fins, durs, et par des grès noirâtres d'un grain beaucoup plus fin que ceux qui forment le toit et le mur de
la Grande Couche.

Du côté de la faille de Féloin, la Bâtarde est divisée en deux bancs et même
en deux couches distinctes par un nerf de 1 à 2 mètres de puissance. L'entre-
deux est formé par des schistes avec nombreuses empreintes; son épaisseur
diminue régulièrement vers l'Est; elle n'est plus en moyenne que de 0 m. 30
à 0 m. 50 au Gourd-Marin et se réduit à un filet de quelques centimètres
au Sardon et à la Cappe. La Bâtarde ne forme plus alors qu'une seule
couche.

Dans toute la partie Est du district de Rive-de-Gier, les variations d'épaisseur
de la Bâtarde correspondent assez exactement à celles de la Grande Couche.
La puissance de la Bâtarde augmente d'abord régulièrement de l'Est à l'Ouest;
puis, dans les concessions de la Cappe et de la Montagne-du-Feu, elle diminue
rapidement en allant du S. E. au N. O. La couche disparait entièrement au
delà d'une ligne passant à peu de distance au Nord des puits du Rocher (concession de la Montagne-du-Feu) et Saint-André (concession de la Cappe).

A Crozagaque, au Mouillon et à Gravenand, l'épaisseur maxima des deux
bancs de la Bâtarde ne dépasse pas 3 mètres. Aux Verchères et aux Combes
et Égarande, près de la faille de Féloin, chacun des bancs mesure de 1 mètre
à 1 m. 20. Au Gourd-Marin, la Bâtarde est en général formée de deux bancs,
l'un de 0 m. 60 au toit, l'autre de 2 m. 50 au mur, séparés par un nerf de
0 m. 30 à 0 m. 50. Cette épaisseur diminue en s'approchant de la Montagne-
du-Feu; elle est encore de 2 mètres à 2 m. 50 au puits du Rocher de cette
concession; mais au puits Journoud, on ne trouve plus que la trace de la
couche.

Au Sardon, la Bâtarde mesure de 4 à 5 mètres; elle atteint 5 m. 40 dans
certaines parties des travaux du puits Saint-Martin. Aux puits de Grézieux et
Sainte-Colette, son épaisseur varie entre 3 et 5 mètres; elle diminue ensuite
vers le Nord, et se réduit à 2 mètres et 2 m. 50 aux puits Saint-André et du
Couchant. Des lambeaux de la Bâtarde ont encore été exploités dans la concession du Reclus, au voisinage de la fendue Arnaud de l'Ariège. L'épaisseur

3.

de la couche en ce point est d'environ 2 mètres. J'ai déjà dit qu'au puits Journoud de la Montagne-du-Feu, la Bâtarde est réduite à un simple filet de houille; elle n'existe pas au puits de la Marguillerie, qui a été foncé jusqu'à 45 mètres du mur de la Grande Couche; on ne la connaît enfin nulle part, dans la concession de la Montagne-du-Feu au mur de la faille du Mouillon.

Près de la faille de Féloin, aux Verchères et à Égarande, *la Bourrue* mesure 1 mètre à 1 m. 30; elle est formée par du charbon schisteux de qualité inférieure à celui de la Bâtarde. Au Sardon, son épaisseur est de 1 mètre environ, mais on la retrouve plutôt ici sous forme de lentilles que sous la forme d'une couche régulière. Au Reclus, elle a été exploitée par la fendue Arnaud de l'Ariège. Sa puissance est en ce point de près de 2 mètres. Elle ne paraît exister nulle part dans les concessions de la Cappe, de Corbeyre, de la Montagne-du-Feu et de Collenon.

III. — DISTRICT DE GRAND-CROIX.

(Planche II.)

Le district de Grand-Croix s'étend du seuil d'Assailly à la limite orientale de la concession de Saint-Chamond; on y a exploité, et on y exploite encore, le faisceau des couches de Rive-de-Gier; mais la profondeur à laquelle on retrouve ces couches augmente de plus en plus à mesure qu'on s'avance vers l'Ouest; et tandis qu'entre le puits Saint-Étienne du Ban et les aciéries d'Assailly, la Grande Couche de Rive-de-Gier ne descend pas au-dessous de la cote + 100, on ne la retrouve, au Sud du puits Couchoud du Plat-de-Gier, qu'à la cote — 520, soit à plus de 820 mètres au-dessous du Gier. C'est en ce point que les travaux sont arrêtés pour le moment; on n'a pas encore reconnu la présence des couches de Rive-de-Gier dans la concession de Saint-Chamond.

Au voisinage d'Assailly, la largeur de la cuvette houillère, mesurée entre les affleurements de la Grande Couche ne dépasse pas 1,200 mètres. A partir de ce point elle s'élargit régulièrement vers l'Ouest, comme le montre la carte d'ensemble. Dans tout le district de Grand-Croix, la ligne de fond de la cuvette ne reste plus parallèle à la limite Sud du bassin de la Loire. Sa direction entre Assailly et l'Horme est N.-S. au lieu d'être N. E.-S. O.

Fig. 1.

COUPE DU PUITS G. GILLIER.

(Échelle au 1/500e.)

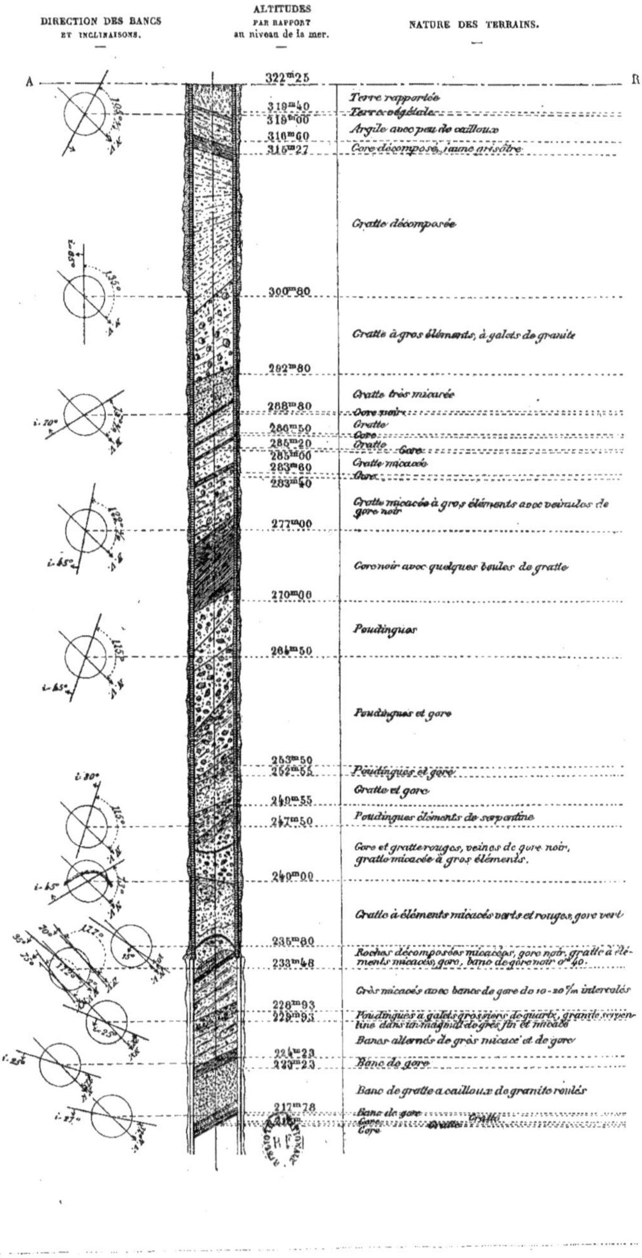

Au jour, la limite du terrain houiller conserve, au Sud de Grand-Croix, sa direction générale N. E.-S. O.; elle n'est pas affectée par le changement de direction de l'axe de la cuvette. Mais, le long de cette limite, les terrains anciens sont nettement renversés au-dessus du terrain houiller. Les travaux exécutés au S. E. de la concession de Grand-Croix, au voisinage du Dorlay, ont bien mis en évidence cette allure. Il en est de même au puits Gilbert Gillier du Plat-de-Gier actuellement en fonçage. C'est ce que montre la coupe ci-jointe, passant par ce puits et dirigée suivant une ligne perpendiculaire à la limite Sud du bassin houiller (fig. 1).

Le versant Est de la cuvette est bien connu par les travaux des concessions de Grand-Croix et de la Péronnière. La Grande Couche n'affleure pas au jour de ce côté; mais, au voisinage du confluent du Gier et du Dorlay, on la trouve à 30 ou 40 mètres de profondeur seulement. Plus au Sud, le long du relèvement du Dorlay, qui limite à l'Est les travaux de Grand-Croix, on a pu suivre jusqu'à une centaine de mètres de la surface des lambeaux de Grande Couche entraînés et laminés dans cet accident. Dans les concessions de Grand-Croix et de la Péronnière, la direction des bancs est N.-S. : la plongée se fait vers l'Ouest avec une pente en moyenne assez faible. Cette allure se maintient jusqu'à la faille de Couzon. A l'Ouest de cet accident, on paraît atteindre, dans les concessions de la Faverge, de Comberigol et du Plat-de-Gier, le fond même de la cuvette; la direction générale des bancs devient E.-O. avec plongée faible vers le Sud; mais cette allure est souvent masquée par des plissements montrant que le bassin houiller a été fortement comprimé suivant la direction E.-O. Les travaux de Comberigol et du Plat-de-Gier sont limités à l'Ouest par un autre accident, la faille des Arques, plongeant à l'Ouest, au delà duquel on n'a encore fait que des travaux insignifiants. Quant aux affleurements de la Grande Couche sur le versant Ouest du bassin houiller, ils sont inconnus. J'ai déjà indiqué que dans la concession du Ban, la Grande Couche s'amincit et se schistifie entièrement près de la surface, à peu de distance à l'Est du hameau du Mulet.

Les accidents sont nombreux dans le district de Grand-Croix, et leur alluré et leur importance sont extrèmement variables d'un point à un autre. Il semble souvent que le terrain houiller ait été divisé dans cette zone en une série de panneaux ayant joué les uns par rapport aux autres d'une façon absolument quelconque. Au Sud du puits Saint-Étienne du Ban, la faille du puits Saint-Étienne plonge au Sud et déplace la Grande Couche d'une centaine de mètres

au moins; à 250 mètres plus à l'Est, sous l'usine d'Assailly, la même couche
doit être coupée par un accident plongeant au Nord, déplaçant la couche de
100 mètres environ et paraissant être dans le prolongement même de la faille
du puits Saint-Étienne. La faille de la Faverge est très nette à Comberigol et
à la Péronnière; elle plonge au S. E. et mesure près de 100 mètres à la Péronnière. Dans la concession de la Faverge, au contraire, elle plonge au N. O.;
elle perd d'ailleurs de ce côté une grande partie de son importance. La faille
de Couzon est peu nette dans la concession de la Péronnière; la Grande
Couche est contournée et plissée comme le montre la coupe ci-jointe (fig. 2)

Fig. 2.

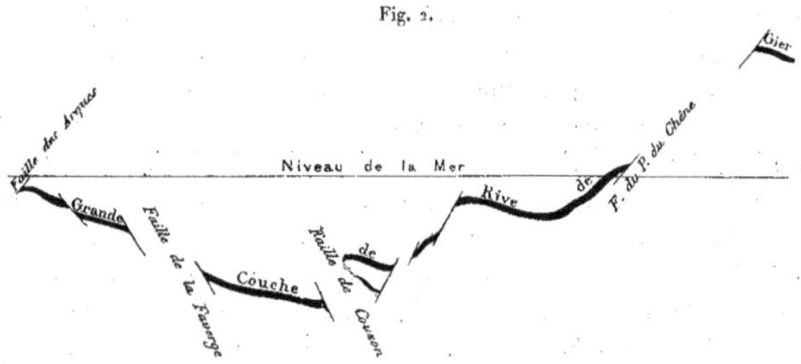

Coupe E.-O. passant à 85 mètres au Nord du puits Bonnard.
(Échelle : 1/10.000°.)

faite suivant une ligne E.-O. passant à 85 mètres au Nord du puits Bonnard.
Plus au Sud, dans la région des puits Saint-Jean et Saint-Privat, cet accident
correspond à une large bande de terrains brouillés, au milieu desquels on a
trouvé quelques lambeaux de couche au puits Saint-Privat.

La faille des Arques paraît avoir été traversée à la cote — 220, dans la concession de Comberigol. Au toit de cet accident, les bancs sont dirigés N. E.-
S. O. et plongent au S. E. Mais la Grande Couche a été trouvée en ce point
trop amincie et trop affectée encore par la faille des Arques, pour que l'on
puisse se prononcer sur sa valeur. A l'Ouest du puits Couchoud, les travaux
sont actuellement arrêtés dans un dressant le long duquel la couche a été suivie
sur près de 70 à 80 mètres de hauteur verticale. Il semble qu'à l'Ouest de
cet accident la direction des bancs soit N. E.-S. O. avec plongée au S. E. Il
se pourrait, par suite, que ce dressant correspondît au passage de la faille des

Arques; mais les travaux ne sont pas encore assez avancés de ce côté, pour qu'on puisse être définitivement fixé sur ce point.

La continuité de la Grande Couche est, d'autre part, troublée dans le district de Grand-Croix par des érosions très importantes. Le toit de la couche est toujours formé par d'épais bancs de grès, séparés de la houille par un faux toit de schistes friables, dont l'épaisseur est extrêmement variable. Il mesure souvent quelques mètres dans les travaux du puits Couchoud, et se réduit ailleurs à quelques centimètres. Lorsque ce faux toit disparaît et lorsque la Grande Couche est par suite directement recouverte par des bancs de grès, son épaisseur est en général réduite par érosion. En certains points même, notamment aux abords des puits Saint-Louis de Grand-Croix et Saint-Jean du Plat-de-Gier, l'érosion est complète et la Grande Couche, épaisse en moyenne d'une dizaine de mètres, n'est plus représentée que par un filet de charbon ou de schistes de quelques centimètres de puissance. Au milieu des régions érodées, on trouve souvent des lentilles de houille où la couche reprend brusquement une épaisseur de plusieurs mètres; on a notamment trouvé un assez grand nombre de ces lentilles de houille aux abords du puits Saint-Paul de Grand-Croix.

Grande Couche. — Dans la concession de Grand-Croix et au voisinage du confluent du Gier et du Dorlay, l'épaisseur de la Grande Couche est réduite à 2 ou 3 mètres. Elle oscille entre 6 et 7 mètres au Nord du puits Neuf, atteint 10 à 12 mètres au puits Charrin et a une puissance moyenne de 8 mètres à l'Est du puits Saint-Paul. Le long du relèvement du Dorlay, son épaisseur est par contre très variable, car elle a été laminée en bien des points : elle ne dépasse jamais 6 mètres. Dans toute la concession de la Péronnière, la Grande Couche mesure en moyenne 8 à 10 mètres de puissance. On rencontre, d'autre part, au mur de la couche et comme aux puits Saint-Mathieu de la Cappe et Saint-Irénée de Corbeyre, un banc de houille de 2 mètres (la Petite Bâtarde ou le banc) séparé du reste de la Grande Couche par un nerf de grès d'épaisseur très variable. Ce nerf se réduit parfois à zéro; mais au Nord du puits Piney, il a mesuré en certains points jusqu'à 20 mètres de puissance.

Au Nord de la Péronnière et dans la concession de la Faverge, l'épaisseur de la Grande Couche diminue et se réduit à 6 ou 7 mètres; elle n'atteint 10 mètres qu'au voisinage de la faille du Chêne. Sa puissance diminue régulièrement vers l'Ouest et en même temps des filets schisteux très nombreux se développent au milieu de la houille; alors que, dans les travaux du puits du Chêne, la Grande Couche donnait des charbons à 6 et 7 p. 100 de cendres, on exploitait, à l'extrémité Ouest des travaux de la Faverge, des charbons à 30 p. 100 de cendres.

Cette altération est encore plus marquée dans la concession du Ban, où la Grande Couche n'a pu être exploitée qu'au voisinage du puits Saint-Étienne. Elle mesure ici encore en certains points 4, 5 ou 6 mètres de puissance; mais elle est très schisteuse et son épaisseur est très variable. Elle se réduit à rien à une centaine de mètres à l'Ouest de ce puits. L'altération est d'ailleurs de plus en plus marquée à mesure qu'on se rapproche des affleurements. La couche est, d'autre part, brouillée par des accidents nombreux dans la région du puits Saint-Philibert et Henry. Au Nord du puits Saint-Cloud, elle mesurait encore près de 2 m. 50 aux affleurements; mais elle disparaît rapidement vers l'Ouest, du côté du Mulet, tandis que son épaisseur augmente vers l'Est, du côté du puits Saint-Jean de Collenon, où elle atteint 2, 3 et même 4 mètres de puissance.

Dans les travaux des puits Saint-Claude et Saint-Marcellin de Comberigol, la Grande Couche mesure encore 5 à 6 mètres de puissance au voisinage de la faille de Couzon. Son épaisseur décroît assez régulièrement vers l'Ouest; elle n'est plus en moyenne que de 2 à 3 mètres au voisinage de la faille des Arques. La qualité de la couche s'altère un peu de ce côté : il s'y développe quelques filets de schistes; la houille devient moureuse; mais cette altération est moins marquée que dans les concessions de la Faverge et du Ban.

Au puits Saint-Privat, la Grande Couche mesure 6 à 7 mètres d'épaisseur; au puits Couchoud, 5 à 6 mètres en moyenne. On distingue toujours dans la couche, comme dans tout le champ d'exploitation de la Péronnière d'ailleurs, un nerf d'épaisseur variable qui la divise en deux bancs sensiblement égaux. On le désigne toujours sous le nom de *nerf blanc*. Dans les travaux du puits Couchoud, la Grande Couche est recouverte par un faux toit de schistes sans consistance aucune, d'épaisseur très inégale. Il renferme une proportion assez considérable de pyrite de fer.

J'ai déjà indiqué qu'au voisinage d'Assailly la Grande-Couche de Rive-de-Gier donnait des houilles grasses maréchales. La teneur en matières volatiles de ces charbons, cendres déduites, décroît ensuite régulièrement à mesure qu'on se rapproche de Saint-Chamond. Elle est de 28 p. 100 à l'amont des travaux de Grand-Croix, de 26 à 25 p. 100 au puits Piney, de 22 p. 100 au puits Sainte-Camille, de 19 à 18 p. 100 dans les travaux de Comberigol et du puits Saint-Privat, et enfin de 10 à 8 p. 100 seulement dans les travaux du puits Couchoud, à 800 mètres sous le Gier. Les teneurs en cendres sont extrêmement variables d'un point à un autre du district de Grand-Croix. Au Ban, la couche est très schisteuse (plus de 30 p. 100 de cendres); à la Péronnière, le charbon est très propre (5 à 8 p. 100 de cendres); au Plat-de-Gier, les charbons bruts tiennent en moyenne 8 à 10 p. 100 de cendres. Dans les travaux du puits Couchoud, la houille est très friable et donne une très forte proportion de menu et de poussière.

La *Bâtarde* n'a guère été exploitée que dans la concession de Grand-Croix. Elle y mesure en moyenne 4 mètres à 4 m. 50 d'épaisseur; elle est formée de deux bancs à peu près égaux, séparés par un nerf de 0 m. 20. Comme la Grande-Couche, elle a été enlevée en bien des points par des érosions. La Bâtarde est recouverte par un faux toit schisteux de 0 m. 50 à 1 mètre d'épaisseur, surmonté par un épais banc de grès fin légèrement gris. Cette couleur permet de le distinguer du grès formant le toit de la Grande Couche, lequel est toujours blanc. Le mur de la Bâtarde est formé par des schistes gonflant à l'air, puis par du grès fin noirâtre. Le charbon de la Bâtarde est analogue comme qualité à celui de la Grande Couche, mais il est toujours un peu plus cendreux.

Dans la concession de la Péronnière, la place de la Bâtarde est surtout occupée par des schistes au milieu desquels on a trouvé quelques lentilles de houille exploitables. C'est dans ces conditions qu'on la retrouve près du puits Piney, où elle a 2 mètres d'épaisseur, et au puits Saint-Jean, où elle est réduite à 1 mètre ou 1 m. 20. Au puits Saint-Privat, elle mesure par contre 2 m. 50; le puits Couchoud n'a pas encore été foncé assez profondément pour avoir pu la recouper. A l'Ouest de la Péronnière, la couche disparaît entièrement et on n'en trouve aucune trace à Comberigol, à la Faverge et au Ban.

Dans la concession de Grand-Croix, la *Bourrue,* ou plutôt la trace de la Bourrue, existe à 25 mètres au-dessous de la Bâtarde; mais au puits Saint-Louis comme au puits Saint-Paul, cette couche n'est représentée que par des filets de houille schisteuse et elle est absolument inutilisable. Elle ne paraît pas exister dans les autres concessions du district de Grand-Croix.

On a vu que la Bâtarde et la Bourrue disparaissent dans la partie occidentale du district de Grand-Croix. En même temps, l'épaisseur totale de l'étage de Rive-de-Gier diminue de ce côté. On retrouve en effet au puits Saint-Philibert la brèche de base à 4o mètres au-dessous de la Grande Couche; au puits Sainte-Marie de la Faverge, cette distance est encore réduite, et elle n'est souvent que de 15 à 20 mètres dans les travaux de Comberigol, à l'Ouest du puits Saint-Claude.

On a déjà foncé de nombreux puits pour retrouver la Grande Couche de Rive-de-Gier, à l'Ouest des travaux actuels dans les concessions de la Faverge, de Comberigol et de Saint-Chamond. Aucune de ces recherches n'a encore donné de résultat; aucune n'a d'ailleurs été poussée assez loin pour avoir pu atteindre la place occupée par les couches de Rive-de-Gier. Le puits Gonon a été arrêté, dans la concession de la Faverge, à 290 mètres de profondeur; le puits Bonjour[1] et le puits Couchoud de Comberigol, à 215 mètres et à 417 mètres de profondeur; le puits du Fay (Saint-Chamond) à 600 mètres de profondeur; enfin le puits Notre-Dame (Saint-Chamond), à 405 mètres. Ils ont tous été arrêtés dans des formations qui recouvrent sans aucun doute la Grande Couche de Rive-de-Gier. Ces recherches sont d'ailleurs déjà anciennes; aussi me paraît-il inutile d'y insister ici. Je renvoie, pour tout ce qui les concerne, au chapitre IX, § 126, de la *Topographie du bassin de la Loire*. Si ces divers puits avaient été foncés plus profondément, ils auraient certainement atteint la place occupée par la Grande Couche de Rive-de-Gier; mais rien ne saurait permettre d'affirmer qu'ils auraient retrouvé cette couche. On sait que, dans tout le district de Grand-Croix, elle a disparu par suite d'érosion sur de grandes étendues. D'autre part, on est en droit de se demander si elle ne s'altère pas progressivement vers l'Ouest, comme les autres couches de Rive-de-Gier, et si elle ne cesse pas d'être exploitable à peu de distance à l'Est de Comberigol et du Plat-de-Gier.

Sur la carte d'ensemble ci-jointe (fig. 3), j'ai indiqué la limite occidentale des travaux souterrains dans les diverses couches de Rive-de-Gier. La Gentille n'est connue qu'à Combeplaine. La Bourrue a été exploitée jusque dans les concessions du Sardon et du Reclus; la Bâtarde jusque dans celles de la Montagne-du-Feu, de la Cappe et de la Péronnière. Au delà, ces couches se

---

[1] Ce puits était placé à une cinquantaine de mètres au Sud du hameau de Salcigneux et à 320 mètres à l'Ouest du puits Couchoud de Comberigol.

Fig. 3.

LIMITE OCCIDENTALE DES TRAVAUX DANS LA GENTILLE LA BATARDE ET LA BOURRUE

Échelle $\frac{1}{35\,000}$

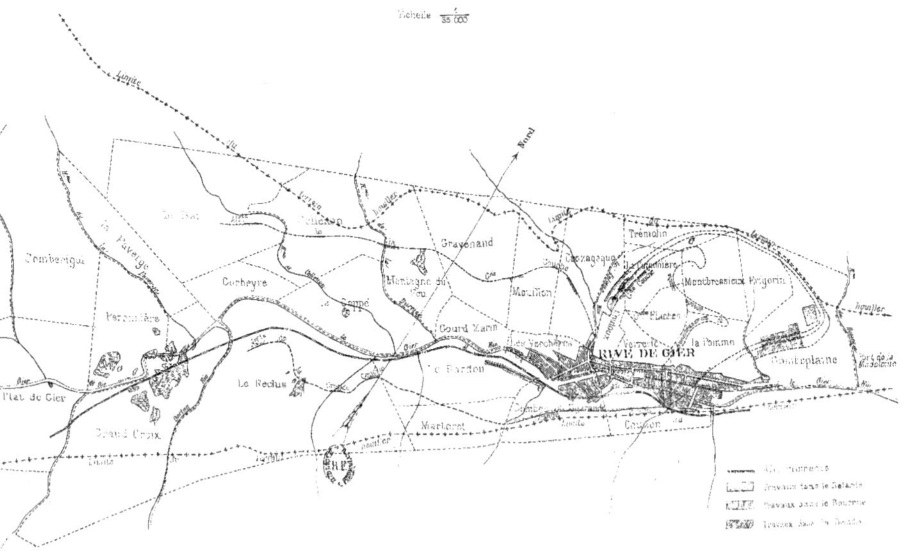

schistifient, s'amincissent et finissent par disparaître complètement. De plus, l'intervalle qui sépare la Grande Couche de la brèche de base va régulièrement en diminuant de l'Est à l'Ouest. On connaît, d'autre part, l'altération de la Grande Couche au Ban et à la Faverge. On peut se demander par suite si, comme pour la Gentille, la Bourrue et la Bâtarde, cette altération ne correspond pas à la limite occidentale du dépôt de la Grande Couche de Rive-de-Gier, et si les travaux ne s'arrêteront pas à leur tour dans cette couche à une ligne passant près du hameau du Mulet, et plus ou moins parallèle à celles qui limitent vers l'Ouest les travaux des autres couches de l'étage de Rive-de-Gier.

TERRITOIRE DE SAINT-CHAMOND.

(Voir les planches V à VIII de l'ouvrage de M. GRÜNER.)

Aux environs de Saint-Chamond, sur la rive gauche du Gier et du Janon, on connaît les affleurements d'un certain nombre de couches de houille. Elles reposent sur les poudingues stériles de Saint-Chamond et elles appartiennent à la base de l'étage inférieur de Saint-Étienne (couches 13 à 15?). On ne peut toutefois déterminer avec exactitude leur rang dans cet étage. Elles diffèrent nettement, en effet, par leurs caractères extérieurs, des couches de la Chazotte ou de Saint-Jean-Bonnefonds, et on ne peut les raccorder avec ces couches par les travaux souterrains.

La direction générale des couches exploitées à Saint-Chamond est celle du grand axe du bassin de la Loire; on les suit du N. E. au S. O. sur la rive gauche du Gier et du Janon, depuis la Chapelle-du-Fay jusqu'à la Sibertière. Elles plongent avec une pente assez faible vers le S. E. Elles doivent toutes disparaître en profondeur, car, d'une part, au puits Saint-Luc, près de la gare de Saint-Chamond, elles ne sont plus représentées que par quelques filets de houille insignifiants et, d'autre part, on ne les voit pas affleurer le long de la bordure Sud du bassin de la Loire. Les quelques traces charbonneuses connues au Nord de Saint-Martin-en-Coailleux paraissent, en effet, devoir être rattachées à l'étage de Rive-de-Gier et non à la partie inférieure de l'étage de Saint-Étienne.

Les couches de Saint-Chamond sont affectées par un très grand nombre d'accidents qui les divisent en une série de lambeaux, souvent de faible importance, et toujours nettement séparés les uns des autres. Aux abords immédiats de Saint-Chamond toutefois, le terrain houiller est un peu plus régulier, et c'est dans cette zone que se sont développées les exploitations les plus importantes du territoire dont je m'occupe. Partout ailleurs, au contraire, on s'est borné à faire des travaux insignifiants sur les affleurements de ces couches, et, depuis de nombreuses années déjà, toutes ces petites entreprises sont abandonnées. On trouvera dans l'ouvrage de M. l'Inspecteur général Grüner tous les détails qui les concernent. Je n'en dirai que quelques mots ici, et j'insisterai seulement sur les travaux qui se poursuivent encore au Nord de Saint-Chamond, dans le quartier dit de Rigaudin.

On connaît au Nord de Saint-Chamond, entre le ruisseau de la Mornante à l'Est et la faille du Croupisson à l'Ouest (voir fig. 4), soit sur une étendue de près d'un kilomètre, les affleurements de six ou sept couches de houille. Leur direction générale est N.E.-S.O.; les couches plongent toutes vers le S.E. avec une pente en général assez faible. Au Sud du puits Rigaudin, les bancs se relèvent brusquement et les couches prennent la direction N.-S. Mais on n'a affaire ici qu'à un plissement peu important accompagné d'un léger refoulement. Au delà les bancs reprennent leur plongée ordinaire vers le S.E., dans les champs d'exploitation des puits du Château, Neyrand et du Clos-Marquet.

Au Sud du puits Rigaudin et au voisinage du plissement dont je viens de parler, les couches de Saint-Chamond sont, en général, assez épaisses et donnent des charbons de qualité passable. A l'Est et à l'Ouest de cette zone, elles subissent des altérations importantes. Leur épaisseur diminue rapidement et elles se schistifient souvent complètement. Il en est de même en profondeur. Dans toutes les couches, en effet, les travaux ont été arrêtés vers l'aval à des amincissements ou à des altérations complètes, et ce que l'on sait des recherches effectuées par le puits Saint-Luc ne permet guère d'espérer que ces couches soient exploitables au Sud du Gier.

Dans le quartier dit du Parterre, la première couche affleure sous un épais banc de grès fin. Elle est divisée en deux bancs par un nerf de 0 m. 20; le banc du toit mesure 2 à 3 mètres de puissance; le banc du mur 1 mètre seulement. Cette couche, entièrement exploitée depuis longtemps au Parterre, donnait des charbons d'assez bonne qualité. Sa puissance diminue rapidement dans tous les sens, et dans les travaux du puits du Château et dans ceux du puits Neyrand, elle ne mesure plus que 1 mètre à 1 m. 50. Plus à l'Est encore, au puits du Clos-Marquet, son épaisseur se réduit à 0 m. 50. Le banc de grès qui la recouvre n'existe qu'au Parterre, et c'est le seul banc de cette nature qu'on connaisse au milieu des couches de Saint-Chamond. Partout ailleurs, le terrain houiller est constitué par des schistes plus ou moins micacés et par des brèches et des poudingues micacés.

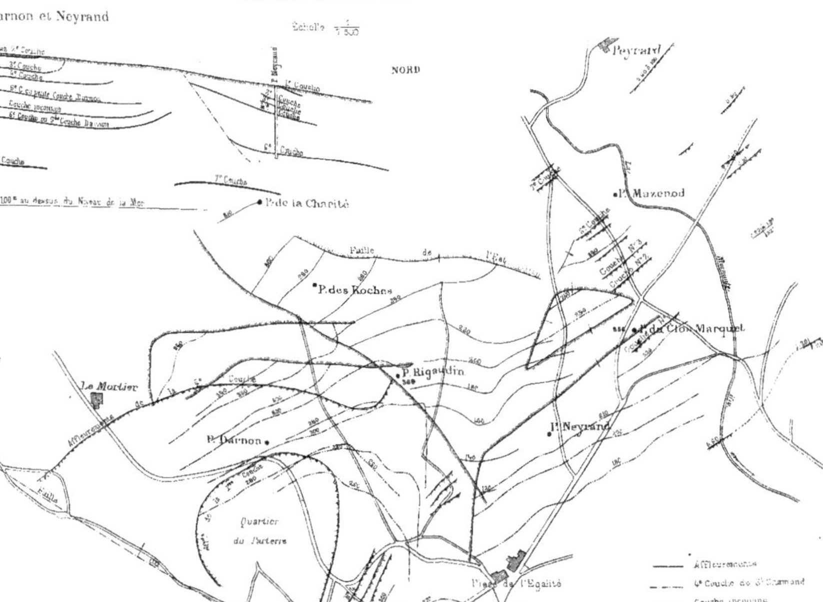

Fig. 4.
TRAVAUX DE RIGAUDIN
e par les P. Darnon et Neyrand
Échelle 1/7500
NORD
7e Couche
Ligne à 100m au dessus du Niveau de la Mer
P.de la Charité
Faille   de   l'Est
P.des Rochas
Grange Breyas
Le Mortier
P.Rigaudin
P.Darnon
Quartier du Parterre
P. de l'Egalité
P.du Château
St Chamond
Peyrard
P. Mazenod
P.du Clos Marquet
P.Neyrand
Affleurements
4e Couche de St Chamond
Couche inconnue
6e Couche de St Chamond
7e Couche de C.Rigaudin

Les couches 2 et 3 donnent des charbons de moins bonne qualité que la 1re; leur épaisseur au Parterre est d'environ 2 mètres. Elles s'amincissent toutes les deux vers l'Est et ne mesurent que 0 m. 50 à 0 m. 60 dans la région du Clos-Marquet. Elles mesurent 1 mètre à 1 m. 50 au puits du Château. Elles disparaissent partout rapidement en profondeur. A quelques mètres du toit de la 2e couche, on connaît un banc de minerai de fer qui a été exploité au début du siècle.

La 4e couche est située à une vingtaine de mètres de la 3e. Son épaisseur totale est, au Parterre et au puits Rigaudin, de près de 2 mètres. Elle est divisée en deux bancs par un nerf de 0 m. 50 à 0 m. 60. Elle disparaît également dans les travaux du puits du Clos-Marquet. Elle ne donne que des charbons assez sales. Elle a été exploitée au puits du Château jusqu'à la cote 250. Les travaux ont été arrêtés vers l'aval par l'investison de la ville de Saint-Chamond.

La 5e couche (petite couche Darnon) est située, au puits Darnon, à 30 mètres environ de la 4e. C'est une couche mince, qui ne mesure que 0 m. 50 à 0 m. 70 dans les travaux de ce puits et qui, partout ailleurs, se réduit à un simple filet de houille. A 40 mètres plus bas, on trouve la *couche inconnue* dont la puissance utile est également de 0 m. 50 à 0 m. 70, et qui est divisée en deux bancs d'épaisseur à peu près égale par un nerf de 0 m. 40 à 0 m. 50.

La 6e couche (grande couche Darnon) est, au puits Darnon, à 130 mètres du jour. C'est la plus épaisse des couches de Saint-Chamond; sa puissance atteint en certains points 3 à 4 mètres, mais sa qualité laisse souvent beaucoup à désirer. Elle est salie par une série de bancs de schistes, et ces bancs deviennent si nombreux vers l'Est et vers l'Ouest, que la couche est inexploitable à l'Est du puits du Clos-Marquet et à l'Ouest du puits Darnon; elle est également inutilisable en aval de la cote 250. Les courbes de niveau de la figure 4 indiquent dans quelle zone cette couche a pu être utilisée. Vers l'amont, au Nord du puits Darnon, les travaux de 6e ont été arrêtés à des amincissements qu'on n'a pas essayé de traverser à cause du voisinage de la surface.

A 100 mètres de la 6e, on trouve la dernière couche du faisceau, la 7e couche, souvent appelée couche Rigaudin ou couche des Roches. Elle a été exploitée entre les affleurements et la cote 120 dans une longue bande comprise entre la faille de l'Est au Nord et un amincissement complet au Sud. Elle a été recherchée au delà de cet amincissement à peu près à l'aplomb du puits Darnon (cote 180); mais elle se réduit ici à une série de filets charbonneux absolument inutilisables. Le puits du Clos-Marquet atteint la 7ᵉ à près de 250 mètres de profondeur dans la faille de l'Est, c'est-à-dire dans une zone où elle est inexploitable, et on la recherche actuellement au mur de cet accident par le puits Mazenod. A l'Ouest de ce puits, on connaît les affleurements de deux petites couches de 1 m. 25 et de 0 m. 85 de puissance utile, divisées en deux ou trois bancs par des filets de schistes. Elles correspondent à la 7ᵉ. Il est probable qu'elles sont accompagnées par d'autres petites couches de houille dont on n'a pas aperçu la trace au jour, car le puits Mazenod, actuellement en fonçage, a traversé, entre les profondeurs de 48 et de 58 mètres, une formation charbonneuse de 7 m. 25 de puissance utile, divisée en cinq bancs, dont le banc du milieu mesure 4 m. 80.

Les charbons de la couche inconnue et de la 6ᵉ couche, actuellement en exploitation au puits Rigaudin, contiennent 18 à 20 p. 100 de cendres après triage à la main et 20 à 22 p. 100 de matières volatiles, cendres déduites. Les houilles de la couche Rigaudin sont en général plus pures et, au puits Mazenod notamment, paraissent contenir de 10 à 12 p. 100 de cendres seulement. Elles sont ici assez maigres et ne renferment que 18 à 19 p. 100 de matières volatiles. On trouve souvent au milieu de la 7ᵉ des nodules de minerais de fer d'assez grosses dimensions.

Le puits Saint-Luc, ouvert il y a déjà très longtemps à peu de distance à l'Ouest de la gare de Saint-Chamond, a traversé, entre 145 et 400 mètres de profondeur, des bancs schisteux contenant quelques filets de houille. Cette formation paraît correspondre au faisceau exploité à Saint-Chamond, mais les couches de houille sont ici complètement abâtardies. Au-dessus de ces schistes, le puits Saint-Luc a traversé des grès et des poudingues qui doivent appartenir à l'étage stérile compris entre la 13ᵉ et la 12ᵉ couche. A la profondeur de 450 mètres, il est entré dans l'étage stérile de Saint-Chamond, et le fonçage du puits Saint-Luc a été arrêté à 680 mètres de profondeur dans cet étage. On a continué à cette profondeur l'exploration de la concession de Saint-Chamond par un grand travers-bancs dirigé vers le S. E., travers-bancs qui mesure 675 mètres de longueur. Il n'a recoupé aucune couche de houille et n'a donné aucune indication sur l'existence de l'étage de Rive-de-Gier dans cette zone. Vers le Sud, en effet, l'étage de Rive-de-Gier est souvent laminé et étiré et, d'autre part, le fonçage du puits Saint-Luc n'a pas été poussé suffisamment loin pour avoir pu atteindre cet étage dans le fond de la cuvette houillère.

A l'Est des travaux du puits Rigaudin, on suit avec plus ou moins de diffi-
culté les affleurements des couches de Saint-Chamond jusqu'à la Chapelle-du-
Fay. A 3oo mètres à l'Est de Peyrard, le puits Saint-Benoît a recoupé, en
1866, quatre veines donnant des charbons assez gras et mesurant respectivement du toit au mur, o m. 70, o m. 95, 1 m. 20 et o m. 90 de puissance.
On ne paraît avoir fait aucun travail sérieux dans ces couches.

Plus à l'Est encore, et au voisinage de la Chapelle-du-Fay, on a fait dans la
première moitié de ce siècle quelques travaux sur les affleurements de deux
couches donnant des charbons assez gras pour avoir pu être utilisés pour la
fabrication du coke; la veine supérieure mesure o m. 60 à 1 mètre, la veine
inférieure 1 m. 60 en moyenne. Celle-ci est sujette à des renflements et à
des amincissements brusques; ni l'une ni l'autre n'a été explorée à plus de
70 mètres de profondeur.

La faille du Croupisson, qui limite vers l'Ouest les travaux du Parterre
est dirigée N. O.-S. E. et plonge au N. E. Elle rejette de 3oo mètres au Sud
les affleurements des couches de Saint-Chamond. Au mur de cet accident, les
couches 1 à 6 ont été exploitées, dans la première moitié de ce siècle, dans
les travaux dits de Lavieux et de Paradis; elles diminuaient toutes d'épaisseur
en profondeur, et elles donnaient des charbons de moins bonne qualité qu'au
Parterre. Les travaux de Lavieux et de Paradis n'ont pas atteint le plissement
du puits Rigaudin; mais cet accident doit exister ici, car on retrouve sur la
rive droite du Janon les affleurements des couches de Saint-Chamond, absolument comme au Sud du Parterre ils reparaissent au voisinage du puits
du Château. Dans les travaux dits du Châtelard, situés entre le Janon et le
Gier, on n'a exploité qu'une couche de qualité fort médiocre; elle ne paraît
exister que sur une faible étendue.

A l'Ouest des travaux de Paradis, on a exploité les couches de Saint-Chamond, il y a également fort longtemps, près de la Grange-Paire et de la Varizelle. Seules, les couches 1 à 3, ou 1 à 4, sont ici connues; elles sont très
voisines les unes des autres, et sont recouvertes par un massif stérile de poudingue quartzo-micacé qui les caractérise assez bien. Les couches sont fort
irrégulières. Elles donnent des charbons plus gras (24 à 26 p. 100 de
matières volatiles) et plus propres qu'au Paradis et au Parterre. Leur épaisseur
est assez considérable près du jour; mais elle diminue rapidement en profondeur, et en même temps le charbon devient schisteux.

A l'Ouest de la Varizelle, on ne connaît dans la concession de Saint-Chamond aucun gîte exploitable. Les roches sont de plus en plus grossières, de plus en plus irrégulières, et elles ne contiennent que quelques lentilles de houille sans aucune valeur près de Nantin et de Pacalon. Au mur des couches de la Varizelle, on ne retrouve d'ailleurs plus la trace des couches inférieures de Saint-Chamond, et le terrain houiller est uniquement formé par des poudingues quartzo-micacés passant par places à des schistes grossiers. L'allure et la composition du terrain ne varient pas jusqu'au ravin de Ricolin. Sur la rive gauche de ce ruisseau, au contraire, les bancs prennent la direction N.-S. et plongent vers l'Ouest. On admet que ce changement brusque de direction est dû à la faille de Langonan dirigée sensiblement N.-S. et plongeant à l'Ouest. L'importance de cet accident paraît être surtout sensible dans la haute vallée du Langonan, c'est-à-dire dans la zone où ce ruisseau coule du Nord au Sud.

Près de la limite commune des concessions de Saint-Chamond, Saint-Jean-Bonnefonds et la Sibertière, on connaît près du hameau du Besserlé et au toit de la faille de Langonan, les affleurements de quelques petites couches de houille qui ont été autrefois exploitées. Leur direction est d'abord N. E.-S. O. avec plongée au S. E. Elle devient E.-O. avec plongée au Sud près de la Buissonnière ; puis à l'Est de la Rivoire et de Saint-Jean-Bonnefonds sur la rive gauche du Ricolin, on retrouve ces petites couches dirigées N. O.-S. E. et plongeant au S. O. sous le village de Saint-Jean-Bonnefonds. Ces couches existent également plus au Nord, près du domaine de Bachassin.

On atteint ici l'extrémité orientale du bassin de Saint-Étienne proprement dit. La couche inférieure de Besserlé (12e couche de Saint-Étienne?) mesure 1 mètre en moyenne. Elle est irrégulière et sujette à des renflements brusques et à des étranglements complets. Elle donne de la houille dure, cendreuse, mais assez grasse pour avoir pu servir autrefois à la fabrication du coke. En profondeur, cette couche paraît coupée par un accident dirigé N. E.-S. O. et plongeant au S. E. Elle est surmontée en certains points par une petite couche de 0 m. 90 à 1 mètre, donnant des charbons encore plus durs et encore plus cendreux, et qui ne semble guère avoir été exploitée.

Au Sud de la Vivaraise, entre la Sibertière et Poyet, on connaît encore les affleurements de deux filets de charbon insignifiants ; ils plongent nettement à l'Ouest et correspondent à l'extrémité orientale de la cuvette de Saint-Étienne.

TERRITOIRE DE SAINT-ÉTIENNE.

Le territoire de Saint-Étienne occupe toute la partie occidentale du bassin de la Loire, depuis Sorbier et Saint-Jean-Bonnefonds à l'Est jusqu'à la Loire à l'Ouest. L'étage de Saint-Étienne y est entièrement représenté; quant à l'étage de Rive-de-Gier, on ne saurait affirmer qu'il y existe également. Nulle part, en effet, on ne le voit affleurer avec certitude au mur des formations appartenant à l'étage de Saint-Étienne, et aucun puits n'a encore été assez approfondi dans le territoire dont je m'occupe pour avoir pu l'atteindre.

Dans la plus grande partie du territoire de Saint-Étienne, l'allure générale du terrain houiller est très simple. On a affaire à une vaste cuvette, allongée dans le sens N. E.-S. O., s'étendant de Saint-Jean-Bonnefonds à Firminy. Sa longueur totale est d'environ 18 kilomètres, et, dans sa plus grande largeur, à l'aplomb de la ville de Saint-Étienne, elle mesure 12 kilomètres. Sur les versants Nord et Nord-Ouest de cette cuvette, la pente des bancs est en général très faible. Sur le versant Sud, au contraire, elle est assez forte. Dans la cuvette de Saint-Étienne, la régularité des terrains est troublée par un certain nombre de failles; ce sont toujours des accidents directs. Les plissements proprement dits y sont rares et n'ont que peu d'importance. On sait enfin que les couches de houille y sont nombreuses et qu'elles sont souvent fort épaisses. C'est dans cette cuvette que se développent aujourd'hui les exploitations les plus importantes du bassin de la Loire. Elles fournissent toutes les variétés de combustibles comprises entre les houilles à gaz (35 à 40 p. 100 de matières volatiles) et la limite inférieure des houilles grasses à courte flamme (16 à 18 p. 100 de matières volatiles).

A l'Ouest de Firminy, le terrain houiller forme une seconde cuvette, allongée comme la première suivant la direction N. E.-S. O.; sa largeur est faible; elle ne mesure que 2 kilomètres environ près d'Unieux, et 1 kilomètre près de Cornillon. On n'y connaît qu'un petit nombre de couches; elles sont en

5.

général assez minces, et elles sont toutes affectées par un très grand nombre d'accidents. Aussi cette petite cuvette, qui correspond à peu près exactement à la concession de Fraisse-Unieux, n'a-t-elle jamais été le siège d'aucune exploitation importante.

Le long de la bordure Nord du territoire de Saint-Étienne, depuis Sorbier jusqu'à Villars, les couches inférieures de l'étage de Saint-Étienne (couches n°s 15 et 16) plongent régulièrement vers le S. O. et le Sud. Leur pente est toujours très faible; elle oscille entre 12 et 15 degrés. Au mur de ces formations on voit d'abord affleurer des grès et des schistes analogues à ceux qu'on connaît dans l'étage de Saint-Étienne. Ils contiennent en certains points quelques petits bancs de houille. Au-dessous, on trouve des terrains dont les éléments deviennent de plus en plus grossiers. Ce sont tantôt des poudingues et des grattes analogues à ceux de Saint-Chamond, tantôt, au contraire, des brèches à très gros éléments qui ressemblent à la brèche de base de Rive-de-Gier. Ces dernières formations sont remarquables par leur épaisseur et par la grosseur de leurs éléments dans la vallée du Furens, entre la Bérardière et l'Étrat, et entre la Niaret et la Fouillouse; mais elles ne forment plus ici, comme à Rive-de-Gier, un horizon continu, et il serait peut-être imprudent de se baser sur l'aspect seul de ces roches pour leur attribuer le même âge qu'à la brèche de base de Rive-de-Gier.

Entre la Fouillouse et Unieux, la bordure du bassin houiller se présente dans les mêmes conditions. Mais si les terrains anciens sont encore recouverts en certains points par des poudingues à très gros éléments, notamment à Landuzière, on ne voit affleurer nulle part, le long de cette bordure du bassin de la Loire, des brèches analogues à celles de l'Étrat et de la Niaret. Souvent même les terrains primitifs sont recouverts par des grès et des schistes fins; c'est ce qui a lieu, par exemple, à l'Ouest du Berlan, le long de la route de Saint-Victor-sur-Loire à Roche-la-Molière et dans la vallée de l'Égotay. Partout d'ailleurs le houiller paraît reposer sur les terrains anciens et plonger en pente douce vers le centre de la cuvette de Saint-Étienne.

L'extrémité orientale de la cuvette de Saint-Étienne est assez difficile à étudier; les couches de houille se schistifient presque toutes à mesure qu'on s'avance vers l'Est, et dans la même direction les grès et les schistes fins de l'étage de Saint-Étienne se transforment peu à peu en grattes plus ou moins micacées, fort analogues souvent à celles de l'étage de Saint-Chamond. On connaît toutefois, entre Saint-Jean-Bonnefonds et la Sibertière, une série d'affleurements paraissant appartenir aux couches inférieures de l'étage de Saint-Étienne. Elles plongent nettement vers l'Ouest et marquent vers l'Est la limite extrême du territoire de Saint-Étienne.

La bordure Sud du bassin de la Loire, depuis Terrenoire jusqu'à Cornillon, est facile à étudier; le contact même des terrains sédimentaires et des micaschistes est en effet souvent bien visible. J'insisterai donc un peu sur ce sujet.

On suit aisément sur le terrain, entre Terrenoire et la Croix-de-l'Orme, la limite Sud du bassin houiller, bien que le contact même des terrains sédimentaires et des terrains anciens soit partout recouvert par des éboulis ou des terres cultivables. Au Nord de cette ligne on voit affleurer en bien des points des bancs de poudingues rougeâtres ou grisâtres; ils contiennent de nombreux galets plus ou moins roulés; mais ils ne ressemblent jamais aux brèches de l'Étrat et de la Niaret. Les bancs plongent en général vers le Nord-Ouest avec une très forte pente; en certains points même, ils sont verticaux, et il existe souvent alors, notamment dans les concessions de Janon et de Terrenoire, entre les poudingues et les micaschistes, une bande de terrain houiller de largeur assez variable, plongeant vers le Sud ou le Sud-Est. (Planches V et VII.) Le travers-bancs de la cote 370 du puits de Bellevue montre que cette allure se retrouve également dans la partie Sud-Est de la concession de la Béraudière. On doit donc supposer, ou bien que le terrain houiller vient buter contre les micaschistes du massif du Pilat et que la limite Sud du bassin de la Loire correspond à un accident important, ou bien que, le long de cette limite, le terrain houiller est renversé et partiellement recouvert par les micaschistes. C'est ce qui a d'ailleurs lieu dans les concessions de Grand-Croix et du Plat-de-Gier, et c'est cette explication qui paraît la plus vraisemblable, car on n'aperçoit nulle part, le long de la bordure Sud du bassin de la Loire, la trace d'un accident important.

A l'Ouest de la Croix-de-l'Orme, le contact des terrains sédimentaires et des micaschistes est visible en bien des points, et partout où on peut l'étudier, on trouve entre les poudingues houillers et les micaschistes une roche dure et compacte, verdâtre ou brunâtre, ne présentant souvent aucune trace de stratification. Elle ne contient jamais de paillettes de mica et se distingue par suite aisément des micaschistes. Elle renferme souvent des veinules de calcite, des mouches de pyrite magnétique, et enfin des masses verdâtres de chlorite. Cette roche est toujours beaucoup plus dure que les micaschistes et les poudingues houillers qui l'entourent : aussi a-t-elle été exploitée en bien des points pour matériaux d'empierrement.

C'est une arkose ancienne; je reviendrai plus loin sur les éléments qui la constituent.

On voit bien affleurer cette arkose sur la rive gauche du ruisseau de l'Ondenon, dans une ancienne carrière. Elle est directement recouverte par des poudingues à gros galets, plongeant vers le Nord avec une pente faible. On la retrouve sur la rive gauche de l'Ondaine, près de la Sauvignère, puis au Sud du cimetière du Chambon, dans les tranchées des diverses routes qui permettent de gagner le château de Feugerolle. L'arkose est encore recouverte, près du cimetière du Chambon, par des poudingues à gros éléments plongeant en pente douce vers le Nord, puis dans la vallée du Vacherie par des grès fins ayant la même allure. Sur la rive gauche de ce ruisseau, cette arkose a été exploitée dans diverses carrières situées au Sud de l'usine Crozet-Fourneyron. On la retrouve ensuite au Sud de Bourgognon, dans les tranchées de la route du Chambon à Saint-Just-Malmont, puis dans une carrière située sur la rive gauche du Malval, en amont de la Renaudière. Son épaisseur est considérable dans la vallée de l'Échapre, aussi bien sur la rive droite de ce ruisseau que dans les tranchées de la route de Firminy à Saint-Just-Malmont. Il en est de même dans la vallée de la Gampille, et c'est au milieu de cette arkose que vient apparaître au jour le massif de granite traversé par la Gampille au Sud de Chazeau : l'arkose existe en effet aussi bien entre le houiller et le granite, qu'entre le granite et les micaschistes (à Bruchère notamment).

En suivant plus à l'Ouest la limite Sud du bassin houiller, on retrouve cette arkose entre le houiller et les micaschistes le long de la route de Firminy à Saint-Ferréol, puis au Sud du château de Villeneuve, au Sud de la Vaure de Cornillon, le long de la route de Fraisse à Cornillon et sur les bords de la Loire, à l'extrémité même de la cuvette de Fraisse-Unieux. Elle forme enfin le rocher sur lequel se dresse le château de Cornillon, et on la suit aisément le long de la bordure Ouest du bassin de la Loire jusqu'à la vallée de l'Ondaine.

Par les travaux souterrains, on a également retrouvé cette arkose. Les puits Devillaine et de l'Ondaine l'ont entièrement traversée entre les cotes $+100$ et $+40$. Ici aussi elle se trouve directement interposée entre les micaschistes et le terrain houiller. Le puits de Bellevue a été arrêté dans cette roche à 440 mètres de profondeur, soit au voisinage de la cote $+130$; enfin elle paraît avoir été touchée au voisinage du puits Rolland à la cote 305 (Étage de 256 mètres de profondeur).

Il est souvent difficile de déterminer la direction et le pendage de la roche dont je viens de parler; la plupart du temps, en effet, elle est absolument compacte; on peut toutefois l'étudier dans les points suivants. Dans le travers-bancs de la cote + 40 du puits Devillaine, elle repose nettement en discordance sur les micaschistes et on ne voit aucune trace de cassure entre l'arkose et les micaschistes. A Cornillon, au contraire, son pendage est le même que celui des micaschistes, et les bancs d'arkose plongent vers le centre de la petite cuvette de Fraisse-Unieux.

A l'Est du ravin du Malval, cette roche est presque uniquement formée par des débris de quartz et de feldspath. C'est une arkose ordinaire bien caractérisée. Au Sud de Firminy et sur les bords de la Loire, elle a été fortement altérée et transformée par de nombreuses injections granitiques. J'ai déjà dit qu'au Sud de Chazeau elle est traversée par le granite de la Gampille. Près de la Vaure-de-Cornillon, elle est recoupée par de nombreux filons de pegmatite et il en est de même dans les rochers de Cornillon. Au voisinage de ces intrusions, l'arkose prend souvent l'aspect d'un gneiss sans mica, et il est alors difficile de la distinguer des roches éruptives qui l'ont métamorphisée. On la sépare toujours aisément, au contraire, des gneiss provenant de la granitisation des micaschistes, parce qu'elle ne contient pas de mica noir.

En certains points, notamment au Nord de Cornillon, le long de la bordure occidentale du bassin houiller, l'arkose contient des bancs de poudingues à galets de granite.

Le long de la bordure Sud du bassin de la Loire, le terrain houiller proprement dit débute en général par des poudingues et des grattes souvent rougeâtres et faciles alors à reconnaître de loin, grâce à la couleur violacée des terres cultivables qui les recouvrent. Ces poudingues plongent en général vers le centre de la cuvette avec une faible pente; toutefois, on voit affleurer sur la rive droite de l'Ondaine des poudingues plongeant vers le Sud et le Sud-Est, et près de Bourgognon, le long de la route de Saint-Just-Malmont, le houiller paraît vertical le long de son contact avec l'arkose. D'autre part, en quelques points au Sud de Firminy, on ne trouve plus l'arkose, et le terrain houiller repose alors directement sur les micaschistes. Il semble donc qu'à certains endroits, le contact du houiller et des terrains anciens se fasse par faille. Mais étant donnée la régularité avec laquelle on trouve partout, depuis le puits de Bellevue jusqu'à la Loire, et notamment à l'extrémité Sud-Ouest du bassin houiller sur les deux versants des cuvettes de Saint-Étienne et de Fraisse-Unieux, une masse d'arkose de faible épaisseur, directement interposée entre le houiller et les micaschistes, il paraît impossible d'admettre l'existence d'un grand accident le long de la bordure Sud du bassin de la Loire.

La cuvette dans laquelle repose aujourd'hui le terrain houiller de la Loire est donc une cuvette régulière et continue; son versant Sud est plus redressé que son versant Nord; il est parfois vertical et même renversé comme à Grand-Croix et au Plat-de-Gier et probablement aussi à Janon et à Terrenoire; mais dans tous les cas, il ne correspond pas à une faille importante.

Les mouvements auxquels la partie occidentale du bassin de la Loire a été soumise soit pendant, soit postérieurement à son remplissage, n'y ont déterminé que peu de plissements bien nets, si toutefois on fait abstraction de celui qui correspond à l'approfondissement régulier de la cuvette houillère. Par contre, ils ont provoqué la formation d'un grand nombre de failles : ce sont toutes des failles directes. Parmi ces accidents, il en est un assez grand nombre qui sont à peu près parallèles; leur direction générale est N. O.-S. E. ou N.-S. avec plongée au S. O. ou à l'Ouest. Ce sont, en commençant par le Nord, les failles Notre-Dame, de Chaney, Saint-Jean, de Méons, du Soleil, du Furens, des Maures et du Cluzel, du Breuil, pour ne parler que des principales. Elles divisent la cuvette de Saint-Étienne en une série de bandes nettement séparées les unes des autres. En dehors de ces accidents, on en connaît d'autres plus ou moins parallèles aux bordures Nord et Sud du bassin houiller et plongeant toutes vers le centre de la cuvette; ce sont, au Nord, la faille de la République, et au Sud, les failles de Barlet et des Trois-Ponts. Je donnerai plus loin quelques détails sur ces divers accidents.

Quant aux légers plissements que j'ai signalés, il en est un qui divise la cuvette de Saint-Étienne en deux zones bien distinctes : c'est l'anticlinal de Dourdel, qui traverse tout le bassin de la Loire de l'Est à l'Ouest.

Aux environs de Roche-la-Molière, il sépare les travaux des divisions de Roche et des Granges, et les traçages effectués dans la couche de la Grille au Sud du puits du Sagnat permettent bien d'en apprécier l'importance. Dans les concessions de Dourdel et Montsalson et de Beaubrun, le passage de ce plissement est bien mis en évidence par le contournement brusque des affleurements de la 8ᵉ et de la 3ᵉ aux abords du puits Montsalson III et par les courbes de niveau des couches 8, 12ᴰ et 6. Plus à l'Est, c'est à lui qu'on doit attribuer

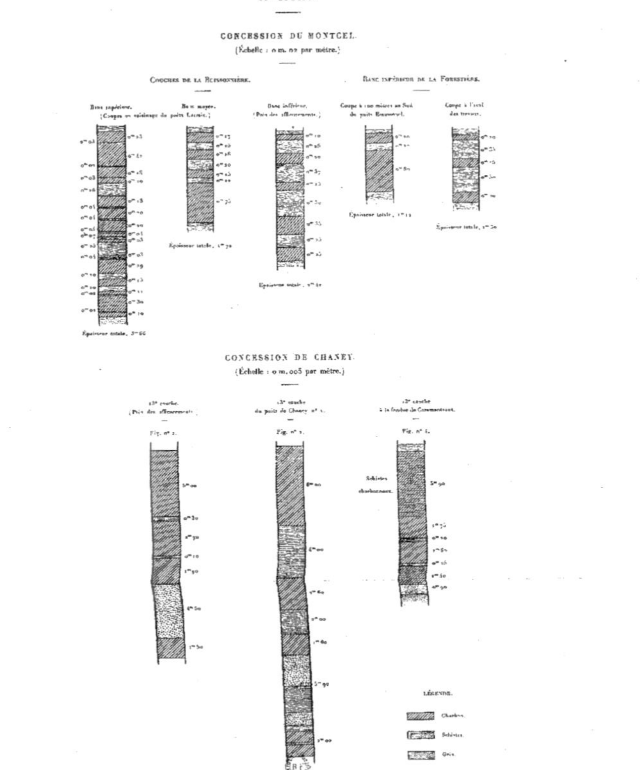

Fig. 6.
13ᵉ COUCHE.
CONCESSION DU MONTCEL.
(Échelle : o m. o2 par mètre.)
COUCHES DE LA BUISSONNIÈRE.
BANC INFÉRIEUR DE LA FORESTIÈRE.
Banc supérieur.
(Coupe au voisinage du puits Lacroix.)
Banc moyen.
Banc inférieur.
(Puits des affleurements.)
Coupe à 100 mètres au Sud du puits Beaumurel.
Coupe à l'ouest des travaux.
Épaisseur totale.
CONCESSION DE CHANEY.
(Échelle : o m. oo5 par mètre.)
13ᵉ couche.
(Puits des affleurements.)
13ᵉ couche du puits de Chaney n° 1.
13ᵉ couche à la fendue du Couronnement.
Fig. n° 2.
Fig. n° 3.
Fig. n° 4.
Schistes charbonneux.
LÉGENDE.
Charbon.
Schistes.
Grès.

le relèvement Sud de la 3ᵉ couche de Villebœuf, la direction anormale des bancs le long de la rue de la République, enfin le dos d'âne si net formé par les couches 8 et 13 entre les puits du Treuil et Jabin au toit de la faille du Soleil, et à l'aplomb de Monteil au mur de cet accident. Au delà de la faille de Méons, le passage de l'anticlinal de Dourdel est plus difficile à suivre, car les travaux souterrains sont peu développés au mur de cet accident. Mais la position des affleurements des couches 9 à 13 entre la Ronze et Caramantrant montre bien que ce plissement se prolonge encore au delà de la faille Saint-Jean.

Les failles parallèles du Cluzel, du Furens, du Soleil, de Méons et Saint-Jean coupent toutes l'anticlinal de Dourdel, et chacun de ces accidents a pour effet de déplacer légèrement vers le Nord l'axe de ce plissement.

Au Nord de cette arête, les couches sont nombreuses et relativement minces; elles sont toujours très régulières et les accidents qui les affectent sont toujours nets. C'est dans cette zone que s'étendent les exploitations de Roche-la-Molière, de Villars et du Quartier-Gaillard, du Treuil et de Méons, enfin de la Chazotte. On y exploite les couches 1 à 15 de l'étage de Saint-Étienne; les faisceaux des couches des Rochettes et des couches d'Avaize n'y existent pas.

Au Sud, au contraire, de l'arête de Dourdel, l'épaisseur des couches augmente et elles se présentent souvent sous la forme d'amas et de lentilles; par contre, leur nombre diminue, surtout du côté de Firminy. Elles sont affectées par un grand nombre de petits rejets qui paraissent souvent contemporains de leur formation. Quant aux accidents importants qui découpent cette partie du bassin houiller de la Loire, ils sont toujours peu nets; ils correspondent à d'épaisses zones de terrains brouillés et non à des cassures franches comme celles qui existent dans la plaine du Soleil.

On connaît dans cette seconde zone toutes les couches de l'étage de Saint-Étienne, et le faisceau des couches d'Avaize est surmonté, à Villebœuf et aux abords du Chambon, par une puissante formation de terrains rougeâtres qui appartient à la base de l'étage Permien.

Les failles parallèles, dont il a été question plus haut, divisent le territoire de Saint-Étienne en un certain nombre de bandes dont la plus grande longueur est dirigée perpendiculairement à la limite Sud du bassin de la Loire; je les étudierai successivement en allant du Nord au Sud.

Entre la limite Nord du bassin houiller et la faille Saint-Jean s'étend le *district de la Chazotte et de Chaney*; l'étage inférieur de Saint-Étienne y existe seul.

Le *district du Soleil* est limité par les failles parallèles de Saint-Jean et du Furens, et le *district du Quartier-Gaillard et de Beaubrun* par les failles du Furens et des Maures ou du Cluzel. Ces deux districts correspondent à la zone la plus régulière et la plus riche du bassin houiller de la Loire; les étages inférieur, moyen et supérieur de Saint-Étienne y sont entièrement représentés.

La *partie occidentale du bassin de la Loire*, entre les failles des Maures et du Cluzel à l'Est et la limite du terrain houiller à l'Ouest, a été moins étudiée que le reste du bassin. Les travaux souterrains y sont développés aux environs de la Ricamarie, de Roche-la-Molière et de Firminy, et ces trois centres d'exploitation, que j'étudierai successivement, sont encore séparés les uns des autres par des étendues considérables de terrains entièrement vierges.

I. — DISTRICT DE LA CHAZOTTE ET DE CHANEY.

(Planches III et IV.)

Le district de la Chazotte et de Chaney occupe toute la partie septentrionale du bassin de Saint-Étienne proprement dit. Il est limité au Sud par la faille Saint-Jean. Toute la partie de ce district comprise entre la route départementale n° 7 et la limite Nord du bassin houiller est occupée par les poudingues stériles de Saint-Chamond. Au Sud de la route n° 7, on voit affleurer les assises inférieures de l'étage houiller de Saint-Étienne. Leur direction, au Nord de la limite de la concession de Chaney, est sensiblement N.E.-S.O.; elles plongent légèrement vers le S. E.; leur inclinaison moyenne, mesurée entre les affleurements de la 15ᵉ couche et l'extrémité des descentes du puits Petin, ne dépasse pas 10 degrés. Dans la concession de Chaney, leur direction devient N.-S. et elles plongent vers l'Est avec une pente toujours très faible.

La régularité de ces terrains est troublée par un certain nombre d'accidents peu importants, se rattachant à deux groupes bien distincts.

Les failles Notre-Dame, Mayol, de la Vaure, de Fraisse, du Montcel et de Chaney sont toutes à peu près parallèles à la faille Saint-Jean; leur direction est donc sensiblement N. O.-S. E. et elles plongent vers le S. O. Leur allure est bien indiquée sur les planches III et IV.

L'importance du rejet de ces failles varie souvent très rapidement. La faille de la Vaure notamment déplace la 15ᵉ couche de près de 100 mètres, suivant la verticale, au voisinage de la surface; elle disparaît, par contre, à peu près complètement en face du puits Petin. La faille du Montcel, au contraire, n'a qu'une importance insignifiante au Nord du puits Charles ; au puits Lacroix, elle donne lieu à un rejet total de près de 150 mètres. Elle se divise en ce point en deux gradins, ainsi que le prouve le lambeau de la 15ᵉ couche recoupé par le puits Lacroix.

Entre les puits Petin et Baby, les terrains sont affectés par une série de petits rejets plongeant au S. O.; leur direction est à peu près perpendiculaire à celle des failles du premier groupe. Les plus importants de ces accidents portent le nom de failles Petin et Baby. Ils se divisent souvent en un assez grand nombre de petits gradins secondaires.

On ne connaît dans le district de la Chazotte et de Chaney que la partie inférieure de l'étage inférieur de Saint-Étienne. Les couches 14 et 15, et surtout la couche nº 15, y sont bien développées; quant à la 13ᵉ couche, on n'en retrouve avec certitude la trace qu'au toit de la faille du Montcel, et on n'a guère pu l'exploiter que dans la concession de Chaney. Ici même, sa qualité laisse beaucoup à désirer et elle devient rapidement inexploitable en profondeur.

Quant aux petites couches qui surmontent la 13ᵉ, couches 12 à 9, elles ne commencent à paraître qu'au toit de la faille de Chaney.

15ᵉ Couche. — On peut suivre les affleurements de la 15ᵉ couche, depuis les abords du puits Saint-Honoré, où ils sont coupés par la faille Notre-Dame, jusqu'au delà de la Sauvagère, où ils butent contre la faille de Chaney. Ils sont régulièrement reportés vers l'Ouest par tous les accidents plongeant au S. O. dont il a déjà été question. Entre les affleurements et la cote 220, la 15ᵉ est déjà à peu près entièrement déhouillée, et les travaux s'y développent aujourd'hui en aval de cette cote dans les champs d'exploitation des puits Petin et Lacroix.

La 15ᵉ couche est partout divisée en deux bancs; mais la composition de ces deux bancs et l'intervalle qui les sépare varient rapidement d'un point à un autre.

C'est au voisinage des puits Baby, Lucie et du Fay que la 15ᵉ couche présente sa plus grande épaisseur; ainsi que le montrent les coupes ci-jointes (fig. 5), chacun des bancs de la 15ᵉ mesure ici près de 4 mètres, et l'intervalle qui les sépare est peu important. Le charbon est parfois un peu moureux; mais l'absence de tout filet de schiste le rend aisément exploitable.

En remontant vers les affleurements du côté du puits Camille, le banc inférieur s'altère peu à peu, et, sur une hauteur totale de 2 m. 60, on arrive à compter au voisinage de ce puits jusqu'à cinq nerfs de schistes dont l'épaisseur totale dépasse 1 mètre; le banc de charbon le plus épais n'a plus que 0 m. 35. Au puits Camille, le banc du toit conserve une épaisseur de 3 mètres, et la puissance de l'entre-deux ne dépasse guère 1 mètre.

L'altération du banc du mur dont je viens de parler se maintient dans tout le champ d'exploitation du puits David et dans la partie supérieure des travaux du puits Charles; aussi, dans toute cette zone, a-t-on dû renoncer à exploiter le banc inférieur de la 15ᵉ. Le banc supérieur s'altère également de ce côté; une série de petits filets de schistes s'intercale au milieu du charbon; l'épaisseur totale de la couche diminue, et dans certains points, aux abords du puits David, ce banc n'a plus aucune valeur. C'est ce que montrent bien les coupes de la figure 5.

Vers l'aval, au contraire, entre les puits Saint-Joseph et Lacroix, la qualité de la 15ᵉ s'améliore beaucoup. L'épaisseur du banc du toit dépasse 3 mètres; celle du banc du mur, 4 mètres. Mais ce banc est toujours sali par une série de petits filets de schistes. L'intervalle entre les deux bancs augmente au voisinage du puits Lacroix et atteint 10 m. 50 dans le tube de ce puits; une grosse lentille de gratte sépare ici les deux bancs de la 15ᵉ. On retrouve cette formation au mur de la faille du Montcel et au S. O. du puits du Fay; elle ne paraît d'ailleurs exister que sur une faible étendue, et déjà au puits du Fay, les deux bancs de la 15ᵉ sont simplement séparés par un nerf schisteux de faible épaisseur.

Entre les failles de Chaney et Saint-Jean, la 15ᵉ couche n'a encore été explorée qu'aux affleurements. Comme au puits David, elle est ici entièrement schistifiée, et cette altération de la couche se poursuit jusqu'à 150 mètres au moins de la surface. A cette profondeur, en effet, le puits Jovin a retrouvé la 15ᵉ couche réduite à un banc de moure de 0 m. 30 à 0 m. 40, accompagné par quelques filets de schistes. En aval de ce point, la couche doit s'améliorer et probablement devenir exploitable; elle est, en effet, d'assez bonne qualité

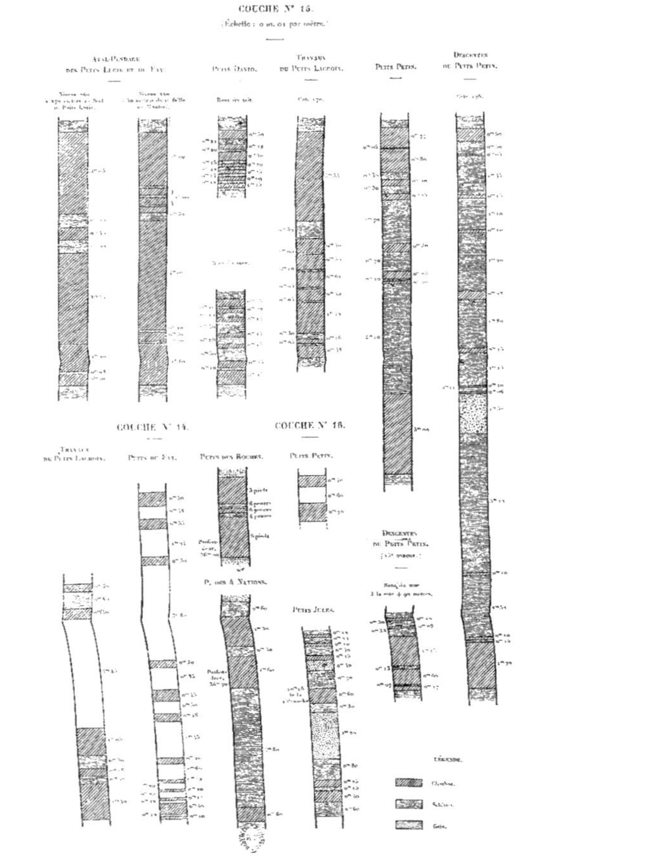

Fig. 5.
COUCHE N° 15.
(Échelle : 0 m. 01 par mètre.)
AVAL-PENDAGE DES PUITS LUCIE ET DE FAY.
PUITS DAVID.
TRAVAUX DU PUITS LACROIX.
PUITS PETIN.
DESCENTES DU PUITS PETIN.
COUCHE N° 14.
COUCHE N° 18.
TRAVAUX DU PUITS LACROIX.
PUITS DE FAY.
PUITS DES ROCHES.
PUITS PETIN.
P. ois A NATIONS.
PETIT JULES.
DESCENTES DU PUITS PETIN.
LÉGENDE.
Charbon.
Schiste.
Grès.

au mur de la faille de Chaney, entre les puits Saint-Joseph et Lacroix, et on verra plus loin qu'il en est de même au toit de la faille Saint-Jean, dans les concessions de Chaney et de Reveux.

Quand, en partant des puits Baby et Lucie, on se dirige vers les puits Voron et Petin, on voit le nerf de schiste qui sépare les deux bancs de la 15ᵉ couche augmenter peu à peu de puissance (voir les coupes de la figure 5). Il en est de même des filets schisteux qui salissent le banc du toit, et ce banc devient absolument inexploitable avant la faille Mayol. A l'aval du puits Petin, on constate une altération analogue dans le banc du toit (coupe de la 15ᵉ à la cote 175, fig. 5); quant au banc du mur, il diminue également d'épaisseur et devient absolument moureux. Au point où les reconnaissances ont été arrêtées, c'est-à-dire au voisinage de la limite de la concession de Saint-Jean-Bonnefonds, le banc du mur mesure à peine 2 mètres d'épaisseur et est sali par de nombreux filets de schistes.

Au mur de la faille Mayol, la 15ᵉ a été recoupée, au voisinage même de cet accident, par le puits Chaleyer et plus au N. O. par le puits Saint-Louis. Une galerie de communication a été établie entre les deux puits dans cette couche. Le banc du mur recoupé au puits Saint-Louis, à 150 mètres de profondeur, mesure 0 m. 70 de puissance ; il est divisé en trois bancs par deux filets schisteux de 0 m. 04 à 0 m. 05. Le banc du toit, situé à 40 mètres au-dessus, mesure 1 m. 30 ; il comprend cinq bancs de charbon dont le plus épais a 0 m. 20. L'épaisseur totale de ces bancs est de 0 m. 60. La 15ᵉ couche est donc absolument inexploitable dans cette zone.

Dans tout le champ d'exploitation de la Chazotte, la 15ᵉ couche ne donne que des charbons très cendreux. Les nerfs de la couche sont, en effet, très nombreux. Ils sont en général formés de schistes sans consistance, très difficiles à trier. Les charbons bruts du puits Lacroix, par exemple, contiennent facilement 20 à 25 p. 100 de cendres.

Près des affleurements, les charbons de la 15ᵉ appartiennent encore à la catégorie des houilles à coke et contiennent (cendres déduites) de 22 p. 100 à 20 p. 100 de matières volatiles. Ils sont plus maigres en profondeur, et ne tiennent plus que 16 à 18 p. 100 de matières volatiles, cendres déduites, aux environs de la cote 220, entre les failles Mayol et du Montcel. Au toit de cette dernière faille et à la cote 170, cette teneur est de 18.5, tandis qu'elle est encore de 20 à 21 p. 100 à l'aval du puits Saint-Joseph et à la cote 250.

16ᵉ Couche. — Le mur de la 15ᵉ couche a déjà été exploré dans le district de la Chazotte par un certain nombre de puits. Le puits Jules a recoupé sur près de 120 mètres au mur de la 15ᵉ des bancs schisteux au milieu desquels se trouvent intercalés quelques bancs de grès. A 90 mètres environ au-dessous de la 15ᵉ, cette formation contient quelques filets de houille schisteuse dont le plus épais mesure 0 m. 60 (voir la coupe, fig. 5); on leur a donné le nom de « 16ᵉ couche ». A 120 mètres du mur de la 15ᵉ, le puits Jules a atteint les poudingues quartzo-micacés de Saint-Chamond, et le fonçage de ce puits a été arrêté dans ces mêmes poudingues à 280 mètres du mur de la 15ᵉ, soit à 427 m. 60 du jour.

Les bancs de charbon recoupés au mur de la 15ᵉ par le puits Jules paraissent correspondre à ceux reconnus au fond du puits Petin, à 80 mètres de la 15ᵉ; ils sont au nombre de deux et leur épaisseur totale est de 1 m. 10 (voir fig. 5). Le puits Chaleyer a également recoupé, au mur de la 15ᵉ, quelques filets de houille sans aucune importance. Il a ensuite atteint les grattes de Saint-Chamond et il a été arrêté dans cette formation à 304 mètres du jour. Enfin le puits Lacroix a également pénétré dans ces grattes; la faille du Montcel lui a seulement fait manquer la 16ᵉ couche.

La 16ᵉ couche, qui paraît sans aucune importance en profondeur, est plus épaisse près des affleurements et elle a été partiellement exploitée au Nord de la route départementale nº 7 par une série de petites fendues. Le charbon en est schisteux et cru, et la couche, dont l'épaisseur totale ne dépasse pas 1 m. 50, est divisée en deux bancs, de 1 mètre et de 0 m. 40 à 0 m. 50, par un nerf dont la puissance varie de 2 mètres à 0 m. 20. La qualité de la houille est d'ailleurs telle, que la 16ᵉ n'a même pas été suivie en profondeur jusqu'à la faille Notre-Dame.

14ᵉ Couche. — Dans la concession de la Calaminière, l'intervalle compris entre la 15ᵉ et la 14ᵉ couche est surtout occupé par des schistes plus ou moins micacés et par quelques bancs de grès peu épais ou de poudingues quartzo-micacés. Au puits Saint-Martin du Montcel, les grès et les poudingues dominent; plus à l'Ouest, on ne trouve plus que des grès fins quartzo-feldspathiques entre ces deux couches; seul le toit immédiat de la 15ᵉ, sur une épaisseur de 4 à 6 mètres, reste formé par des schistes fins.

La distance qui sépare la 14ᵉ de la 15ᵉ diminue légèrement de l'Est à l'Ouest. Dans la concession du Montcel, elle est en moyenne de 120 mètres.

On trouve par places, au milieu de ce massif stérile, une petite couche de charbon schisteux. Au puits Julie de la Calaminière et à 105 mètres de profondeur, c'est-à-dire à 70 mètres environ de la 15ᵉ, cette couche est formée par deux bancs de houille de 0 m. 50 et 0 m. 70. Au puits Lucie, elle mesure 1 m. 10 et est située à 66 mètres au-dessus du mur de la 15ᵉ.

Dans la concession de la Calaminière et dans la partie orientale des concessions de la Chazotte et du Montcel, la 14ᵉ couche est absolument inexploitable. On l'a fouillée sans succès près des affleurements, au voisinage de la Pacotière. Au puits Petin, elle est formée par trois groupes de filets charbonneux, séparés par des entre-deux de 30 à 40 mètres. Le mur de chacun de ces trois groupes est situé à 164 m. 40, 130 m. 15 et 92 m. 70 au-dessus du mur de la 15ᵉ couche. Aucun des filets de houille constituant la 14ᵉ n'a une épaisseur supérieure à 0 m. 30.

Aux puits Lucie et Du Fay, la couche est également inexploitable; pourtant un des bancs de la 14ᵉ, recoupé au puits Lucie à 130 mètres au-dessus du mur de la 15ᵉ, mesure 1 mètre de puissance. L'épaisseur de ces bancs continue à augmenter vers l'Ouest, et la 14ᵉ a pu être exploitée au mur de la faille du Montcel par les puits Saint-Martin et Pré-Soleil, et au toit de cet accident par le puits Lacroix. Ainsi que le montre la figure 5, les deux bancs inférieurs de la 14ᵉ mesurent au puits Lacroix 1 m. 05 et 1 m. 40; la houille y est assez dure, mais toujours fort cendreuse; elle dégage 18 à 21 p. 100 de matières volatiles. C'est dans cette zone une couche moins bonne que la 15ᵉ, mais pouvant encore à la rigueur être exploitée. On n'a pas encore cherché ce qu'elle devenait entre les failles du Montcel et de Chaney, à l'aval du puits Lacroix.

La 14ᵉ a été exploitée entre les failles de Chaney et Saint-Jean par les puits des Roches, des Quatre-Nations et Frotton. Elle est fort régulière dans cette zone, mais se schistifie à peu près complètement au Sud du puits des Quatre-Nations. Les croquis de la figure 5 montrent sa composition dans les divers puits de ce quartier. La coupe de la 14ᵉ est la même au puits Frotton et au puits des Quatre-Nations. Le gros entre-deux qui sépare le banc du mur de la 14ᵉ mesure seulement 6 m. 70 au puits Frotton. Le mur de la couche est à la cote 470.50 au puits des Roches, à la cote 475 au puits des Quatre-Nations, enfin à la cote 451 au puits Frotton.

Le puits Sainte-Magdeleine paraît avoir atteint la 14ᵉ. A une cinquantaine de mètres en effet au mur de la 13ᵉ, il a recoupé une série de petites veines de houille schisteuse. On a fait quelques traçages dans un banc inférieur recoupé à 104 m. 40 de profondeur et formé de deux veines de houille de 0 m. 40, séparées par un entre-deux de 0 m. 20; l'allure de la couche paraît bien correspondre à celle de la 14ᵉ du puits des Quatre-Nations; la couche est fort plate et se contourne légèrement vers l'Ouest en s'approchant de la faille Saint-Jean.

Les terrains qui recouvrent la 14ᵉ subissent de l'Est à l'Ouest une modification analogue à celle dont il a été question pour les terrains compris entre la 15ᵉ et la 14ᵉ. Les schistes micacés et les poudingues quartzo-micacés sont très abondants dans la concession de la Calaminière; on ne trouve guère, au contraire, que des grès fins au toit de la 14ᵉ dans la concession de Chaney, aux puits des Roches et des Quatre-Nations notamment. L'intervalle qui sépare la 14ᵉ de la 13ᵉ diminue d'ailleurs aussi en allant de l'Est à l'Ouest. Le mur de la 14ᵉ se trouve en effet au puits Frotton à la cote 451, soit seulement à 50 m. 50 au-dessous du banc inférieur (4ᵉ couche) de la 13ᵉ, tandis qu'au puits Lacroix le banc inférieur de la couche de la Buissonnière est à 220 mètres de la 14ᵉ.

13ᵉ Couche. — Dans la concession de la Calaminière et dans la partie orientale de la concession du Montcel, on ne connaît au toit de la 14ᵉ couche que quelques rares affleurements charbonneux. Ils n'ont aucune importance, aussi bien au voisinage du puits Petin qu'aux environs de la chapelle du Fay. On a admis qu'ils correspondaient à la 13ᵉ couche, qui se trouve ainsi située au puits Petin à plus de 370 mètres du toit de la 15ᵉ.

Au toit de la faille du Montcel, les affleurements de la 13ᵉ couche sont plus importants, et on les suit aisément, d'abord sur le versant Nord de la colline sur laquelle se dresse le puits Lacroix, puis entre les puits des Châtaigniers et Saint-Joseph. Ils sont coupés au Sud de ce puits par la faille de Chaney. Dans ce quartier, la 13ᵉ est divisée en cinq bancs souvent fort éloignés les uns des autres. Leur puissance est parfois importante; mais leur qualité laisse toujours beaucoup à désirer. La houille est crue et schisteuse, et d'autre part, dans chaque couche, les nerfs sont extrêmement nombreux. Leur épaisseur, leur répartition au milieu du charbon varient constamment et rendent très difficile, pour ne pas dire impossible, l'exploitation de la 13ᵉ. On trouvera sur la figure 6 un certain nombre de coupes des divers bancs de la 13ᵉ couche.

Les trois bancs supérieurs portent le nom de « couches de la Buissonnière ».

Les deux premiers affleurent au Nord du puits Lacroix et ont été exploités
par diverses fendues au voisinage de ce puits. Ils mesurent 3 m. 50 et
2 mètres de puissance totale, et sont séparés par un nerf de 12 mètres.
Malheureusement, dans chaque banc, les filets schisteux sont très nombreux;
le charbon est d'autre part médiocre; aussi les travaux n'ont-ils jamais pu s'y
développer. Au puits Lacroix, la 2ᵉ couche de la Buissonnière est à 340 mètres
du mur de la 15ᵉ.

Au N. E. du puits des Châtaigniers, on voit affleurer la 3ᵉ couche de
la Buissonnière; elle a encore moins de valeur que les deux autres et disparaît entièrement en profondeur, car on n'en trouve plus aucune trace au puits
Lacroix.

Les deux bancs inférieurs de la 13ᵉ portent le nom de « couches de la
Forestière »; ils affleurent au voisinage des puits Emmanuel et Saint-Joseph.
Leur qualité laisse toujours beaucoup à désirer et ils n'ont pu être exploités
qu'au voisinage des affleurements. Les deux coupes du banc inférieur (fig. 6)
montrent combien l'altération de ces couches est nette en profondeur. Le
puits Lacroix n'a retrouvé aucune trace des couches de la Forestière.

Les charbons de la 13ᵉ couche, dans la concession du Montcel, sont un
peu plus gras que ceux de la 15ᵉ et peuvent être plus facilement utilisés que
ceux de la 15ᵉ pour le chauffage domestique; c'est ce qui explique qu'on ait
pu exploiter partiellement ces couches aux abords du puits Saint-Joseph,
malgré leur forte teneur en cendre et leur faible épaisseur utile.

La faille de Chaney rejette de 300 mètres vers l'Ouest les affleurements
de la 13ᵉ couche; on les retrouve au Sud du puits Charles, le long de la ligne
du chemin de fer de Sorbiers; puis on les suit du Nord au Sud tout le long
de cette ligne au pied des escarpements qui dominent le puits Frotton, jusqu'au débouché du ravin de l'Hermitage. Ils sont aisés à reconnaître grâce
aux schistes brûlés qui les recouvrent à peu près partout. Ces schistes sont
surmontés par d'épais bancs de poudingues à gros galets de quartz et de
micaschistes, dont les affleurements sont bien visibles le long de la route qui
conduit du puits de Chaney au village de Chaney. L'épaisseur totale de cette
formation mesure au moins une vingtaine de mètres en ce point.

La 13ᵉ couche à Chaney est divisée en quatre bancs : la Grande-Masse, les
Huit-Pieds, la Massette et la 4ᵉ couche, séparés par des nerfs peu importants au Nord au voisinage des affleurements (fig. 6), mais qui augmentent
rapidement soit vers l'Est du côté du puits Chaney n° 1, soit vers le Sud du

côté du puits Frotton. Près de ce dernier puits, le premier entre-deux mesure
1 mètre à 1 m. 60 d'épaisseur, le second 0 m. 50 et le troisième 2 à 3 mètres.
Aux affleurements, le charbon de la Grande-Masse est dur et schisteux; celui
du banc de Huit-Pieds est plus tendre et plus pur; la Massette donne du
charbon dur et brillant; quant au charbon de la 4ᵉ couche, il est schisteux et
de médiocre qualité. La nature de la houille varie d'ailleurs assez rapidement vers l'Est et le Sud, et, à mesure que les entre-deux qui séparent
les bancs augmentent d'épaisseur, on voit des veinules de schistes et des
boules de minerai de fer se former dans chaque banc au détriment de la
houille.

Dans toute la zone exploitée par le puits de Chaney et le puits Frotton, la
direction de la 13ᵉ couche est N.-S. et elle plonge vers l'Est avec une pente
moyenne de 15 à 20 degrés.

Au Sud du ravin de l'Hermitage, on trouve encore les affleurements de
la 13ᵉ le long du chemin qui va à Reveux. On a reconnu en ce point deux
bancs. Celui du mur est formé de deux planches de houille de 0 m. 40 et
de 0 m. 80 de puissance, séparées par un nerf de 0 m. 35; il paraît correspondre à la 4ᵉ couche du puits Frotton. Le banc du toit, beaucoup plus épais,
correspond aux planches supérieures de la 13ᵉ; mais il est absolument schisteux et à peu près inutilisable. Dans une tranchée faite au Nord du chemin
qui descend du puits Sainte-Magdeleine au puits Saint-Jean, à peu de distance
du mur de la faille Saint-Jean, il mesurait en tout 6 m. 20 de puissance
et était divisé en huit bancs dont les plus épais ne mesuraient que 0 m. 40,
0 m. 45 et 0 m. 85. Les huit lits de houille formaient un total utile de
2 m. 75. Au toit de cette couche, on retrouve comme au puits de Chaney
d'abord des schistes, puis des poudingues à gros galets de quartz et de micaschistes. Ces diverses formations ont été recoupées par le puits Sainte-Magdeleine. La traversée verticale du banc de poudingue est ici de 9 m. 10, puis
viennent des schistes et des grès (épaisseur totale, 14 m. 50), et enfin la
13ᵉ couche, mesurant en ce point 3 m. 30. Elle est salie par de nombreux
lits de schistes. L'orifice du puits Sainte-Magdeleine étant à la cote 548, le
mur de la 13ᵉ se trouve en ce point à la cote 515 environ.

Les bancs de poudingues du toit de la 13ᵉ affleurent le long du chemin
qui va du puits Sainte-Magdeleine au point 557.80. Ils sont ici encore à peu
près horizontaux.

Au Sud de ce chemin, les affleurements de la 13ᵉ couche reparaissent à

la fendue de Caramantrant. On avait fait, en ce point, quelques travaux il y a
environ cinquante ans et on les a repris vers 1890. La couche est fort épaisse
et fort régulière; mais, comme au puits Sainte-Magdeleine et comme dans la
partie aval des travaux du puits Frotion, elle est absolument schistifiée et
paraît inutilisable pour le moment. Sa composition au fond des travaux de
Caramantrant est indiquée sur la figure 6; en ce point, le déchet de triage au
chantier atteignait près de 50 p. 100 de la production et le charbon extrait
devait être encore soigneusement trié et lavé au jour pour pouvoir être utilisé. Vers le Sud, la 13e doit s'étendre jusqu'à la faille Saint-Jean; vers le
Nord, les travaux ont été arrêtés à un accident qui ne doit pas avoir beaucoup
d'importance. Au toit de la 13e, on trouve ici encore des schistes, puis des
poudingues à gros éléments, bien visibles dans le plateau qui s'étend au-dessus et à l'Est de la fendue de Caramantrant. L'épaisseur de ces poudingues
paraît seulement ici moins considérable qu'à Chaney.

Couches 9 à 12. — Au mur de la faille de Chaney, l'existence des couches
supérieures à la 13e est assez problématique; on connaît toutefois, à l'Est du
château de Nanta, les affleurements d'une petite couche : on a admis que
c'était la 12e. Au toit de la faille de Chaney, au contraire, les couches 9 à 12
sont bien connues et elles ont pu être assez régulièrement exploitées entre
l'Oyasse et la Ronze. Les travaux ont malheureusement été arrêtés dans ces
couches soit vers le Nord, soit vers le Sud, avant d'avoir permis de reconnaître
le passage des failles de Chaney et Saint-Jean : ils montrent toutefois que la
faille de la République ne coupe pas la faille Saint-Jean. L'allure de ces
couches est bien la même que celle de la 13e; leur direction est N.-S. et elles
plongent vers l'Est avec une pente toujours faible. Au-dessus des grosses
grattes du toit de la 13e couche, on voit apparaître, en montant de Caramantrant à la Ronze, des bancs de grès fin quartzo-feldspathique et des schistes;
puis on trouve une série de petites couches séparées également les unes des
autres par des grès fins et des schistes.

L'épaisseur de la 12e couche varie entre 1 m. 70 et 2 mètres; le charbon
est d'assez bonne qualité et l'exploitation de cette couche est facilitée par la
présence d'un bon toit de grès. La 12e paraît avoir été retrouvée au voisinage
de la faille Saint-Jean, dans la concession de Terrenoire, par des puits creusés
au Sud de la Ronze; la distance qui la sépare de la 13e couche est de près
de 100 mètres.

La 11ᵉ couche n'a que 1 m. 10 de puissance; son charbon est schisteux et de médiocre qualité. La 10ᵉ couche mesure moins de 1 mètre en général; la 9ᵉ varie entre 1 mètre et 1 m. 30; elle a un bon toit de grès et donne des charbons fort analogues à ceux de la 12ᵉ. Ces couches se retrouvent toutes les quatre avec des qualités tout à fait analogues au toit de la faille Saint-Jean dans la concession de Reveux.

A l'Est de Bachassin et de Saint-Jean-Bonnefonds, on voit affleurer quelques veines de houille de moins de 1 mètre de puissance plongeant vers l'Ouest. Ce sont vraisemblablement encore les couches 9 à 12 relevées contre le bord oriental de la cuvette de Saint-Étienne. Leurs affleurements sont surtout bien marqués dans le ravin de Ricolin. A l'Est de ce ruisseau, ils paraissent se raccorder avec ceux que l'on connaît aux environs de la Buissonnière et du Besserlé. J'ai déjà eu l'occasion d'en parler.

On ne voit pas affleurer les couches inférieures à la 12ᵉ le long de la bordure orientale de la cuvette de Saint-Étienne. Ce que l'on sait de la nature de la 13ᵉ, dans les travaux de Chancy et de la Chazotte, permet d'ailleurs de penser que ces couches se schistifient complètement avant d'atteindre l'extrémité du bassin de Saint-Étienne.

II. — DISTRICT DU SOLEIL.

Entre la faille Saint-Jean et la faille du Furens s'étend un des districts les plus riches du bassin de la Loire. L'étage de Saint-Étienne y est entièrement représenté, et plusieurs des couches de cet étage y acquièrent une épaisseur et une pureté tout à fait exceptionnelles. On peut le désigner sous le nom de district du Soleil, du nom d'un des quartiers de la ville de Saint-Étienne qui le recouvre en grande partie. Il est divisé en une série de panneaux par des failles importantes. Le panneau du Nord (*panneau du Cros*) est limité au Sud par la faille de la République dirigée E.-O. et plongeant vers le Sud. Deux failles parallèles (faille de Méons et faille du Soleil) dirigées N. O.-S. E. et plongeant au S. O., failles qui sont limitées vers le Nord par la faille de la République, divisent toute la partie Sud du district du Soleil en trois panneaux: celui *de Méons*, au Nord de la faille de Méons, celui *du Soleil*, entre les failles de Méons et du Soleil, et enfin celui *du Treuil*, au Sud de la faille du Soleil.

1° PANNEAU DU CROS.

(Planches IV et VIII.)

Toute la partie Nord du panneau du Cros, depuis la limite septentrionale du bassin de la Loire jusqu'au pied du Grand et du Petit Mont Reynaud, est occupée par les poudingues stériles de Saint-Chamond et, en certains points, par des brèches à très gros éléments qu'on a parfois cru pouvoir rattacher à la brèche de base de Rive-de-Gier. On peut aisément étudier ces formations en suivant la vallée du Furens, entre la Bérardière et l'Étrat, et entre Villars et la Fouillouse, ou en longeant la route de Saint-Étienne à Saint-Symphorien. On ne trouve, au milieu des poudingues de Saint-Chamond, que quelques rares intercalations de grès et de schistes fins. On connaît aussi, près de Bayard, le long de la route départementale n° 7, un petit affleurement de charbon schisteux. Il n'a aucune valeur au voisinage de la surface et ne s'améliore pas vers l'aval. C'est ce qu'a montré un puits de 200 mètres de profondeur.

15ᵉ Couche. — On peut suivre les affleurements de la 15ᵉ couche dans le panneau du Cros, depuis la Girardière jusqu'à l'Étivallière, et jusqu'au Furens, dans la plaine qui s'étend au pied des monts Reynaud ; puis à l'Ouest du Furens, dans les prés compris entre la Doa et le bois Monzil. Le toit de la couche est formé sur 5 à 6 mètres par des schistes, puis par d'épais bancs de grès fins, exploités en bien des points comme pierres à bâtir. Au voisinage de la faille Saint-Jean, dans la concession du Cros, les bancs sont d'abord orientés N. E.-S. O. ; ils plongent vers le S. E. Dans la concession de Méons, cette allure devient N.-S., avec plongée à l'Est. A l'Ouest du puits des Chaumières, au contraire, les bancs prennent la direction E.-O., avec pendage au Sud, et conservent en général cette allure jusqu'au bois Monzil. La pente de la 15ᵉ couche est toujours faible. Aussi, entre le Furens et la limite des concessions du Cros et de Méons, cette couche est-elle coupée par la faille de la République à moins de 100 mètres de profondeur ; elle se relève d'ailleurs légèrement en certains points avant d'atteindre cet accident. Près de la faille Saint-Jean, l'inclinaison de la 15ᵉ augmente un peu ; mais elle ne dépasse pas 16 p. 100.

Entre la faille Saint-Jean et le Furens, l'allure de la 15ᵉ n'est troublée que par quelques rejets peu importants. Leur direction est en général perpendiculaire à celle de la faille de la République; ils s'arrêtent tous à cet accident. Le plus important de ceux-ci est la faille Théodore, qui remonte de près de 60 mètres la 15ᵉ couche du côté de l'Étivallière. Près du Furens, les travaux sont arrêtés à un léger rejet parallèle à la faille Théodore; le voisinage de la surface et la proximité du Furens n'ont pas permis aux travaux de la 15ᵉ de dépasser cet accident.

A l'Ouest du Furens, les affleurements de la 15ᵉ sont recouverts par les alluvions de ce ruisseau; mais la couche existe toujours à peu de distance de la surface, ainsi que le montrent les travaux du puits de la Terrasse. On les retrouve ensuite dans les prés qui séparent la Doa du bois Monzil, et on les suit alors régulièrement jusqu'à leur intersection avec la faille de la République. Dans les travaux des puits Saint-André et de la Doa, la 15ᵉ couche n'est affectée par aucun accident important; elle a déjà été explorée et exploitée en partie jusqu'à la faille de la République, et on a fait dans cet accident deux recherches importantes, l'une en 1845, aux abords de la cote 310 (voir Grüner, p. 291), l'autre en 1889-1890, au niveau de $+ 392$ mètres. Par suite de l'importance de cette faille, ces recherches ne pouvaient donner aucun résultat; mais elles ont bien déterminé la position et l'allure de l'accident qui sépare les travaux du puits de la Doa de ceux du puits de la Chana.

On sait que dans le district de la Chazotte, la composition de la 15ᵉ couche est extrêmement variable d'un point à un autre. Il en est de même dans les concessions du Cros, de Méons et de la Chana (voir fig. 7).

Près des affleurements, la 15ᵉ couche est à peu près inexploitable au voisinage de la faille Saint-Jean; comme au puits David, elle est formée par une succession de petits bancs de charbon et de schistes. Elle s'améliore aux abords du puits des Chaumières; mais une lentille de grès, dont l'épaisseur atteint en certains points 15 et 20 mètres, se forme de ce côté au milieu de la couche. Le banc du mur forme alors une couche indépendante, qu'on a souvent désignée au Cros sous le nom de couche n° 16. (Voir ses courbes de niveau planche IV.)

Dans la concession de Méons, l'épaisseur totale de la 15ᵉ couche augmente; les barres schisteuses sont moins nombreuses et se transforment souvent en charbon schisteux. L'épaisseur maxima de la couche a été reconnue au voisinage de la concession de Chaney; mais on doit se demander si cette grande épaisseur de la 15ᵉ n'est pas purement accidentelle en ce point.

Fig. 7.

COUPES DIVERSES DE LA 13ᵉ COUCHE.

(Échelle : ...)

CONCESSION DE CROS. — CONCESSION DE MÉONS. — LIMITE DES CONCESSIONS DE MÉONS ET DE CHAVET.

Quartier des Glânes. — Quartier des Cheminées.

Puits Saint-André. — Puits de la Terrasse. — Puits de la Dot.

LÉGENDE.

Charbon.

Charbon schisteux.

Schistes.

Grès.

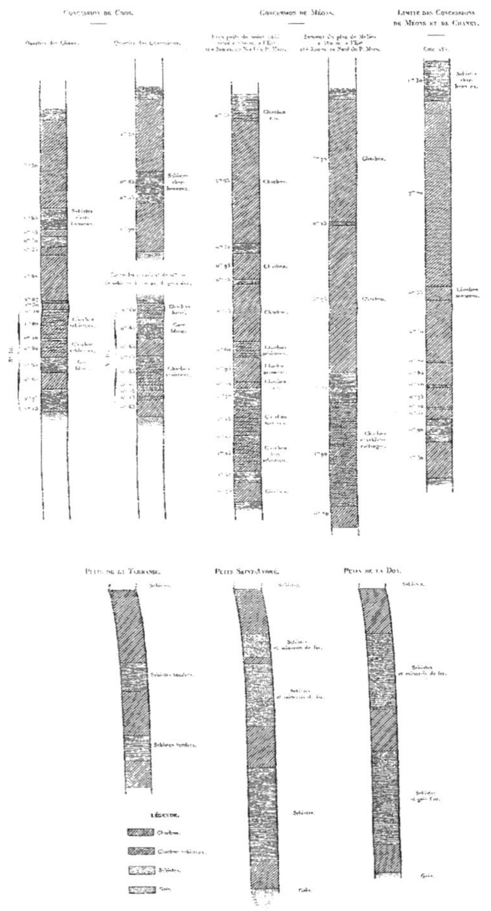

Vers l'Ouest, dans la concession du Cros, l'épaisseur totale de la couche diminue; les nerfs sont plus pierreux et la partie supérieure de la 15ᵉ couche seule est exploitable : les planches du mur (16ᵉ couche du Cros) sont ici absolument inutilisables.

Au puits de la Terrasse, la 15ᵉ est formée par trois bancs de houille séparés par des nerfs de schistes tendres. Le banc du milieu est le plus pur des trois; le banc du mur, comme au Cros, ne donne que du charbon de médiocre qualité.

Aux puits Saint-André et de la Doa, la composition de la 15ᵉ est à peu près la même. Elle est encore formée par trois bancs de charbon; mais à mesure qu'on s'avance vers l'Ouest, l'épaisseur de ces bancs diminue, tandis que les bancs stériles qui les séparent s'épaississent de plus en plus. Le charbon est, d'autre part, de plus en plus cendreux à mesure qu'on se rapproche de la concession de Villars.

La houille de la 15ᵉ couche est plus grasse au Cros qu'à la Chazotte, et, dans tout le panneau du Cros, la teneur en matières volatiles paraît augmenter de l'Est à l'Ouest. Dans la concession de Méons, la 15ᵉ donne en moyenne des houilles à 21-22 p. 100 de matières volatiles, cendres déduites. Cette teneur s'élève à 23-24 p. 100 dans le quartier des Chaumières et à 26-28 p. 100 dans le quartier des Chaux (analyses faites en 1893 à l'École des mines de Saint-Étienne). D'après d'anciennes analyses, la teneur en matières volatiles de la 15ᵉ couche au puits de la Doa serait de 28 p. 100, cendres déduites. Quant à la teneur en cendres, elle est très variable d'un point à un autre; elle dépend naturellement du nombre de bancs schisteux qu'on enlève. Les charbons les plus propres, pris à l'état de tout venant, tiennent encore au moins 10 p. 100 de cendres.

Au mur de la 15ᵉ, on connaît, dans la partie orientale du district du Cros, une petite couche qui a été autrefois exploitée près des affleurements aux Granges et à la Girardière. La veine très schisteuse n'avait que 1 mètre de puissance. Une couche du même genre a été trouvée à 25 mètres au mur de la 15ᵉ par le grand travers-bancs Est du puits Mars à la cote +225 mètres. Elle est formée de deux bancs mesurant chacun 1 m. 40 d'épaisseur normale, séparés par un entre-deux de gore de près de 1 mètre. L'intervalle compris entre la 15ᵉ et la 16ᵉ est occupé par des schistes durs; au mur de la 16ᵉ, on trouve du grès et des grattes à gros éléments. Dans la région des Chaux, on ne connaît, au contraire, au mur de la 15ᵉ qu'un ou deux petits filets de houille de quelques centimètres de puissance; de ce côté, la 15ᵉ repose presque directement sur des grès et des grattes à gros éléments.

Dans la concession de la Chana, on retrouve au mur de la 15ᵉ deux petites veines de houille. Leurs affleurements étaient autrefois visibles près de la ferme de la Doa et dans les carrières de la Terrasse, où l'on exploitait le banc de grès qui les recouvre. Elles ont été recoupées à 27 m. 40 et 32 mètres du mur de la 15ᵉ par le puits de la Doa. Elles mesurent ici 1 m. 50 et 1 m. 15 de puissance, et sont séparées par 3 m. 15 de schistes. Elles tiennent 40 à 50 p. 100 de cendres et sont par suite sans aucune valeur.

Le puits vieux des Chaux a été foncé jusqu'à 292 mètres de profondeur, soit jusqu'à plus de 250 mètres du mur de la 15ᵉ couche; il n'a traversé au-dessous de la 15ᵉ que des terrains stériles formés en majeure partie par des grattes rougeâtres et verdâtres. Ce puits a pénétré dans l'étage stérile de Saint-Chamond.

14ᵉ Couche. — La 14ᵉ couche n'a pas encore été recherchée dans le panneau du Cros; elle ne doit d'ailleurs exister dans ce quartier qu'au voisinage de la faille Saint-Jean et sa qualité doit laisser fort à désirer. On sait, en effet, qu'au mur de la faille Saint-Jean, la 14ᵉ couche est schistifiée au Sud du puits Frotton; elle paraît, d'autre part, inexploitable au toit de la faille de la République dans les travaux des puits Mars et Verpilleux. L'intervalle entre la 15ᵉ et la 13ᵉ est surtout occupé par des bancs de grès.

13ᵉ Couche. — La 13ᵉ couche n'existe au mur de la faille de la République que dans la partie N. E. du district du Cros. Ses affleurements se trouvent au Sud de Molina : ils sont dirigés sensiblement N.-S. et, comme la 15ᵉ dans cette zone, la 13ᵉ couche plonge vers l'Est. Vers l'aval, les travaux de la 13ᵉ sont limités par les failles Saint-Jean et de la République. La 13ᵉ couche se trouve ici à 180 ou 190 mètres au toit de la 15ᵉ.

Tandis que, dans le district de Chaney, la 13ᵉ couche, même près des affleurements, est à peu près inutilisable, elle est formée à Molina par un banc de houille grasse, houille à coke à 25 p. 100 de matières volatiles, mesurant 4 mètres à 4 m. 50 d'épaisseur. Le charbon est propre surtout vers l'amont pendage; vers l'aval, au contraire, la couche s'épaissit et atteint 6 mètres de puissance; mais une série de filets de schistes s'intercalent alors dans la houille et la salissent beaucoup. Cette altération se retrouve au toit de la faille de la

République et elle finit par rendre la 13e inexploitable dans la région de
Reveux.

La 13e couche est recouverte à Molina par un faible banc de schistes avec
minerais de fer, puis par une veine de houille de 0 m. 50 à 0 m. 60, enfin par
des grès fins.

Les couches du faisceau 9 à 12 n'affleurent pas dans le panneau du Cros;
mais on connaît, au toit de la 13e et dans l'intervalle compris entre les
couches 13 et 12, deux petites veines de houille qui paraissent ne point avoir
été exploitées. Elles ont été recoupées par le puits Saint-Jean à 20 mètres et
à 46 mètres de profondeur et mesurent 1 m. 20 et 1 m. 30 d'épaisseur.
L'orifice du puits Saint-Jean étant à la cote 512, ces couches se trouvent
à 45 et à 65 mètres environ au toit de la 13e. Elles n'ont pas été recoupées
par le puits Sainte-Marie. On retrouve quelques filets de houille pouvant correspondre à ces deux couches, au puits Saint-Louis et au puits du Bardot,
entre la 12e et la 13e.

Faille de la République. — Le panneau du Cros est limité au Sud par la
faille de la République. Les affleurements de cet accident sont en général peu
visibles; mais les travaux souterrains ont permis d'étudier cette faille depuis
sa jonction avec la faille Saint-Jean, près de Reveux, à l'Est, jusqu'au delà de
Villars, à l'Ouest, soit sur près de 7 kilomètres de longueur. Sa direction
est E.-O. depuis Reveux jusqu'au Furens; à l'Ouest de ce ruisseau, elle s'infléchit vers le Nord et devient N. O.-S. E. au delà du Bois Monzil. Sa plongée
est partout au Sud.

Du côté de l'Est, la faille de la République ne coupe pas la faille Saint-
Jean; on ne trouve, en effet, aucune trace de son prolongement dans les travaux des couches 9 à 12 de la concession de Chaney. Mais ces travaux n'ont
pas été poussés assez loin vers le Nord et le Sud pour qu'il soit possible de
savoir si la faille Saint-Jean arrête vers l'Est la faille de la République ou si,
au contraire, elle la rejette. De ce côté, d'ailleurs, la faille de la République
a une faible importance; près du puits Rosan, en effet, elle ne déplace la 13e
que de 50 à 60 mètres. Son importance croît assez rapidement vers l'Ouest,
et, le long de la limite des concessions du Cros et de Méons, on trouve la 13e au
toit de la faille, à 90 ou 100 mètres seulement au-dessus de la 15e, prise au
mur du même accident. L'intervalle compris entre ces deux couches étant,

dans cette zone, de 190 mètres en moyenne, on voit que le rejet de la faille de la République atteint en ce point près de 100 mètres.

Les failles de Méons, du Soleil et du Furens s'arrêtent toutes les trois à la faille de la République. Elles s'infléchissent légèrement vers l'Ouest en se raccordant à cet accident, et leur seul effet sur la faille de la République est d'augmenter progressivement son importance. Aussi, à l'Ouest du Grand Puits du Cros, on trouve la 8ᵉ au toit de la faille de la République et de la faille de Méons à la cote 450, tandis que la 15ᵉ au mur de la faille de la République est à la cote 400. L'intervalle normal des deux couches étant ici de 330 mètres (distance de la 8ᵉ à la 13ᵉ) + 190 mètres (distance de la 13ᵉ à la 15ᵉ), soit de 520 mètres, il en résulte que la faille de la République rejette les terrains vers le Sud de $520^m - 50^m = 470^m$. C'est presque exactement la somme des rejets individuels des failles de la République et de Méons avant leur jonction.

La faille du Soleil se divise en deux gradins avant de se réunir à la faille de la République; l'un de ces gradins, mesurant une centaine de mètres, atteint seul la faille de la République. Aussi, aux abords du puits du Marais, trouve-t-on la 8ᵉ à la cote 335, alors que la 15ᵉ, dans la concession du Cros, est à la cote 390. L'importance du rejet est donc de $55 + 330 + 190 = 575^m$, soit à peu près exactement la somme des rejets de la faille de la République (470^m) et du gradin de la faille du Soleil (100^m).

Près du Furens, l'importance de la faille de la République diminue légèrement. A l'Ouest du puits des Chaux, on trouve la 8ᵉ presque exactement en face de la 15ᵉ, ce qui donne pour la faille de la République un rejet de 520 mètres seulement. Ce rejet continue à diminuer jusqu'aux abords du puits de la Doa, où il se réduit à 340 ou 350 mètres. Il augmente de nouveau après la jonction de la faille de la République avec la faille du Furens, jonction qui a lieu aux environs du Bois Monzil.

A l'Ouest de ce point, les travaux effectués dans les concessions de Villars et de la Porchère ont permis de suivre la faille de la République sur près de 1 kilomètre. Elle porte souvent, dans cette zone, le nom de faille du puits Sainte-Catherine ou de faille Sainte-Catherine. On en retrouve enfin la trace dans la vallée du Cluzel, près des aiguilles de la Niaret. C'est au mur de cet accident qu'affleurent les brèches de la Niaret. On trouve, au contraire, au toit de cette faille, et à peu de distance au Nord de la ferme des Avats, des grès et des schistes fins renfermant quelques filets de houille.

2° PANNEAU DE MÉONS.

(Planches IV, V et VI.)

Le panneau de Méons est limité au N. E. par la faille Saint-Jean, au S. O. par la faille de Méons, et au N. O. par la faille de la République; vers le S. E., il s'étend jusqu'à la limite même du bassin houiller de la Loire. Sa largeur moyenne entre les failles parallèles Saint-Jean et de Méons est d'environ 1,000 mètres; sa longueur totale de près de 4,000 mètres. On y connaît toutes les couches de l'étage inférieur de Saint-Étienne.

Au voisinage immédiat de la faille Saint-Jean et, d'ailleurs, comme au mur de cet accident, les bancs sont dirigés N.-S. et plongent avec une très faible pente vers l'Est; mais dès qu'on s'en éloigne un peu, leur allure se modifie : la direction devient E.-O., et les couches plongent au Sud, c'est-à-dire du côté de la faille de Méons. Ce changement d'allure a bien été mis en évidence dans le panneau de Méons par les travaux effectués dans les couches 8 à 12, travaux qui ont pu être prolongés vers le Nord jusqu'au voisinage de la faille Saint-Jean. J'ai déjà montré, en parlant du panneau du Cros, que les couches 13 et 15 ont une allure identique au voisinage de la faille Saint-Jean.

La *faille Saint-Jean* est mal connue dans la région qui m'occupe; on sait seulement qu'elle affleure à peu de distance au Nord du puits Saint-Jean, et qu'en ce point elle est presque verticale; elle passe probablement à 25 ou 30 mètres au Sud du coude brusque que fait le chemin de Reveux au puits Saint-Jean; on voit, en effet, affleurer en ce point un accident à peu près vertical, plongeant au Sud, contre lequel tous les bancs viennent s'infléchir. La faille Saint-Jean n'a pas été reconnue par les travaux de 12° et de 13° de Reveux; elle passe au Sud des travaux de 13° de Caramantrant; mais, ici aussi, sa position exacte n'a pas été déterminée. Dans la concession de Terrenoire, au contraire, cet accident est mieux connu; il coupe les affleurements de la 8°, à peu de distance à l'Ouest du village de Saint-Jean-Bonnefonds. L'importance du rejet de la faille Saint-Jean est difficile à déterminer; il paraît être d'une centaine de mètres entre les puits Saint-Jean et Sainte-Magdeleine; entre ces deux puits, les affleurements de la 13° au mur de la faille sont au voisinage de la cote 530; en face de ce point, on retrouve la même couche, près de la jonction des failles Saint-Jean et de la République, à la cote 430. L'importance de la faille Saint-Jean diminue du côté de Saint-Jean-Bonnefonds; c'est, du moins, ce qui paraît résulter de la position des affleurements de la 8ᵉ et des couches inférieures au voisinage de ce village.

La *faille de Méons* est, au contraire, fort bien connue dans toute la plaine du Soleil. On peut en suivre aisément la trace au jour depuis la faille de la République jusque dans les concessions de Côte Thiollière et de la Barallière.

Près de son point de jonction avec la faille de la République, elle est bien visible dans la tranchée de la route départementale n° 11 (point 495; 94). Elle passe à peu de distance au Nord de l'orifice du puits Mars, est recoupée par le tunnel du chemin de fer des Houillères de Saint-Étienne, tunnel qui aboutit au puits de l'Éparre; puis limite vers le Sud les affleurements de la 8ᵉ couche du puits de l'Éparre. On a reconnu plus à l'Est le passage de la faille de Méons par les travaux souterrains des puits du Crêt et Lafond, jusqu'à sa rencontre avec la faille de la Tardiverie ou de Côte Thiollière.

En face du puits Mars, la faille de Méons est divisée en deux gradins : le gradin du mur porte le nom de faille du puits Mars; son importance est nulle au voisinage du puits Verpilleux. Il déplace de 50 mètres la 13ᵉ en face du puits Mars, et son rejet dépasse 100 mètres au voisinage de la faille de la République. La faille du puits Mars coupe le puits Mars entre la 12ᵉ et la 13ᵉ. Aussi, le mur de la 12ᵉ couche, recoupé à la cote 459, n'est-il qu'à 70 mètres du mur de la 13ᵉ (cote 388.75), tandis que partout ailleurs cet intervalle est de 120 à 130 mètres. La faille de Mars disparaît d'ailleurs en profondeur et se soude à la faille de Méons, comme le montre la coupe du puits de la Pompe au Montcel (planche VI).

Le faille de Méons proprement dite a une très grande importance au voisinage de la faille de la République; elle déplace les couches de plus de 300 mètres. En face du puits des Flaches, en effet, dans une région où la distance normale de la 13ᵉ à la 8ᵉ est de 330 mètres en moyenne, on trouve la 13ᵉ au mur de la faille, en face de la 8ᵉ, au toit de celle-ci. Mais, comme la faille du puits Mars, la faille de Méons perd rapidement de son importance vers le S. E. En face du puits Verpilleux, elle ne déplace plus la 13ᵉ que de 160 mètres; on trouve, en effet, cette couche au toit de la faille et sous le ruisseau de l'Isérable au voisinage de la cote 150, tandis qu'elle est à la cote 310 au mur de cet accident. La faille de Méons coupe le puits Verpilleux entre la 8ᵉ et la 13ᵉ, et place en ce point le mur de la 13ᵉ à 55 mètres en contre-bas du mur de la 8ᵉ; son inclinaison, dans le puits Verpilleux, n'est que de 17 degrés.

A l'Est du puits Verpilleux, la faille de Méons se divise de nouveau en plusieurs gradins; l'un d'eux porte le nom de faille de l'Éparre. Il se sépare de la faille de Méons proprement dite au Nord du puits Verpilleux et prend, à partir de ce point, la direction E.-O. On peut le suivre au milieu des travaux de 8ᵉ couche jusqu'au voisinage du puits du Crêt de la Barallière. Il disparaît à l'Est de ce puits. La faille de l'Éparre n'est pas bien connue dans le faisceau des couches 9 à 12. Elles ont été exploitées au mur de cet accident par le puits de l'Éparre; mais les travaux souterrains ont été arrêtés vers le S. O. à des accidents précurseurs de la faille de l'Éparre, et surtout à des limites de propriétés superficielles. Pourtant, la faille elle-même paraît avoir été touchée en 12ᵉ couche au voisinage de la cote 420, à l'Est du puits de l'Éparre. On doit remarquer que c'est à l'aplomb de ce point qu'a été retrouvé, dans le tunnel du puits de l'Éparre, l'affleurement de la faille de Méons proprement dite. La faille de l'Éparre coupe le puits de ce nom à une quinzaine de mètres au toit de la 12ᵉ, dans une zone indiquée sur les coupes de ce puits comme occupée par des schistes broyés. C'est ce qui fait que le puits de l'Éparre n'a pas trouvé la 11ᵉ couche au toit de la 12ᵉ, alors qu'au Nord de ce puits la 11ᵉ est toujours à 20 ou 25 mètres au plus de la 12ᵉ. Quant aux filets de houille recoupés par le puits à 65 et à 75 mètres de profondeur, soit à 50 ou 60 mètres de la 12ᵉ, on doit les considérer comme représentant la 9ᵉ couche.

Si on prolonge par la pensée la 8ᵉ couche avec sa pente ordinaire jusqu'au puits de l'Éparre, le mur de la couche recoupe le puits à 150 mètres au toit de la 12ᵉ. L'intervalle ordinaire entre la 8ᵉ et la 12ᵉ étant d'environ 200 mètres, la faille de l'Éparre déplace en ce point les couches d'une cinquantaine de mètres.

La faille de l'Éparre n'a qu'une faible inclinaison; aussi se réunit-elle à la faille de Méons au toit de la 13ᵉ couche.

Le toit de la faille de Méons proprement dite est aujourd'hui bien connu par les travaux de 8ᵉ couche entre le puits Verpilleux et la cote 350-340. Les travaux de 13ᵉ couche ne sont pas encore assez développés pour qu'on ait pu suivre le mur de cet accident à l'Est du puits Verpilleux et au Sud du puits de l'Éparre ; mais il y a tout lieu de croire que la faille se divise en ce point en plusieurs gradins. On ne peut, en effet, expliquer autrement la présence du lambeau de 13ᵉ couche trouvé à la cote 250-240 au Sud du puits Verpilleux. Ce lambeau est au mur d'un accident de 100 mètres d'importance qui le sépare de la 13ᵉ couche du panneau du Soleil ; il ne se trouve qu'à 120 mètres au-dessous de la 8ᵉ couche. La division en gradins de cette faille est indiquée sur les coupes des feuilles IV et VI. On peut remarquer que cette division en gradins à l'Est du puits Verpilleux est de tout point comparable à celle qui est connue à l'Ouest de ce puits, entre le puits des Flaches et le puits Mars (voir les coupes de la Pompe au Montcel, planche VI, et de la Bâtie à Monthieux, planche IV).

Dans la concession de la Barallière, la faille de l'Éparre disparaît peu à peu vers l'Est. L'importance de la faille de Méons diminue également de ce côté. La coupe de Villebœuf à la Barallière (planche VI) montre qu'entre le puits de l'Est et le puits du Crêt, la 7ᵉ affleure au toit de la faille de Méons à la cote 520, tandis que la 8ᵉ se trouve au mur de la faille à la cote 480. La distance normale de la 7ᵉ à la 8ᵉ étant en général de 210 à 220 mètres, le rejet de la faille de Méons se réduit ici à 150 ou 160 mètres. Plus à l'Est, la diminution d'importance de la faille de Méons est encore plus sensible. Il suffit pour s'en convaincre d'étudier la position relative de la 8ᵉ et de la 3ᵉ au Nord et au Sud du hameau de Thiollière. Si, au voisinage du puits Lafond, la faille de Méons paraît donner lieu à un rejet plus important, cela tient à ce que, en ce point, le faisceau des couches 3 à 7 se trouve au toit de la faille de Côte Thiollière, alors que la 8ᵉ est encore au mur de cet accident. Or le rejet de la faille de Côte Thiollière mesure une centaine de mètres en ce point.

A l'Est du puits Lafond, il n'existe plus aucune trace de la faille de Méons. Il se peut qu'elle soit limitée par la faille de Côte Thiollière. Si elle se poursuit au delà, cet accident doit l'avoir rejetée vers le Nord, et elle passe alors au mur des affleurements de la 3ᵉ couche du puits des Chaux de Terrenoire. Comme l'intervalle qui sépare la 3ᵉ couche de la 8ᵉ dans la concession du Grand-Ronzy et de Terrenoire est à peu de chose près l'intervalle normal de ces deux couches, on peut en conclure que la faille de Méons, si elle existe encore en ce point, n'y a plus qu'une importance insignifiante.

On voit donc que, sur une longueur de près de 4 kilomètres, les caractères de la faille de Méons varient d'une façon constante. D'une manière générale, son importance décroît beaucoup de l'Ouest à l'Est. Ce n'est d'ailleurs pas la seule faille du bassin de la Loire qui se présente dans ces conditions.

La *faille de Côte Thiollière*, dont il vient d'être question, est dirigée N.-S. et plonge vers l'Est. Dans la concession de Terrenoire, elle déplace toutes les couches du faisceau moyen de Saint-Étienne de plus de 100 mètres. Au mur de la faille de Méons et entre les puits du Crêt et Moreau, on connaît en 8ᵉ couche un accident, la *faille de la Barallière*, qui présente beaucoup d'analogie avec la faille de Côte Thiollière. Il est dirigé N.-S., plonge vers l'Est et déplace la 8ᵉ de près de 100 mètres. On peut le considérer comme le prolongement de la faille de Côte Thiollière ; il est difficile de déterminer pour le moment quel est celui des deux accidents, faille de Méons et faille de Côte Thiollière, qui recoupe l'autre.

On connaît dans le panneau de Méons toutes les couches du faisceau inférieur de Saint-Étienne (15 à 8). Je vais rapidement indiquer ce que l'on sait de chacune d'elles, en commençant par les couches les plus profondes.

15ᵉ Couche. — Elle a été reconnue par les puits Mars, Verpilleux et Rosan.
Le puits Mars a recoupé la 15ᵉ au pied même de la faille de la République. Sa direction est sensiblement E.-O. ; elle plonge vers le Sud.
Au voisinage du puits Mars, la 15ᵉ couche présente une épaisseur anormale. On peut évidemment toujours y distinguer les deux grosses planches du Cros ; mais elles mesurent, l'une 8 m. 80 et l'autre 11 mètres d'épaisseur. Elles sont séparées par un nerf de schistes de 0 m. 75 à 0 m. 80. Sous ces deux gros bancs on trouve, toujours comme au Cros, une série de bancs de charbon et de schistes ; les bancs de charbon sont seulement ici plus épais qu'ils ne le sont au Cros (voir fig. 8). Le toit et le mur de la couche sont formés par des schistes qui sont souvent charbonneux, surtout du côté du toit.
La 15ᵉ couche donne au puits Mars des charbons à 21-22 p. 100 de matières volatiles, cendres déduites. La proportion de cendres est toujours assez élevée ; les nerfs schisteux sont en effet friables ; ils sont souvent charbonneux, et sont par suite difficiles à séparer de la houille ; le charbon est encore sali par des boules de minerai de fer parfois assez abondantes au milieu de la couche.
L'épaisseur anormale de la 15ᵉ couche au puits Mars est tout à fait locale ;

à mesure qu'on s'avance du côté du puits Verpilleux, on voit les schistes se développer de plus en plus aux dépens de la houille, et la 15ᵉ se réduit bientôt à deux bancs de charbon de faible épaisseur. Le banc supérieur, dont le mur est recoupé par le puits Verpilleux à la cote 123, mesure 5 mètres de puissance. Il a été retrouvé à 40 mètres à l'Est de ce puits par un travers-banc ; mais dans ces deux points ce banc est constitué par une série de petites planches de charbon séparées par des bancs de schistes et paraît inexploitable. Au Sud du puits Verpilleux, on a reconnu l'existence du second banc de la 15ᵉ couche et on l'a exploité jusqu'au voisinage de la faille de Méons ; sa direction est N.-S. ; il plonge vers l'Est. Son épaisseur est en moyenne de 2 mètres à 2 m. 50 ; elle diminue vers l'aval et la couche est en même temps salie par un très grand nombre de bancs de schistes, qui la rendent à peu près inutilisable.

A Verpilleux, le charbon est beaucoup plus maigre qu'au puits Mars ; il ne contient plus que 16 à 17 p. 100 de matières volatiles, cendres déduites.

Le puits Rosan a traversé à 200 mètres environ au mur de la 13ᵉ couche une formation charbonneuse assez épaisse, dans laquelle les bancs de bon charbon sont très rares. On a surtout affaire ici à des schistes charbonneux (fig. 8).

Comme l'intervalle de la 13ᵉ à la 15ᵉ est de 185 à 190 mètres, on doit considérer cette couche comme la 15ᵉ. C'est ce qui a été indiqué sur la coupe de la planche VI.

Si l'on suppose que le puits Rosan a traversé la faille de la République au mur de la 13ᵉ couche, on doit en conclure que les schistes charbonneux dont je viens de parler appartiennent à une couche inférieure à la 15ᵉ. C'est là une hypothèse à laquelle on ne peut guère s'arrêter, car les terrains du mur de la 15ᵉ sont aujourd'hui bien connus près du puits Mars au mur de la faille de la République, et il n'y existe à 275 ou 300 mètres de la 13ᵉ aucune couche qui puisse correspondre à celle du puits Rosan.

La houille de la 15ᵉ du puits Rosan est maigre ; elle contient 17 à 18 p. 100 de matières volatiles, cendres déduites. Le puits Rosan a été foncé jusqu'à la cote + 48 ; il est entré au mur de la 15ᵉ dans des grattes très micacées rougeâtres ; on les a considérées comme correspondant aux grattes stériles de Saint-Chamond.

L'intervalle compris entre les couches 13 et 15 est surtout occupé aux puits Mars et Verpilleux par des schistes. On ne trouve guère de grès qu'au

Fig. 8.

COUCHE N° 13.

COUCHE N° 15.

PUITS MARS.

PUITS VERPILLEUX.
(Échelle : 1/100°.)

PUITS ROSAN.

PUITS ROSAN.
(Échelle : 1/100°.)
Coupe dans un faux puits
à 25 mètres au Nord du P. Rosan.

PUITS MARS.
(Échelle : 1/200°.)

2m 45
0m 20
4m 45
1m 00
1m 20
Cote
388m 75

0m 80
1m 80
7m 50
Cote
307m 77
0m 15
0m 16

3m 40
0m 15
1m 40
0m 12
4m 00

0m 08
0m 25
0m 10
2m 00
0m 40
0m 20
0m 15
1m 00

0m 70
0m 80
0m 12
0m 20
0m 05
0m 20
0m 33
0m 70
0m 40

8m 82
0m 78
6m 00
0m 10
3m 00
1m 10
1m 00
0m 20
1m 10
0m 50
0m 30
2m 00
2m 80
Cote
198m 75

LÉGENDE.

Charbon.

Schistes.

Grès.

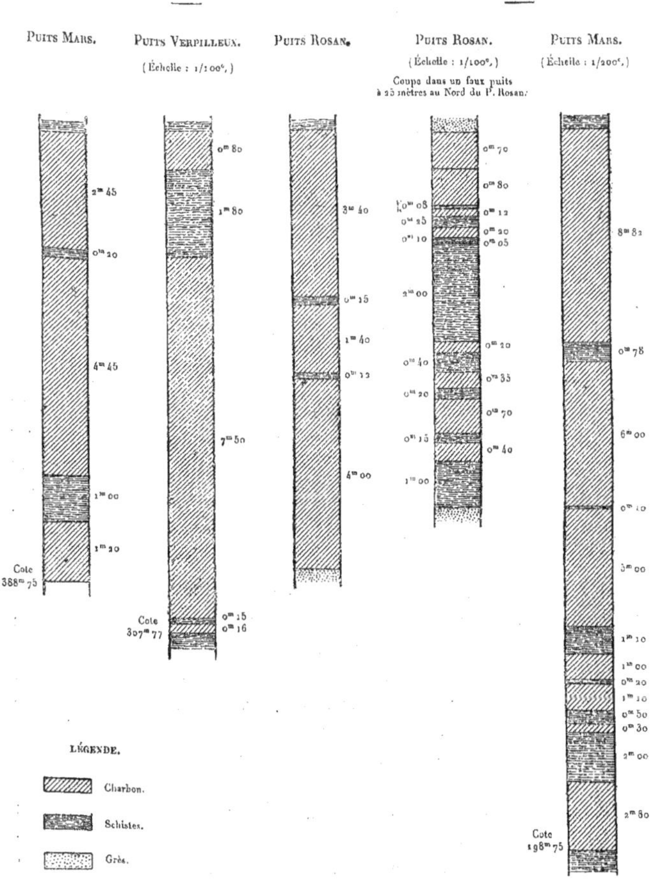

voisinage de la 13ᵉ couche. Au milieu de cette formation, il existe un certain nombre de petites veines de houille situées au puits Mars à 10 mètres, 27 m. 50, 50 m. 70, 116 m. 60 et 137 m. 75 du mur de la 13ᵉ. On a considéré la troisième de ces veines, formée par deux planches de houille de 0 m. 40 et 0 m. 60, séparées par un entre-deux de 1 m. 20, comme représentant la 14ᵉ. On retrouve au puits Verpilleux ces petites couches; mais elles sont, en général, plus minces qu'au puits Mars. Elles se réduisent au puits Rosan à de simples filets de houille plus ou moins irréguliers. Il n'a encore été fait aucun travail dans ces diverses couches dans tout le panneau de Méons.

13ᵉ Couche. — Les affleurements de la 13ᵉ couche sont visibles à l'Ouest du puits Mars, près du point de jonction des failles du puits Mars et de la République. Entre les failles du puits Mars et de Méons, la couche est coupée par la faille de la République avant d'arriver au jour. L'allure de la 13ᵉ dans le panneau de Méons est indiquée par les courbes de niveau de la planche IV; on voit que la couche devient presque horizontale dans la concession de Reveux.

Dans tout le champ d'exploitation du puits Mars, la 13ᵉ mesure 4 à 5 mètres de puissance; elle est surmontée par une planche plus ou moins épaisse de schistes charbonneux, puis par une couche de 2 mètres environ de charbon cru. Le toit est formé par des schistes. Le charbon de la 13ᵉ est brillant et tendre; c'était autrefois le charbon à coke le plus réputé à Saint-Étienne. A mesure que l'on s'avance vers l'Est, l'épaisseur de la couche augmente; le banc le plus important (vraie 13ᵉ) mesure 7 m. 50 à Verpilleux et près de 9 mètres au puits Rosan; mais cette augmentation d'épaisseur se produit toujours au détriment de la qualité du charbon; une série de filets de schistes se développe au milieu de la couche et remplace progressivement la houille; en même temps, des lentilles de minerais de fer se forment au milieu de la couche. L'importance ce ces lentilles devient telle à l'Est du puits Grégoire, qu'on a pu les exploiter comme minerais de fer, vers 1841, pour les hauts fourneaux de Terrenoire. Dans la concession de Reveux, les travaux ont été limités vers l'Ouest au point où la schistification de la couche la rend inexploitable.

Au Sud de Reveux, le puits de l'Éparre n'a pas recoupé la 13ᵉ couche; on s'est contenté de faire au fond de ce puits un sondage, et à 216 mètres du jour on est entré dans une formation de charbon très schisteux ou de schistes charbonneux, épaisse de près de 9 mètres. Elle représente la 13ᵉ couche, qui est absolument inutilisable en ce point.

On connaît encore la 13ᵉ couche au Sud du puits de l'Éparre, au voisinage immédiat de la faille de Méons (cote 240 — 250). Elle est formée ici par une série de planches de houille séparées par des bancs de schistes. On verra plus loin qu'au toit de la faille de Méons et dans les concessions de Bérard et de Monthieux, la 13ᵉ couche a une composition tout à fait analogue.

Dans tout le panneau de Méons la 13ᵉ couche donne des houilles grasses à courte flamme; pendant longtemps elles ont été particulièrement renommées dans le bassin de Saint-Étienne pour la fabrication de coke. Elles tiennent, cendres déduites, de 24 à 25 p. 100 de matières volatiles. La teneur en cendres de la 13ᵉ est très variable; du côté de l'Ouest, le charbon est très pur; il devient de plus en plus cendreux vers l'Est, et cesse d'être exploitable au delà des puits Rosan et Grégoire de la concession de Reveux.

Le toit de la 13ᵉ est en général formé par des schistes, puis par d'épais bancs de grès, dont le grain est d'autant plus fin qu'on s'avance davantage vers l'Ouest. Dans la concession de Reveux, les bancs de grès sont remplacés par des bancs de poudingues et de grattes, analogues à ceux que l'on connaît au toit de la 13ᵉ dans la concession de Chaney. L'intervalle compris entre la 13ᵉ et la 12ᵉ, qui mesure 120 à 130 mètres dans la concession de Reveux, est absolument stérile aux puits Rosan et Grégoire; on y connaît, au contraire, une ou deux petites veines de houille, au Nord du puits Verpilleux. L'une d'elles, reconnue par le puits Saint-Claude [1] à 70 mètres environ au toit de la 13ᵉ, paraît correspondre à l'une des petites couches que j'ai déjà signalées au toit de la 13ᵉ au puits Saint-Jean de Chaney.

Faisceau des Couches 9 à 12. — Les couches 9 à 12 sont bien développées entre la faille Saint-Jean et la faille de Méons, dans les concessions de Méons et de Reveux; leur allure n'y est troublée que par quelques rejets sans grande importance; aussi ont-elles été déjà partiellement exploitées malgré leur faible puissance. Les limites de la concession de Reveux ont seulement empêché les travaux de s'étendre jusqu'aux extrémités naturelles du champ d'exploitation des puits Grégoire et Rosan. Dans aucune des couches 9 à 12, on n'a par suite pu atteindre les failles Saint-Jean et de Méons.

[1] Le puits Saint-Claude était situé à 190 mètres environ au Nord du puits Verpilleux.

Au voisinage de la faille de la République, les affleurements des couches 9 à 12 sont dirigés N.-S., et les couches plongent vers l'Est sous les collines qui dominent les hameaux de Reveux et de l'Éparre. Mais cette allure ne se conserve guère, les affleurements s'infléchissent rapidement vers l'Ouest, et la direction de ces couches au Nord du puits Verpilleux est E.-O., avec pendage au Sud. La pente des bancs est toujours faible, et elle est à peu près nulle dans la concession de Reveux, au voisinage des puits Grégoire et Rosan.

On peut suivre les affleurements de la 12ᵉ couche depuis les abords du puits Mars, où elle est coupée par la faille de Méons, jusqu'au voisinage de la ligne du chemin de fer de Sorbiers, c'est-à-dire jusqu'à son intersection avec la faille de la République. La couche mesure 1 m. 40 à 1 m. 60 de puissance; le charbon est dur et donne une assez forte proportion de gros; mais les menus sont sales, surtout dans la concession de Reveux. Le toit de la couche est formé par des schistes durs ou des grès, le mur est plus ou moins charbonneux. La 12ᵉ conserve sa puissance jusqu'à la limite Est de la concession de Reveux. La distance qui la sépare de la 13ᵉ varie entre 105 et 130 mètres. Si cet intervalle se réduit à 70 mètres au puits Mars, cela tient à ce que la faille de Mars coupe le puits entre la 12ᵉ et la 13ᵉ.

La 11ᵉ couche se trouve en général à 20 ou 25 mètres au toit de la 12ᵉ. Elle n'a pas été retrouvée au puits de l'Éparre à cette distance de la 12ᵉ, parce que la faille de l'Éparre, premier gradin de la faille de Méons, coupe le puits de l'Éparre au-dessus de la 12ᵉ. La 11ᵉ mesure 1 m. 20 à 1 m. 40 de puissance; elle est souvent divisée en deux bancs par un nerf schisteux de 0 m. 25. Le charbon est plus tendre et plus sale que celui de la 12ᵉ; aussi cette couche n'a-t-elle été que peu exploitée.

La 10ᵉ couche est la plus mince de tout le faisceau. Son épaisseur oscille entre 0 m. 60 et 0 m. 90, et diminue progressivement en allant vers l'Est. De ce côté, la couche cesse d'être exploitable avant d'atteindre la limite Est de la concession de Reveux. Le charbon de la 10ᵉ est tendre; il est beaucoup plus pur que celui des couches 11 et 12. La 10ᵉ se trouve en général à 10 ou 15 mètres au toit de la 11ᵉ.

La 9ᵉ couche ressemble assez à la 12ᵉ : elle donne des charbons crus et durs. Son épaisseur varie entre 1 mètre et 1 m. 20 dans la concession de Reveux. Elle s'amincit en profondeur vers l'Est comme la 10ᵉ. La 9ᵉ couche est en général recouverte par un épais banc de grès, qui en facilite beaucoup l'exploitation. L'intervalle compris entre la 9ᵉ et la 10ᵉ, et entre la 10ᵉ et la 11ᵉ est surtout occupé par des schistes.

A l'Est de la concession de Reveux, le faisceau des couches 9 à 12 a été recherché entre les failles Saint-Jean et de Méons, par le puits du Crêt de la concession de la Barallière. Ce puits a été creusé jusqu'à 310 mètres du mur de la 8ᵉ couche. Sur toute cette hauteur, qui correspond en général à l'intervalle compris entre la 8ᵉ et la 13ᵉ, il n'a trouvé, pour représenter le faisceau des couches 9 à 12, que quelques filets de houille absolument insignifiants. C'est ainsi qu'à 165 mètres de la 8ᵉ, il a recoupé trois filets de houille mesurant respectivement 0 m. 05, 0 m. 08 et 0 m. 12; on a cru pouvoir les considérer comme correspondant à la 9ᵉ couche. 42 mètres plus bas, il a trouvé deux veines de houille de 0 m. 10 de puissance chacune; 5 mètres plus bas, deux petites couches de 0 m. 35 et de 0 m. 50, séparées par un nerf de 0 m. 60; enfin 15 mètres plus bas, soit à 220 mètres au mur de la 8ᵉ, un filet de houille de 0 m. 20 qui a paru représenter la 12ᵉ. Ainsi l'altération qui se manifeste déjà en 9ᵉ et en 10ᵉ à Reveux, est complète à la Barallière; en même temps les bancs de grès fins ou les schistes argileux, qui caractérisent le faisceau des couches 9 à 12 à Reveux, disparaissent à la Barallière, et le puits du Crêt n'a recoupé au mur de la 8ᵉ, que des schistes très micacés et des grattes micacées.

Plus à l'Est, le puits Saint-Hubert de la concession de Saint-Jean-Bonnefonds (voir fig. 13) a été foncé jusqu'à 387 mètres du mur de la 8ᵉ, et il n'a guère rencontré au-dessous de la 8ᵉ que des schistes micacés et des poudingues quartzo-micacés. A 187 mètres et à 300 mètres de la 8ᵉ, on a exploré, sans le moindre succès d'ailleurs, quelques filets charbonneux qui peuvent correspondre aux couches 12 et 13, si l'on admet toutefois que les intervalles des couches 8 à 12 et 12 à 13 sont à Saint-Jean-Bonnefonds ce qu'ils sont à Méons et à Reveux.

Enfin dans la concession de la Sibertière, le puits Sainte-Barbe a été poussé jusqu'à 150 mètres du mur de la 8ᵉ. Il n'a trouvé au-dessous de cette couche que des schistes micacés et des poudingues quartzo-micacés.

8ᵉ Couche. — Les affleurements de la 8ᵉ couche ne commencent à paraître au mur de la faille de Méons qu'à 80 mètres environ à l'Est du puits de l'Éparre. Ils sont bien visibles dans la carrière à remblais de l'Éparre depuis la faille de Méons au Sud, jusqu'à la faille de l'Éparre au Nord. Leur direction est N.-S. et la couche plonge à l'Est. La faille de l'Éparre rejette les affleurements de la 8ᵉ vers l'Est; on peut les suivre au mur de cette faille et en allant de l'Ouest à l'Est à travers les concessions de la Barallière, du Grand-Ronzy et de Terrenoire. Avant d'arriver au village de Saint-Jean-Bonnefonds et d'atteindre la faille Saint-Jean, ils se contournent vers le Nord; la couche plonge alors vers l'Est, comme le font les couches 9 à 12 dans la même zone. Au Sud de Saint-Jean-Bonnefonds, et toujours au toit de la faille Saint-Jean, on retrouve encore les affleurements de la 8ᵉ dans les concessions de Terrenoire, de Saint-Jean-Bonnefonds et de la Sibertière. La couche est dirigée N. O.-S. E. et plonge vers le S. O. Ses affleurements dessinent un grand arc de cercle autour des hameaux du Grand-Cimetière et de la Pacalière. Cette allure est encore mieux marquée par les affleurements des couches supérieures à la 8ᵉ. Enfin la trace de la 8ᵉ finit par disparaître entièrement près de l'ancienne route nationale de Saint-Étienne à Lyon, au voisinage de la limite commune des concessions de la Sibertière et de Saint-Jean-Bonnefonds (voir fig. 13).

Les seuls accidents qui affectent dans toute cette zone la 8ᵉ couche sont la faille de la Barallière et la faille de l'Éparre. Cette dernière déplace la 8ᵉ couche de près de 50 mètres au voisinage du puits de l'Éparre, et disparaît du côté du puits du Crêt. Elle ne doit être considérée que comme un gradin de la faille de Méons.

On distingue dans la 8ᵉ couche la Grande-Huitième ou Huitième proprement dite et la crue. Dans les concessions de Méons, de la Barallière et du Grand-Ronzy, la crue se trouve à 20 ou 25 mètres au toit de la 8ᵉ. Son épaisseur est toujours faible et dépasse rarement 1 mètre. Elle est salie par de nombreux filets de schistes et par des nodules de minerais de fer, et est en général absolument inutilisable.

A l'Éparre, la Grande-Huitième mesure 3 à 4 mètres près des affleurements; mais, comme les couches inférieures, son épaisseur diminue à mesure qu'on s'avance vers l'Est. Dans la concession de la Barallière et au toit de la faille de la Barallière, elle atteint encore 2 m. 60; mais déjà dans la concession du Grand-Ronzy elle ne varie plus qu'entre 1 m. 50 et 2 mètres. Plus à l'Est, la couche diminue encore d'importance. Au puits Descours de la concession de Saint-Jean-Bonnefonds, elle ne mesure plus que 1 m. 40, et est divisée en deux bancs par un nerf de 0 m. 20 à 0 m. 30. L'intervalle qui la sépare de la crue ne mesure que 0 m. 60 ou 0 m. 80. Au puits Saint-Hubert et au puits Sainte-Barbe, la 8ᵉ est encore plus réduite; elle mesure à peine 1 mètre.

On connaît dans toute cette zone au mur de la 8ᵉ une petite couche dont l'épaisseur ne dépasse que rarement 1 mètre. Elle est à 35 mètres de la 8ᵉ au puits Sainte-Barbe, à 26 mètres au puits Saint-Hubert et à 19 mètres au puits Descours. C'est vraisemblablement une planche de la 8ᵉ, séparée de la vraie 8ᵉ par un nerf dont l'épaisseur augmente de plus en plus à mesure qu'on s'avance de l'Ouest vers l'Est.

Du côté de l'Éparre et jusqu'à 300 mètres des affleurements, le charbon de la 8ᵉ est pur, feuilleté et tendre. C'est du charbon à 30 p. 100 de matières volatiles qui a été employé à la carbonisation. A la Barallière et au Grand-Ronzy, la composition de la couche est la même au voisinage des affleure-ments. Mais en profondeur la 8ᵉ est salie par une série de filets de schistes finement et régulièrement distribués dans la houille, et on a dû cesser de l'ex-ploiter en aval de la cote 450. Cette schistification est-elle définitive, ou cor-respond-elle seulement à une bande d'une épaisseur plus ou moins grande? C'est ce qu'on ne saurait affirmer, puisqu'on n'a encore fait en 8ᵉ aucune grande recherche en profondeur.

3° PANNEAU DU SOLEIL.

(Planches IV, V et VI.)

Le panneau du Soleil est limité au N. E. et au S. O. par les failles de Méons et du Soleil; il s'étend vers le N. O. jusqu'à la faille de la République, et vers le S. E. jusqu'à Terrenoire et jusqu'à la limite du terrain houiller. Sa forme est celle d'un rectangle très régulier, mesurant 600 à 700 mètres de largeur entre les failles de Méons et du Soleil, et plus de 3,000 mètres de longueur.

L'allure des couches y est en général très régulière. Leur direction dans les concessions de Méons et de Bérard est à peu près parallèle à celle des failles de Méons et du Soleil; elles plongent légèrement vers le N. E. Dans les concessions de Monthieux, de Côte-Thiollière et de Terrenoire, au contraire, cette direction devient E.-O., et les couches plongent vers le Sud sous la colline d'Avaize. Elles forment donc sous le hameau de Monteil un léger anticlinal. J'ai déjà signalé ce plissement et j'ai montré qu'on pouvait le suivre depuis Roche-la-Molière jusqu'à Reveux à travers tout le bassin de la Loire. Au Sud de la colline d'Avaize, les assises se relèvent de nouveau. Il existe donc, au Sud de Monteil et dans les concessions de Monthieux et de Terrenoire, une cuvette très nette dont l'axe est sensiblement orienté de l'Est à l'Ouest. Plus au Sud encore, dans la concession de Janon, on trouve quelques affleurements dirigés toujours E.-O. et plongeant vers le Sud, c'est-à-dire du côté du terrain primitif.

Dans la région des puits du Bardot et Antonia, c'est-à-dire dans la zone où les couches passent de la plongée N. E. à la plongée Sud, le terrain houiller est découpé par une série de petits accidents sans grande importance (faille de Monteil et du puits Saint-Denis notamment). Ils sont bien mis en évidence par les travaux de la 8ᵉ couche. En dehors de ces petits rejets, on ne connaît dans le panneau du Soleil que deux accidents importants : la faille de Monthieux ou du Danger et la faille de Côte-Thiollière ou de la Tardiverie.

On commence à apercevoir en 8ᵉ couche la *faille du Danger ou de Monthieux* au S. O. du puits Verpilleux. Ce n'est d'abord qu'un rejet insignifiant dirigé N. O.-S. E. et plongeant vers le N. E. Mais son importance s'accroît très rapidement à mesure qu'on s'avance vers l'Est. En face du puits Payet n° 2, il atteint déjà une cinquantaine de mètres; au puits Remel, il met la 8ᵉ couche au même niveau que la 5ᵉ (rejet de près de 250 mètres), et en face du puits Saint-Antoine, il mesure 300 mètres. Le passage de cet accident est bien déterminé par son intersection avec les couches du système moyen de Saint-Étienne et avec la 8ᵉ; elles sont toutes coupées par la faille du Danger au toit de la faille de Méons. On ne connaît encore ni son intersection avec les couches inférieures, ni son action sur la faille de Méons. Il ne semble pas toutefois qu'elle coupe cet accident dans la concession de Bérard. Quant aux recherches faites dans la concession de Côte-Thiollière par les puits Robert et Henry, elles n'ont pas élucidé entièrement cette question. Je reviendrai plus loin sur ce sujet.

Les couches d'Avaize, ou tout au moins les couches supérieures de ce faisceau, sont coupées à l'Est du puits de Bel-Air par la faille du Soleil, qui s'infléchit légèrement vers l'Est après sa jonction avec la faille du Gagne-Petit. Elle ne paraissent pas être atteintes au mur de cet accident par la faille de Monthieux, dont la pente doit par suite diminuer beaucoup sous la colline d'Avaize.

La *faille de Côte-Thiollière* ou *de la Tardiverie* est à peu près parallèle à la faille du Danger. Entre la Barallière et Terrenoire, elle déplace de près de

100 mètres toutes les couches du système moyen de Saint-Étienne. On a déjà vu ce qu'elle devient au voisinage de la faille de Méons.

Dans le panneau du Soleil on connaît actuellement toutes les couches de l'étage de Saint-Étienne, depuis la 15ᵉ couche de Saint-Étienne jusqu'aux couches les plus élevées du système d'Avaize. La 15ᵉ et la 13ᵉ n'affleurent pas; elles sont coupées par la faille de la République avant d'arriver au jour. Les couches 12 à 8 sont visibles à la surface du sol au toit de cet accident, dans la concession du Cros. Quant aux couches du système moyen, elles n'affleurent au mur de la faille du Danger que sur une faible étendue au Sud du village de Monthieux. On les retrouve et on peut alors les suivre sur plus de 2 kilomètres en direction au toit de cette faille, dans les concessions de Côte-Thiollière et de Terrenoire. Enfin les couches du système supérieur affleurent sur les versants Nord et Sud de la colline d'Avaize.

SYSTÈME INFÉRIEUR DE SAINT-ÉTIENNE.

8ᵉ Couche. — La 8ᵉ couche de Saint-Étienne permettant d'étudier mieux que toutes les autres l'allure des terrains dans le panneau du Soleil, et les accidents qui les affectent, c'est par elle que j'aborderai l'étude de cette région.

Les affleurements de la 8ᵉ couche (voir planches IV, V et VI) s'étendent dans la concession du Cros de la faille de Méons à la faille du Soleil et passent à peu de distance au Sud du puits Camille. Depuis le Cros jusqu'au puits du Bardot, tout le long de son intersection avec la faille du Soleil, la 8ᵉ couche se trouve à une faible distance du jour, 30 ou 40 mètres au plus. Elle plonge vers le N. E.; aussi le puits Saint-Louis l'a-t-il retrouvée à 72 mètres de profondeur et le puits Verpilleux à 133 mètres. On doit remarquer que déjà en ce point la 8ᵉ couche a été abaissée par la faille du Danger, dont le rejet est d'une dizaine de mètres entre les puits du Bardot et Verpilleux.

A l'Est du puits du Bardot et au mur de la faille du Danger, la 8ᵉ couche forme sous le hameau de Monteil un mamelon. Sa régularité est affectée par une série de petits accidents (failles de Monteil et du puits Saint-Denis), puis dans la concession de Monthieux elle redevient régulière; elle est dirigée E.-O. et plonge vers le Sud avec une pente moyenne de 25 p. 100. On l'a suivie en profondeur jusqu'à la cote 340.

Au toit de la faille du Danger et de la faille de Méons, la 8ᵉ couche est connue à l'Est du puits Verpilleux; sa direction est sensiblement N.-S.; elle plonge vers l'Est avec une très faible pente. Au voisinage de la cote 35o, le champ d'exploitation de la 8ᵉ mesure près de 25o mètres du Nord au Sud; mais son importance diminue rapidement vers l'Est à cause de la plongée de la couche et de la pente inverse des failles de Méons et du Danger.

Dans tout ce vaste champ d'exploitation, la 8ᵉ couche est partout composée de deux bancs; la grande 8ᵉ ou vraie 8ᵉ au mur, et la Crue au toit. L'importance de ces deux bancs, leur qualité, enfin l'intervalle qui les sépare sont fort variables d'un point à un autre.

Dans la concession du Cros, la 8ᵉ proprement dite a 3 à 4 mètres de puissance. Elle donne des charbons gras de qualité ordinaire. Elle est surmontée par un banc de grès de 1o à 15 mètres de puissance, puis vient la Crue dans laquelle on distingue deux bancs de houille, l'un de o m. 9o à 1 mètre, l'autre de o m. 5o à o m. 7o, séparés par un banc de minerai de fer compact de 1 mètre d'épaisseur.

La houille de la Crue est dure et cendreuse; le minerai de fer compact est extrêmement phosphoreux; il n'existe d'ailleurs qu'au voisinage de la faille de Méons et des affleurements.

En s'avançant vers le S.E., le nerf qui sépare la Crue de la 8ᵉ diminue d'épaisseur; il est formé aux puits Saint-Louis et du Bardot par des schistes. La 8ᵉ proprement dite mesure toujours près de 3 mètres de puissance; sa qualité reste assez constante; celle de la Crue s'améliore et on a pu l'exploiter avec la Grande Couche en bien des points.

La 8ᵉ couche, dans les concessions de Méons et de Bérard, donne des houilles grasses ordinaires contenant, cendres déduites, de 3o à 32 p. 1oo de matières volatiles. Cette teneur décroît légèrement à mesure qu'on exploite la couche à de plus grandes profondeurs.

Près de la limite de Monthieux, le nerf qui sépare la Crue de la 8ᵉ augmente de nouveau. Il mesure 2 m. 35 au puits du Bardot et 1o à 12 mètres sous le village de Monteil; il est formé par un épais banc de grès. La Crue conserve son épaisseur moyenne de 1 m. 2o à 1 m. 5o; mais elle redevient pierreuse et contient des rognons de minerai de fer. La puissance de la Grande Couche diminue; elle tombe à 2 m. 5o dans le champ d'exploitation du puits Saint-Denis. La couche s'altère en même temps et se schistifie presque complètement avant d'atteindre la faille du puits Saint-Denis. Cette altération est d'ailleurs seulement locale, et l'exploitation de la couche a pu être reprise au Sud de la faille du puits Saint-Denis et se poursuivre régulièrement jusqu'à la cote 390. L'épaisseur de la 8ᵉ est seulement faible : elle est en moyenne de 2 m. 50. Au-dessous du niveau 390, la couche s'altère de nouveau; de nombreux filets de schistes se forment au milieu de la houille et en rendent l'exploitation de plus en plus difficile. Les reconnaissances en profondeur n'ont pas été poussées au delà de la cote 340.

Au puits Verpilleux, c'est-à-dire au toit de la faille du Danger, la 8ᵉ couche mesure 4 m. 60 de puissance et la Crue 1 m. 15; elles sont séparées par un nerf schisteux de 0 m. 50. A l'Est de ce puits, la composition de la couche reste la même jusqu'à la cote 340 tout au moins; l'épaisseur du nerf augmente seulement à mesure qu'on s'avance vers l'Est. La 8ᵉ donne dans cette région des charbons de qualité ordinaire. Ce sont des houilles grasses dont la teneur en cendres, teneur industrielle, tombe rarement au-dessous de 15 p. 100 et qui contiennent alors 26 p. 100 de matières volatiles (teneur en matières volatiles, 30,5 p. 100, déduction faite des cendres).

Les puits Henry et Robert de la concession de Côte-Thiollière ont servi à rechercher l'extrémité Est du lambeau de 8ᵉ couche compris entre les failles de Méons et de Monthieux. Creusé sur les affleurements de la 3ᵉ couche (orifice 521,07), le puits Henry a traversé les couches 5 et 7 à 16 mètres et à 44 mètres de profondeur; puis il s'est engagé dans le massif stérile très épais qui recouvre toujours la 8ᵉ. Les roches sont ici très micacées, et au voisinage de la 8ᵉ on trouve même de nombreux bancs de gratte. A 223 mètres de profondeur, le puits a recoupé un filet de houille médiocre de 0 m. 90 à 1 mètre d'épaisseur, qui paraît correspondre à la crue de la 8ᵉ ou à une des petites couches connues au Treuil entre la 7ᵉ et la 8ᵉ. A une cinquantaine de mètres plus bas, soit à 205 ou 210 mètres au mur de la 7ᵉ, ou à 250 mètres environ au mur de la 3ᵉ (distance mesurée normalement aux bancs), il a traversé la 8ᵉ couche. Vers 300 mètres de profondeur, le puits a pénétré dans des terrains brouillés dans lesquels il a été arrêté; il doit avoir atteint en ce point, sinon la faille de Méons, du moins un des gradins de cet accident. A 308 mètres de profondeur, la 8ᵉ a été recoupée par un travers-bancs se dirigeant vers le Sud, et elle a été explorée sur une certaine étendue au voisinage de la cote 200 (voir figure 9). La direction de la 8ᵉ couche est à peu près parallèle à celle de la faille de Méons; elle plonge vers le Sud avec une pente de 30° à 35° au voisinage du puits Henry; cette pente diminue d'ailleurs à mesure qu'on s'avance vers le Sud. La couche est irrégulière et comme allure et comme composition; on peut en général y distinguer deux bancs de houille schisteuse à peu près inutilisables, de 0 m. 90 à 1 m. 20 de

Fig. 9.

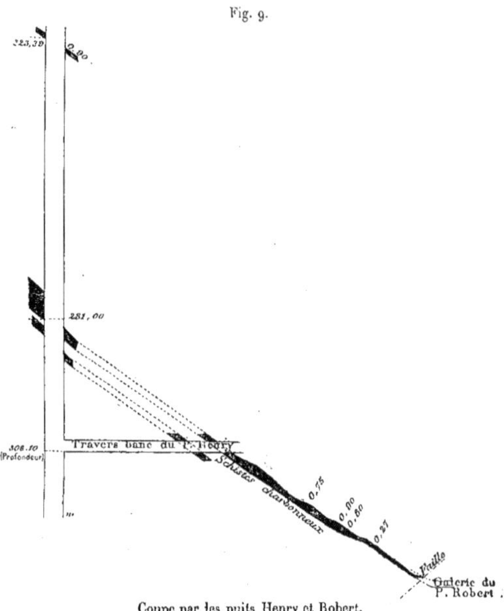

Coupe par les puits Henry et Robert.

puissance chacun, séparés par 2 à 3 mètres de schistes charbonneux. L'altération de la 8e est complète en ce point.

Le puits Robert, qui a traversé la 5e à 116 mètres et la 7e à 140 mètres, n'a pas recoupé la 8e et n'a pu l'atteindre que par un travers-bancs à la cote 185. La faille de Monthieux paraît être divisée ici en plusieurs gradins : l'un d'eux coupe le puits vers 340 mètres de profondeur et limite vers l'aval (cote 185 environ) les travaux de 8e du puits Henry. Le puits Robert a traversé à 400 mètres de profondeur un second accident qui paraît dépendre toujours de la faille de Monthieux. Il a été prolongé au delà en vue de recouper la 13e couche qu'il aurait dû atteindre vers 550 mètres de profondeur. Il n'a trouvé en ce point que quelques filets de houille au milieu de schistes : ils doivent représenter la 13e couche. Puis il a traversé un nouvel accident plongeant au Sud et paraissant correspondre à la faille de Méons. Il a été arrêté à 600 mètres de profondeur sans avoir donc donné aucun résultat. En se basant sur les indications données par ce puits, on a admis que la faille de Méons était postérieure à la faille de Monthieux et qu'elle coupait celle-ci entre les puits Robert et Henry.

On n'a jamais encore recherché la 8e couche au S. E. des puits Henry et Robert dans la concession de Terrenoire; il semble d'ailleurs peu probable que cette couche puisse y être exploitable. On doit, en effet, tenir compte de la schistification de la 8e couche dans l'aval pendage des travaux de la Ba- rallière et du grand Ronzy au mur de la faille de Méons, des résultats négatifs donnés par la recherche du puits Henry, et enfin de l'altération que subit aussi la 8e dans l'aval pendage des travaux de Monthieux entre les failles du Danger et du Soleil.

Couches 9 à 12 (fig. 10). — Au mur de la 8e couche commence une for- mation de près de 300 mètres de puissance dans laquelle on ne connaît que quelques veines de houille de faible épaisseur : les plus importantes portent les n°s 9, 10, 11 et 12. Elles n'affleurent que dans la partie N. O. du panneau du Soleil, au voisinage de la faille de la République, et elles se redressent assez sensiblement contre cet accident. Elles sont extrèmement régulières dans tout le champ d'exploitation du puits Saint-Louis entre les failles du Soleil et de Méons. Sous le village de Monteil, elles sont affectées par tous les accidents déjà reconnus en 8e couche, et, comme leur puissance est faible, leur exploi- tation devient parfois difficile dans cette zone. Plus à l'Est, leur épaisseur diminue progressivement, et elles disparaissent à peu près complètement dans la concession de Monthieux. On sait que ces couches éprouvent une mo- dification analogue au mur de la faille de Méons, dans la partie orientale de la concession de Reveux. Dans tout le panneau du Soleil, le faisceau des couches 9 à 12 n'est encore connu qu'au mur de la faille de Monthieux.

La distance qui sépare la 8e de la 12e varie peu dans les concessions de Méons et de Bérard; elle est de 204 mètres dans la colonne du puits Saint- Louis, de 198 m. 40 au puits de l'Isérable et de 195 m. 20 au puits du Bardot. Au contraire, la distance de la 9e à la 12e diminue régulièrement de l'Ouest à l'Est; elle est de 83 mètres au puits Saint-Louis et seulement de 62 mètres au puits du Bardot. Les couches 10 et 11 sont séparées par un banc de rocher dont l'épaisseur décroît régulièrement de la faille de Méons à la faille du Soleil. Il mesure 16 mètres au puits Saint-Louis et 11 mètres au puits de l'Isérable, alors qu'il n'est que de 2 mètres environ au puits des Flaches et au puits du Bardot. On verra plus tard qu'au toit de la faille du Soleil les couches 10 et 11 sont encore plus rapprochées et qu'elles ne forment plus, dans tout le champ d'exploitation du puits du Treuil et du puits Villiers, qu'une seule couche divisée en deux bancs par un nerf de faible importance.

Le toit de la 9e couche est en général formé par un épais banc de grès quartzo-feldspathique à éléments assez fins. Entre la 9e et la 10e, ce sont les schistes qui dominent. Au milieu de ces schistes, les puits de l'Isérable et du Bardot ont recoupé deux bancs de charbon schisteux, dont l'épaisseur varie entre 2 m. 50 et 3 m. 50. Au puits Saint-Louis au contraire, entre la 9e et la 10e, on ne trouve qu'un mince filet de houille. On n'a encore fait aucun travail de reconnaissance dans ces formations. On connaît, d'autre part, au puits du Crêt de la Barallière et à 90 mètres du mur de la 8e, un épais banc de schistes charbonneux. On verra plus loin que le puits Neyron a recoupé, à 125 mètres environ au-dessous de la 8e, une couche de houille fort épaisse. Il y a tout lieu de penser que ces couches correspondent aux masses de charbon schisteux reconnues par les puits du Bardot et de l'Isérable. On doit d'ailleurs avoir affaire ici à une formation purement locale. Elle s'étend, il est vrai, du Nord au Sud sur près de 2,500 mètres; mais dans le sens E.-O., elle n'existe que sur une très faible étendue.

Entre la 10e et la 12e, la composition des terrains est assez variable; mais on trouve presque toujours entre la 11e et la 12e un banc de « gore blanc » facile à reconnaître; c'est un grès dur à éléments très fins, très siliceux, dont l'aspect est bien caractéristique.

Dans la concession du Cros, les couches 9 à 12 sont en général assez minces, accidentées et de qualité médiocre. La 9e varie entre 0 m. 80 et 1 m. 20, la 10e entre 0 m. 35 et 0 m. 80, la 11e entre 1 mètre et 1 m. 10 et la 12e entre 0 m. 80 et 1 m. 30. L'épaisseur de ces couches est plus grande dans tout le champ d'exploitation du puits Saint-Louis. La 9e mesure 1 m. 50 à 2 mètres; mais elle est formée de houille dure, crue, et n'a jusqu'à présent pas pu être exploitée. Les couches inférieures sont de meilleure

Fig. 10.

FAISCEAU DES COUCHES 9 À 12.

(Échelle : 1/500ᵉ.)

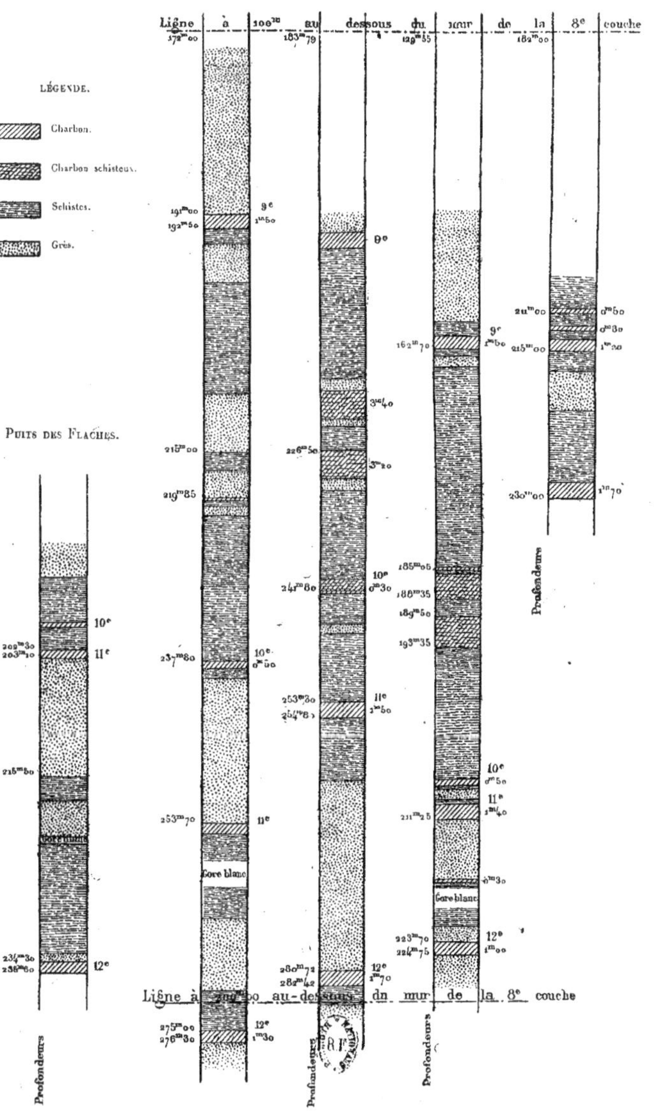

qualité, et elles ont été déjà à peu près complètement déhouillées dans les concessions du Méons et de Bérard, sauf aux abords du puits du Bardot et de la concession de Monthieux. La 10ᵉ est toujours assez mince (o m. 70 à o m. 80). La 11ᵉ mesure 1 m. 20 à 1 m. 50 et la 12ᵉ 1 m. 30 à 1 m. 70. C'est en partant de la 12ᵉ couche, à l'aplomb du puits Payet nᵒ 2, qu'on a traversé la faille de Méons et qu'on a trouvé en face de la 12ᵉ la 13ᵉ couche à la cote 250-240. Dans cette zone, les couches 9 à 12 donnent des houilles grasses ordinaires un peu moins riches en matières volatiles que la 8ᵉ. Elles ne contiennent en moyenne, déduction faite des cendres, que 28 à 29 p. 100 de matières volatiles; c'est la couche nᵒ 12 qui est la plus maigre du faisceau.

Dans la concession de Monthieux, le faisceau des couches 9 à 12 a été recherché par les puits Antonia, de l'Est, et Marinoni. Le puits Antonia a recoupé à 140 mètres environ du mur de la 8ᵉ, deux bancs de houille mesurant 1 m. 20 et 1 m. 70 d'épaisseur, distants d'une quinzaine de mètres l'un de l'autre; on leur a donné les noms de 10ᵉ-11ᵉ et de 12ᵉ couches; mais, étant donnée leur position par rapport à la 8ᵉ, il semble plutôt qu'on doive les considérer comme correspondant à la 9ᵉ couche ou à une des formations charbonneuses comprises entre la 9ᵉ et la 10ᵉ. Au-dessous de ces deux bancs de houille, on ne trouve que des terrains stériles jusqu'à la 13ᵉ. La majeure partie du faisceau des couches 9 à 12 a donc déjà disparu ici. Une seule des deux veines recoupées par le puits Antonia a été sérieusement exploitée. C'est la veine inférieure, ou 12ᵉ de Monthieux. Les travaux ne se sont toutefois étendus dans cette couche que de la limite de la concession de Bérard à la faille du puits Saint-Denis.

Au puits de l'Est, l'altération de ce faisceau est tout aussi marquée. On n'y a trouvé que deux bancs de charbon paraissant correspondre à la 11ᵉ et à la 12ᵉ, si on admet que ces couches sont situées ici à la même distance de la 8ᵉ qu'à Méons. La première ne mesurait que o m. 30 dans le puits et o m. 65 dans une galerie de recherche qui a suivi la couche sur une certaine longueur; quant à la 12ᵉ, elle mesurait en tout 1 m. 20, mais ne comprenait guère que o m. 60 de charbon au mur, et de charbon de médiocre qualité encore. La 12ᵉ couche est coupée, dans le puits même, par un accident plongeant au S. O. qui la rejette de 25 mètres.

Couche nᵒ 13 (fig. 11). — La 13ᵉ couche a été exploitée, entre les failles de Méons et du Soleil, par les puits Saint-Louis, Verpilleux (au moyen d'un travers-bancs traversant la faille de Méons) et Marinoni. Elle a également été recherchée par les puits de l'Est de Monthieux et Robert de Côte-Thiollière.

L'intervalle qui sépare les couches 8 et 12 diminue légèrement et régulièrement dans les concessions de Méons et de Bérard, de l'Ouest à l'Est; il en est de même pour le massif stérile qui sépare la 12e de la 13e. Au puits des Flaches, le mur de la 12e est à 121 m. 40 du toit de la crue de la 13e, tandis qu'au puits du Bardot cette distance se réduit à 104 m. 15. Entre ces deux couches, aussi bien au puits des Flaches qu'au puits du Bardot, on ne trouve que quelques filets de charbon cru.

La 13e couche, dans les concessions de Méons et de Bérard, est en général régulière entre les failles de Méons et du Soleil; c'est tout au plus si le voisinage immédiat de ces deux grands accidents est annoncé par quelques gradins de peu d'importance. Au Nord du puits du Bardot et dans tout le champ d'exploitation du puits Saint-Louis, la couche est dirigée E.-O. et plonge avec une très faible pente vers le Nord; elle se relève avant d'arriver à la faille de la République et, le long de cet accident, plonge au Sud. Au Sud du puits du Bardot, la 13e couche forme un mamelon dont le sommet paraît correspondre à la cote 180; elle prend le pendage Sud dans la concession de Monthieux.

La faille du Danger ne coupe pas la 13e au toit de la faille de Méons. Quant aux accidents qui affectent la 8e le long de la limite de concession de Monthieux et de Bérard, ils atteignent la 13e au voisinage du puits Antonia. La 13e couche est coupée dans ce puits par un accident qui paraît correspondre à la faille de Monteil, et, grâce à sa présence, la distance qui sépare la 8e de la 13e se réduit au puits Antonia à 270 mètres (distance des murs des deux couches).

La 13e couche est formée dans tout le champ d'exploitation du puits Saint-Louis par deux bancs : la Crue au toit (épaisseur moyenne, 1 m. 50) et la Grande Couche au mur (épaisseur moyenne, 4 mètres à 4 m. 50). La Crue est surmontée par des schistes sans grande consistance sur une épaisseur de plusieurs mètres, puis par un banc de grès très épais. Elle ne donne que des charbons de qualité très secondaire. Le nerf qui la sépare de la Grande Couche, appelé « carreau », a une épaisseur très variable. Quant à la Grande Couche, elle donne aisément, au puits Saint-Louis et après simple triage à la main, des charbons à 6 p. 100 de cendres et 20 p. 100 de matières volatiles (22 p. 100 de matières volatiles, cendres déduites). Sous la Grande

Fig. 11.

COUCHE N° 13.

(Échelle : 1/100ᵉ.)

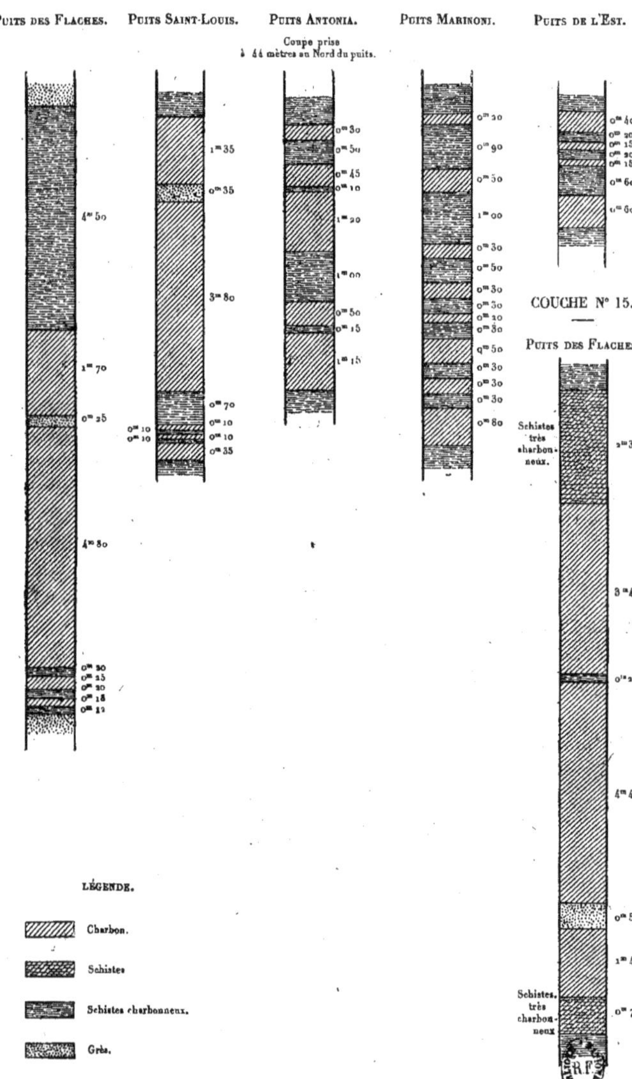

Couche et avant d'atteindre le vrai mur formé par du grès, on trouve une
série de petits bancs de schistes et de charbon. Ainsi que le montrent les
coupes ci-jointes, leur épaisseur au puits des Flaches et Saint-Louis est absolument insignifiante.

A mesure que l'on se rapproche de la concession de Monthieux, la nature
de la 13ᵉ couche se modifie : la Crue devient de plus en plus schisteuse et
finit par se confondre absolument avec les schistes qui la surmontent; le
carreau disparaît ou se transforme en schistes charbonneux, et la 13ᵉ est
alors recouverte par une masse très considérable de schistes contenant de
nombreux filets de houille. En même temps l'épaisseur de la 13ᵉ proprement
dite augmente : elle atteint 6 à 7 mètres dans certaines parties du champ
d'exploitation de Verpilleux. Mais cette augmentation d'épaisseur correspond
toujours à une diminution très marquée de la qualité de la houille. Celle-ci
devient moureuse et est salie par une série de petits filets de schistes. Les
charbons les plus propres de Verpilleux tiennent au moins 8 p. 100 de
cendres et souvent 12 p. 100. Dans l'angle N. E. de la concession de Bérard
et dans la concession de Monthieux, les planches du mur de la 13ᵉ, peu
importantes dans la concession de Méons, se développent de plus en plus
aux dépens de la 13ᵉ proprement dite, et celle-ci se réduit alors à une série
de bancs de houille intercalés au milieu d'une formation très puissante de
schistes; cette transformation est bien indiquée sur les coupes de la 13ᵉ couche
aux puits Antonia, Marinoni et de l'Est de Monthieux (voir fig. 11).

J'ai déjà dit que le puits Robert n'a trouvé, à près de 550 mètres de profondeur et au voisinage immédiat de la faille de Méons, que des schistes
charbonneux qui doivent représenter la 13ᵉ couche.

La 13ᵉ couche s'altère donc très régulièrement de l'Ouest à l'Est comme
les couches supérieures. La nature de ses charbons se modifie également un
peu de l'Ouest à l'Est; tandis qu'au puits Saint-Louis les charbons de 13ᵉ
contiennent 22 p. 100 de matières volatiles, cendres déduites, ils n'en contiennent plus que 20 à 21 p. 100 au puits Verpilleux.

Couche n° 15. — Le puits des Flaches est le seul puits du panneau du
Soleil qui ait encore servi à explorer les terrains situés au-dessous de la 13ᵉ.
On sait qu'il a atteint le mur de cette couche à la cote 150; il a traversé ensuite
d'épais bancs de grès passant parfois à des grattes à assez gros éléments, au
milieu desquels il a trouvé trois petits bancs de charbon, mesurant respecti-

vement o m. 6o, o m. 5o et o m. 5o, et situés à 11 mètres, 3o mètres et 53 mètres du mur de la 13e. Puis il est entré dans une épaisse formation de schistes, ne contenant que de rares bancs de grès. C'est au milieu de cette formation que se trouvent les couches 14 et 15.

La 14e, dont le mur a été atteint à la cote $+ 56,5o$, soit à 93 mètres du mur de la 13e, comprend, en allant du toit au mur, un banc de charbon cru de o m. 5o, un nerf de o m. 4o, un banc de charbon cru de o m. 4o, et enfin un banc de charbon de qualité ordinaire de 1 m. 5o. On voit qu'elle est beaucoup plus puissante ici qu'au puits Mars.

Le mur de la 15e couche a été traversé à la cote $— 24$ m. 6o, soit à 175 mètres environ du mur de la 13e. L'intervalle qui sépare ces deux couches est donc un peu plus faible ici qu'au puits Mars. Mais ce rapprochement anormal de la 15e et de la 13e peut s'expliquer par la présence d'un petit accident traversé par le puits des Flaches, à quelques mètres en contre-bas de la 14e. J'ai indiqué sur la figure 11 la coupe complète de la 15e. Elle se compose toujours de deux gros bancs de charbon, mesurant l'un 3 m. 4o, l'autre 4 m. 4o, séparés par un entre-deux de schistes plus ou moins charbonneux. Près du mur de la 15e, il existe un 3e banc de charbon de 1 m. 4o de puissance. Comme au puits Mars, le toit et le mur de la couche sont constitués par des schistes charbonneux. La nature du charbon de la 15e paraît être ici ce qu'elle est au puits Mars.

En partant de la 10e-11e au toit de la faille du Soleil à la cote $+ 5$, et en traversant cet accident, on a également atteint la 15e couche. L'intervalle qui sépare les couches 10-11 et 15 correspond en effet, à peu près exactement, au rejet de la faille du Soleil en ce point. La 15e a malheureusement été retrouvée ici trop près d'un accident important pour qu'on ait pu en déterminer avec exactitude la puissance et la qualité. On sait seulement que la masse de charbon ou de schistes charbonneux reconnue mesure quelques mètres d'épaisseur. Ces deux recherches suffisent d'ailleurs pour montrer qu'on disposera en 15e, au toit de la faille de la République et dans le panneau du Soleil, de ressources considérables.

ÉTAGE MOYEN DE SAINT-ÉTIENNE.

L'étage moyen de Saint-Étienne affleure dans la partie S. E. du panneau du Soleil, c'est-à-dire dans les concessions de Monthieux, de Côte-Thiollière, de la Barallière et de Terrenoire; on sait que dans cette zone, les assises du terrain houiller sont dirigées E.-O., et qu'elles plongent vers le Sud, sous la colline d'Avaize.

Au mur des failles inverses du Soleil et de Monthieux, les couches 7, 5 et 3 affleurent au voisinage de la route nationale n° 88, dans les concessions de Monthieux et de Terrenoire; on n'a aucune donnée précise sur leur valeur en ce point. Mais d'après ce qu'on sait de la nature de ces couches au toit des failles de Monthieux et du Soleil, on est en droit de penser qu'elles seront avantageusement exploitables dans cette zone. Près de la surface, ce quartier ne mesure évidemment qu'une faible longueur suivant la direction des couches; mais il n'en est pas de même en profondeur, par suite de la plongée inverse des failles qui le limitent à l'Est et à l'Ouest.

Au toit de la faille de Monthieux, on retrouve les affleurements des couches 7 à 3, puis ceux de la couche des Rochettes le long de la limite des concessions de Monthieux et de Côte-Thiollière; on peut les suivre vers l'Est jusqu'à la Massardière, dans la vallée du Janon, en passant par la Barallière et le Grand Cimetière. Ils dessinent, comme les affleurements de la 8ᵉ, une série de courbes concentriques autour de la colline d'Avaize, et sur une longueur de près de 3,000 mètres, leur régularité n'est troublée que par un accident important : la faille de Côte-Thiollière ou de la Tardiverie dont j'ai déjà parlé.

Les intersections de la faille de Monthieux avec les couches de l'étage moyen de Saint-Étienne, notamment la 5ᵉ, et avec la couche des Rochettes sont bien connues dans les concessions de Monthieux et de Côte-Thiollière. Dans la concession de Terrenoire, au contraire, les travaux n'ont pu atteindre cet accident, car il a fallu conserver sous le tunnel de Terrenoire un investisson important.

Dès le début du siècle, on a commencé à exploiter dans les concessions de Côte-Thiollière et de Terrenoire les couches de l'étage moyen de Saint-Étienne. La qualité de la 3ᵉ, son épaisseur souvent exceptionnelle, enfin la régularité des terrains au toit de la faille de Monthieux permirent aux travaux de s'y développer rapidement, et dans toute cette zone, il ne reste aujourd'hui que des glanages à faire au milieu des vieux travaux.

On connaît dans la concession de Méons, entre la 8ᵉ et la 7ᵉ, deux petites veines de charbon cru. Elles mesurent au puits Verpilleux 0 m. 60 et 0 m. 20 et sont situées à 39 et à 91 mètres de profondeur. Le mur de la 8ᵉ est à 133 m. 50 du jour. Au puits Payet n° II, on les retrouve à 64 et à 21 mètres de la surface; leur épaisseur est faible et leur qualité très médiocre. Il existe une veine de même nature, de 0 m. 80 à 0 m. 90 de puissance, à 50 mètres du toit de la 8ᵉ dans la colonne du puits Henry. J'aurai à revenir sur ces petites couches, en parlant des travaux du Treuil et surtout des travaux de Beaubrun.

Au voisinage de la faille de Monthieux, la 7ᵉ couche mesure 1 m. 10 à 1 m. 30. Elle donne des charbons pierreux de qualité très médiocre. La 7ᵉ est surmontée par 20 mètres de schistes, puis par un filet de houille de 0 m. 30 à 0 m. 40. Il représente la 6ᵉ couche absolument inexploitable dans tout ce quartier. La 5ᵉ est à quelques mètres seulement au-dessus de la 6ᵉ. Près des affleurements et le long de la limite des concessions de Monthieux et de Côte-Thiollière, son épaisseur est de 1 m. 50 à 1 m. 70; elle diminue rapidement vers le S. E.; elle se réduit à 1 mètre dans les travaux du puits Saint-Antoine de Côte-Thiollière, et disparaît entièrement dans la concession de Terrenoire, avant d'atteindre la faille de la Tardiverie. Au puits Hippolyte notamment, soit à 200 mètres au N. O. du puits d'Avaize nᵒ II, elle n'est représentée à la cote 348 que par deux filets de houille de 0 m. 25 chacun, séparés par 1 mètre de schistes. En ce point, la 5ᵉ est à 20 mètres de la 3ᵉ. La 7ᵉ couche a été également recherchée sans succès au voisinage du puits Hippolyte. Il semble donc que les couches 7 à 5 diminuent régulièrement de puissance du N. O. au S. E. Elles subissent dans cette direction une modification analogue à celle que j'ai déjà signalée pour toutes les couches de l'étage inférieur de Saint-Étienne.

A l'Est de la faille de la Tardiverie, on connaît au mur de la 3ᵉ et aux environs du Grand-Cimetière les affleurements de quelques couches minces; on les a recoupées au puits du Bois par un travers-bancs attaqué à la cote 516. Elles ne donnent que du charbon dur et pierreux et sont absolument inexploitables en ce point. Par suite de leur position au mur de la 3ᵉ (Voir fig. 14), on doit les considérer comme représentant le faisceau des couches 7 à 5. Dans l'aval pendage du puits du Bois, le puits Neuf de la Chaux a seul été foncé au-dessous de la 3ᵉ; mais il a été arrêté à 23 mètres du mur de cette couche, sans avoir entièrement reconnu le faisceau des petites couches du puits du Bois. Il a seulement traversé, à 16 m. 50 du mur de la 3ᵉ, un banc de charbon cru de 1 mètre de puissance.

Entre les failles de Monthieux et de Côte-Thiollière, la 5ᵉ est en général recouverte par un banc de grès de 25 à 30 mètres d'épaisseur. Ce banc forme

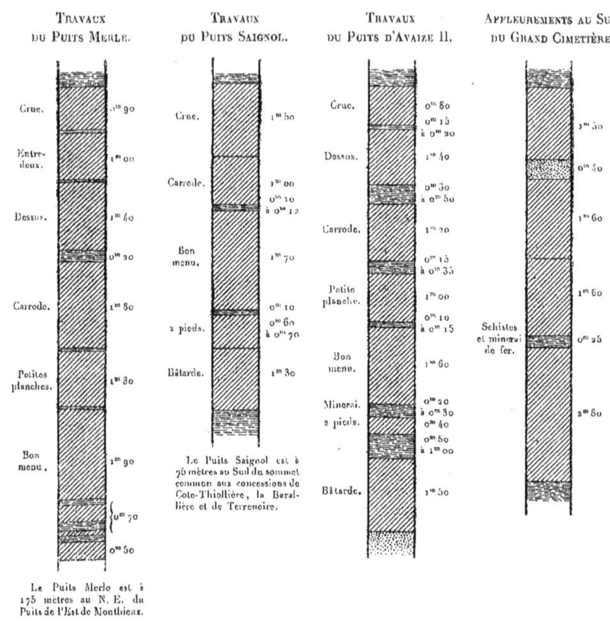

COUPES DE LA COUCHE DES ROCHETTES.

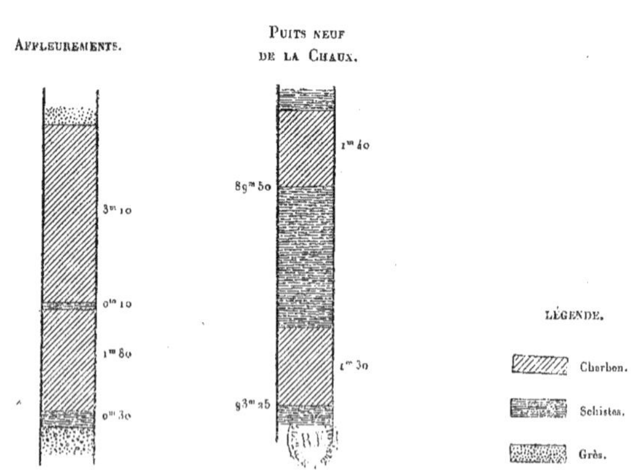

le mur de la 3ᵉ couche du bassin de la Loire. Dans le quartier dont je m'occupe, la puissance utile moyenne de la 3ᵉ est de 6 à 8 mètres; elle s'élève en
certains points à près de 10 mètres; dans la concession de Monthieux, au contraire, la 3ᵉ est étirée et laminée le long de la faille de Monthieux, et les
lambeaux de cette couche exploités par le puits Remel, à peu de distance de
la surface, ne mesurent qu'une faible épaisseur.

Ainsi que le montrent les coupes de la figure 12, la 3ᵉ est formée, entre les
failles de Monthieux et de la Tardiverie, par une série de bancs de charbon
séparés les uns des autres par des filets de schistes. Les bancs du toit et du mur
donnent des charbons de qualité secondaire; ils correspondent aux couches 2
et 4 du panneau du Treuil, qui tantôt sont réunies à la 3ᵉ, tantôt au contraire
en sont nettement séparées. La partie centrale de la 3ᵉ est formée par du
charbon pur et tendre contenant, cendres déduites, 27 p. 100 de matières
volatiles. Près des affleurements, le nerf qui sépare la 3ᵉ de la 4ᵉ couche se
renfle brusquement et la 4ᵉ forme alors une couche indépendante de la 3ᵉ.
Partout ailleurs, l'épaisseur des nerfs reste faible; il semble pourtant qu'elle
augmente en allant du N. O. au S. E.; c'est du moins ce qui résulte de la
comparaison des coupes des puits Merle et d'Avaize nº II.

Au toit de la faille de la Tardiverie, dans le quartier du puits Neuf de la
Chaux, la 3ᵉ couche est également divisée en un certain nombre de bancs;
ils sont en général au nombre de 5 et on les désigne souvent en partant du toit
sous le nom de 1ʳᵉ, 2ᵉ, 3ᵉ, 4ᵉ et 5ᵉ couche [1]. Les nerfs qui les séparent sont
peu épais au puits du Bois et aux affleurements près du Grand-Cimetière; ils
sont beaucoup plus importants au puits Neuf de la Chaux. Ici encore l'altération de la 3ᵉ est donc bien marquée.

On effectue actuellement par la galerie de la Massardière (fig. 13) des glanages dans les vieux travaux de la 3ᵉ. Par suite de la nature même de cette
exploitation, on n'y produit que des charbons sales tenant industriellement
de 15 à 20 p. 100 de cendres. La houille pure contient 24 à 25 p. 100 de
matières volatiles.

La 3ᵉ couche est recouverte par un massif stérile de 130 à 140 mètres de
puissance, au milieu duquel on ne connaît au mur de la faille de la Tardiverie
que deux couches de charbon cendreux. Elles mesurent 1 mètre et 1 m. 40 de

---

[1] C'est par erreur que dans la planche V, les travaux de la couche exploitée par les puits du
Bois et Neuf de la Chaux sont figurés comme appartenant à la 5ᵉ couche de Saint-Étienne. La
couche exploitée par ces puits est la 3ᵉ. C'est ce qui a été indiqué sur la figure 13.

puissance et se trouvent dans les concessions de Côte-Thiollière et de Terre-noire à 15 mètres et à 60 ou 75 mètres du toit de la 3ᵉ. Elles ne paraissent avoir été exploitées ni l'une ni l'autre. Le puits du Bois a recoupé à quelques mètres du jour, soit à 25 mètres environ au toit de la 3ᵉ, une petite couche de charbon cru. Elle a été reconnue également par le travers-bancs de la cote 483 allant du puits Neuf de la Chaux au puits du Bois. (Voir fig. 14.)

Les affleurements de la couche des Rochettes forment de Monthieux à Poyeton un arc de cercle autour de la colline d'Avaize. Ils sont coupés au Nord du puits d'Avaize nº II par la faille de Côte-Thiollière. Vers l'aval, les travaux ont pu être poussés dans la concession de Monthieux jusqu'à la faille de ce nom; dans la concession de Terrenoire au contraire, ils ont été arrêtés à l'investison du tunnel de Terrenoire. Dans tout ce champ d'exploitation la couche plonge vers le Sud.

La couche des Rochettes est en général divisée en plusieurs bancs par des nerfs schisteux; sa puissance utile varie de 2 m. 50 à 4 mètres. Par place, les entre-deux disparaissent et la couche subit des renflements locaux qui portent son épaisseur à 8 et à 10 mètres. D'une façon générale, la couche paraît diminuer de puissance du N. O. au S. E., comme la 3ᵉ d'ailleurs; mais on n'a que peu de données exactes sur la nature de cette couche; tous les travaux qui y ont été effectués sont en effet très anciens.

A 20 mètres au toit de la couche des Rochettes, on connaît au puits Saint-Jean de Monthieux une petite couche de charbon cru de 1 mètre de puissance. Elle est séparée de la couche des Rochettes par un épais banc de grès.

La couche des Rochettes donne des houilles à gaz contenant 34 p. 100 de matières volatiles. Dans la concession de Monthieux, la seule où elle soit actuellement exploitée (près du puits Saint-Jean), elle ne donne que des charbons très cendreux (18 p. 100 de cendres en moyenne).

Je n'ai étudié jusqu'à présent, dans l'étage moyen de Saint-Étienne, que le versant Nord de la cuvette s'étendant sous la colline d'Avaize. Le versant Sud a été partiellement au moins exploité dans le quartier du puits Neuf de la Chaux, et l'allure des bancs de la 3ᵉ et de la couche des Rochettes est indiquée par les figures 13 et 14, qui complètent la planche V. A une faible distance au Sud du puits Neuf de la Chaux, la 3ᵉ couche se lamine contre une faille (Faille de la Pacalière) plongeant au Nord; les travaux de la couche des Rochettes sont limités à un accident du même genre. On n'a aucune donnée précise sur sa nature. Au mur de cet accident, les terrains plongent régulièrement vers le

Fig 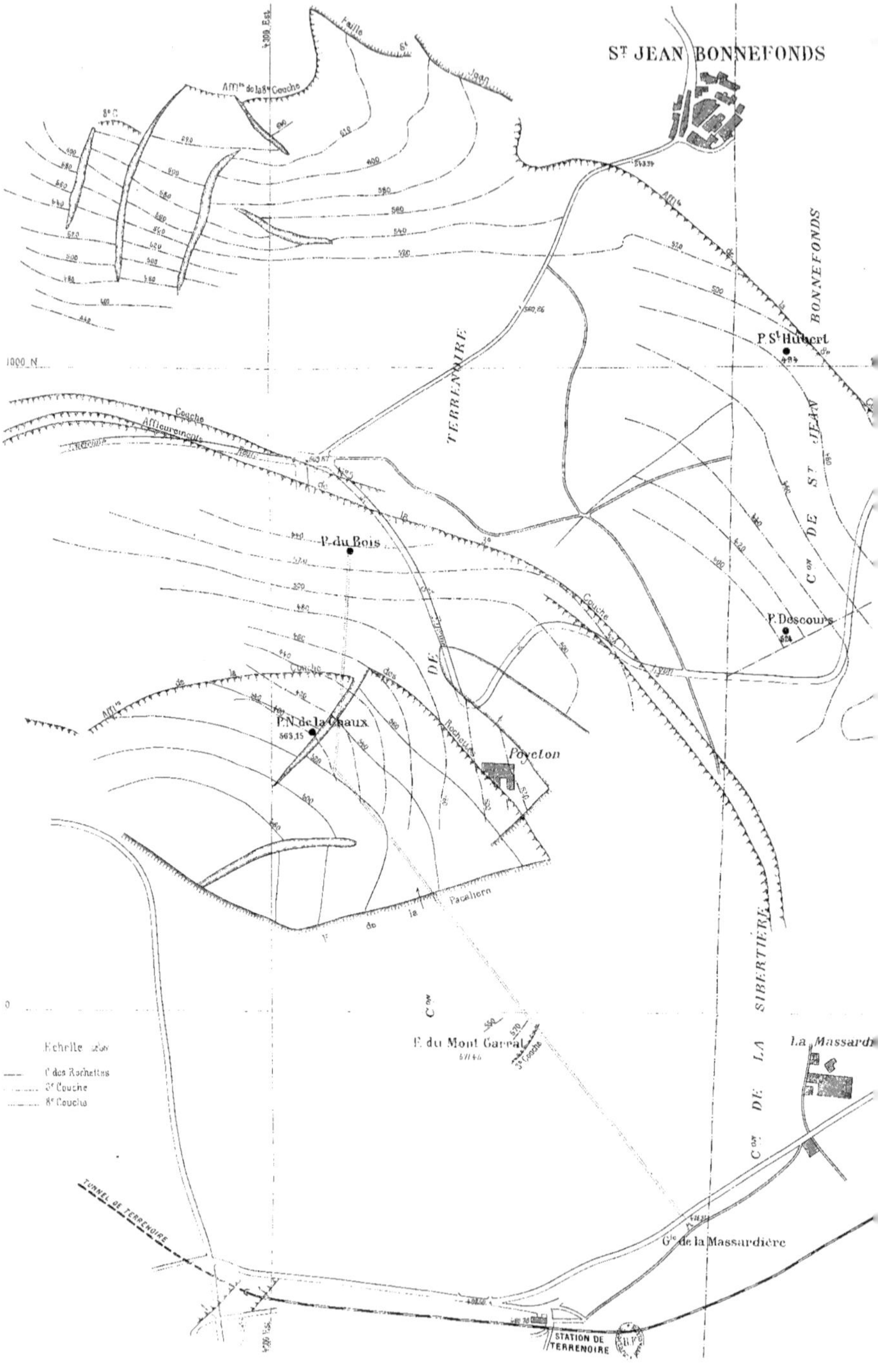
ST JEAN BONNEFONDS
Faille
St Jean
Affin de la 8e Couche
8e C.
1000 N
Couche
Affleurements
TERRENOIRE
560,86
P. St Hubert
484
Con DE ST JEAN BONNEFONDS
P. du Bois
Couche
P. Descours
624
P.N de la Chaux
563,15
Rochette
Poyeton
DE
Affin
V. du de la Pacaliere
Con
E. du Mont Garral
Con DE LA SIBERTIÈRE
La Massardi
Echelle
C. des Rochettes
3e Couche
8e Couche
TUNNEL DE TERRENOIRE
Gie de la Massardière
STATION DE
TERRENOIRE

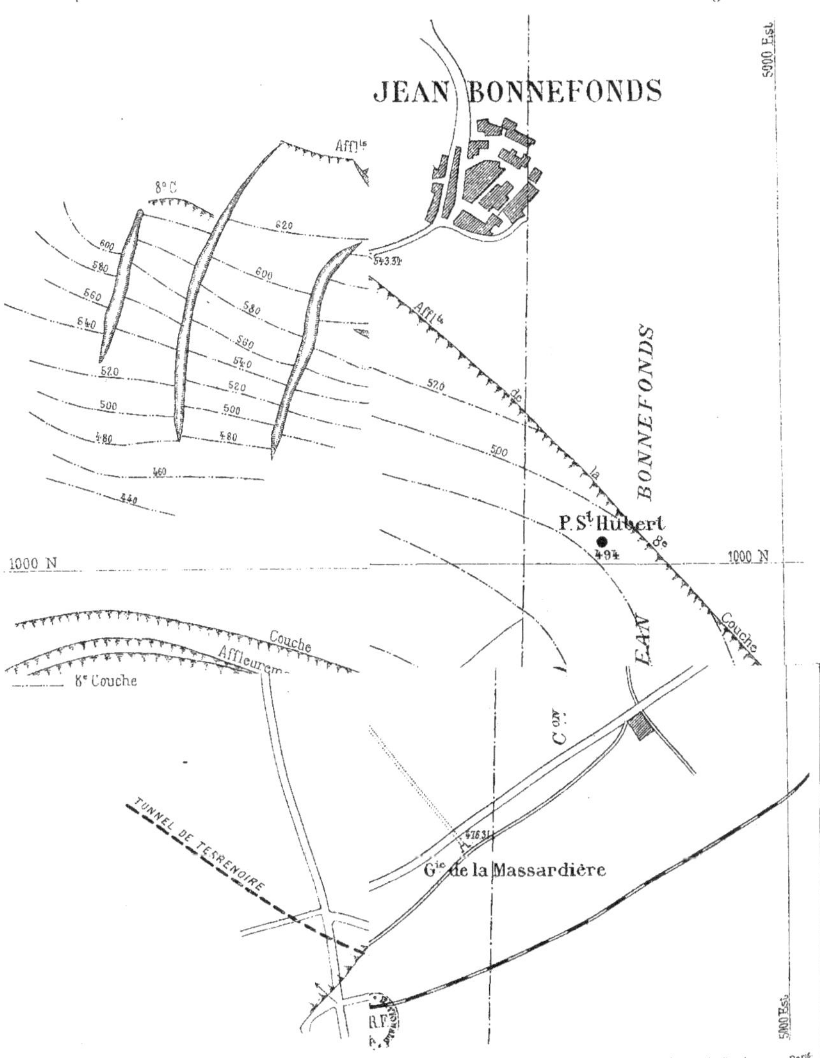

Figure 13.
JEAN BONNEFONDS
BONNEFONDS
5000 Est.
5000 Est.
Aff.ts
8°C
620
600
580
600
560
580
540
560
520
540
500
520
480
500
460
480
440
543.31
Aff. 4
de
la
500
520
P. St Hubert
494
8e
1000 N
1000 N
Couche
Couche
Affleurem.
8e Couche
EAN
C on
TUNNEL DE TERRENOIRE
476.31
G.ie de la Massardière
R.F.
5000 Est.
L. Courtier, 43, rue de Dunkerque, Paris.

Nord, mais on ne retrouve nulle part les affleurements de la 3ᵉ et de la couche des Rochettes. On connaît pourtant près du mont Garrat un affleurement de charbon sur lequel on a effectué en 1885 quelques travaux de recherches. Ils ont montré qu'on avait seulement affaire en ce point à un lambeau de charbon, limité de toutes parts par des accidents. Pensant qu'il appartenait à la couche des Rochettes, on a recherché la 3ᵉ couche à l'aplomb du mont Garrat

Fig. 14.

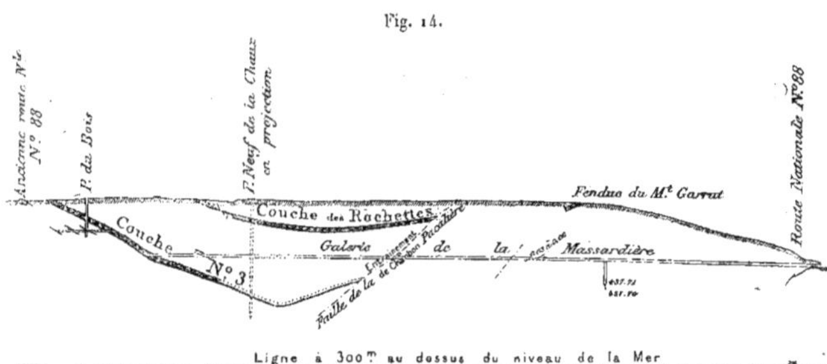

Coupe par la galerie de la Massardière.
(Échelle : 1/10.000ᵉ.)

par un faux puits partant de la galerie de la Massardière. Ce travail n'a donné aucun résultat et on doit par suite se demander si le lambeau de houille reconnu à la surface n'appartient pas à la 3ᵉ couche. Dans ce cas, les grattes reconnues par la galerie de la Massardière feraient partie de l'étage stérile qui sépare la 3ᵉ de la 8ᵉ, et le filet charbonneux reconnu à l'orifice de cette galerie représenterait une des couches de l'étage inférieur.

Dans la concession de Janon et au mur de la faille de Côte-Thiollière, on ne retrouve nulle part sous les couches d'Avaize les affleurements de la 3ᵉ couche et de la couche des Rochettes. On connaît, il est vrai, dans l'emplacement de l'ancienne usine de Terrenoire et à l'entrée du tunnel de Terrenoire, les affleurements de quelques petites couches de houille qui peuvent appartenir à l'étage moyen de Saint-Étienne. Elles plongent nettement vers le Nord et le N. O.; mais elles ne paraissent pas pouvoir correspondre à la 3ᵉ ou à la couche des Rochettes; on n'a d'ailleurs pas cherché à les explorer.

Le puits Saint-Félix a été creusé, il y a déjà longtemps, en vue de recouper les couches de l'étage moyen; il a été foncé jusqu'à 423 mètres de profondeur et les abords de ce puits ont été explorés par divers travers-bancs. Deux travers-bancs dirigés vers le N. O. ont été attaqués aux cotes 378 et 319. Le premier a été poussé sur 300 mètres de longueur et le second sur 50. A la cote 355 on a tracé une autre galerie dirigée vers le N. E. et mesurant 50 mètres; enfin à la cote 190 un dernier travers-bancs a été attaqué. Il se dirigeait vers le S. E. et mesurait 50 mètres. Ces diverses recherches n'ont donné aucun résultat. Il se peut que le travers-bancs de la cote 378 soit resté dans les terrains brouillés par la faille de Monthieux. D'autre part, le puits Saint-Félix a traversé à 180 mètres du jour, soit au voisinage de la cote 360, une zone de terrains plongeant au Nord avec une pente de près de 70 degrés. Il peut avoir traversé en ce point un accident analogue à la faille de la Pacalière, limitant vers le Sud toutes les couches de l'étage moyen de Saint-Étienne.

Quant aux couches de l'étage inférieur de Saint-Étienne, on ne pouvait guère espérer les retrouver par le puits Saint-Félix; on sait, en effet, que ces couches subissent une altération profonde lorsqu'on se rapproche de la limite Sud du bassin de la Loire.

ÉTAGE SUPÉRIEUR DE SAINT-ÉTIENNE (COUCHES D'AVAIZE).

Je n'insisterai pas longtemps sur l'étage supérieur de Saint-Étienne (couches d'Avaize). L'exploitation des couches de houille qu'il contient est aujourd'hui très avancée, et depuis de nombreuses années déjà, on se borne à y faire des glanages au milieu des vieux travaux.

La petite cuvette dans laquelle se sont déposées les couches d'Avaize correspond à la place occupée aujourd'hui par la colline d'Avaize; aussi les affleurements des diverses couches dessinent-ils autour de cette colline une série de courbes concentriques. Ainsi que le montrent les courbes de niveau de la planche V, cette cuvette est en général fort régulière; elle est brusquement coupée vers l'Ouest par la faille du Soleil. Sur le versant Nord de la colline d'Avaize, les couches sont nombreuses et régulières; sur le versant Sud, au contraire, elles sont affectées par un certain nombre de petits accidents plongeant vers le Nord, et plus ou moins parallèles à celui que le puits Saint-Félix a reconnu à 180 mètres de profondeur. De ce côté, on ne retrouve pas toutes les couches du faisceau d'Avaize.

Le toit de la couche des Rochettes est d'abord formé par des schistes, puis par un épais banc de grès grossier ou de poudingues à galets de quartz. Son épaisseur normale au puits d'Avaize n° 1 est d'une quarantaine de mètres. Ainsi qu'on le verra plus loin, ce banc de poudingue, qui sépare les étages moyen et supérieur de Saint-Étienne, acquiert dans la partie occidentale du bassin de la Loire une épaisseur beaucoup plus considérable.

L'étage supérieur de Saint-Étienne comprend au bois d'Avaize une douzaine de couches; seules les couches supérieures sont exploitables. Les couches inférieures, au contraire (n⁰ˢ 7 à 12), sont relativement minces; elles ne donnent que des charbons crus et barrés, et peuvent être considérées comme inutilisables pour le moment. Elles ont été traversées par le puits d'Avaize n° 1, par le travers-bancs Nord, attaqué par ce puits à 103 mètres de profondeur, enfin par la galerie aboutissant au jour et recoupant le puits d'Avaize à 22 mètres de profondeur. Elles n'ont encore été l'objet d'aucun travail sérieux d'exploitation ou même d'exploration.

La plus importante des couches du bois d'Avaize est la Grande Masse, recoupée par le puits d'Avaize n° 1 à quelques mètres du jour. Sa puissance totale est de 8 à 9 mètres; en profondeur, elle se divise en deux bancs : le banc inférieur (couche d'Avaize n° 6) est désigné sous le nom de « Petite Couche »; il mesure 1 m. 50 environ; le banc supérieur, épais de 6 à 7 mètres, porte le nom de « Grande Couche » (5ᵉ couche). La Grande Masse est aujourd'hui à peu près entièrement exploitée, sauf au voisinage même du tunnel de Terrenoire. Elle donnait des charbons à gaz assez purs.

Le toit de la Grande Masse est constitué, sur quelques mètres, par des schistes, puis par un banc de grès sur lequel repose la couche n° 4. Elle mesure 1 mètre seulement de puissance et elle est assez irrégulière. Aussi n'a-t-elle guère été exploitée. Un banc de grès, de 20 mètres d'épaisseur environ, forme le toit de la 4ᵉ et le mur de la 3ᵉ couche.

La 3ᵉ couche d'Avaize (couche du Bon Menu) mesure 3 à 4 mètres d'épaisseur; elle donne des charbons à gaz tendres et purs; elle est séparée de la 2ᵉ par un toit de schistes de 20 mètres de puissance contenant de nombreux nodules de minerai de fer. La 2ᵉ couche, dite « la Rouillère » ou « la Rouillat », est une couche de 2 à 3 mètres d'épaisseur. Elle donne des charbons analogues à ceux de la couche du Bon Menu. Elle est recouverte par un banc de grès de 30 à 40 mètres, au-dessus duquel on trouve enfin la dernière couche de l'étage supérieur de Saint-Étienne, appelée « la Mourinée » ou « le Mourinet » à cause de la consistance moureuse de son charbon (couche n° 1). Elle formait un

véritable amas au sommet de la colline d'Avaize et sa puissance variait entre
6 et 20 mètres; elle donnait des charbons à gaz un peu moins purs que ceux
des couches 2 et 3. Le Mourinet a été exploité en partie à ciel ouvert au sommet de la colline d'Avaize; il a été le siège d'incendies importants, et tous les
terrains qui le recouvrent sont rubéfiés et porcelanisés. Les affleurements de
la couche du Mourinet ne sont visibles que sur les versants Nord et Est de la
colline d'Avaize. Cette couche est coupée en effet au Nord du puits Bel-Air, par
la faille du Soleil qui s'infléchit vers l'Est après sa jonction avec la faille du
Gagne-Petit. Au toit de cet accident, le puits de Bel-Air traverse des poudingues rougeâtres à galets de quartz blanc, appartenant à l'étage stérile qui
recouvre le terrain houiller de la Loire.

4° PANNEAU DU TREUIL.
(Planches IV, V, VI, VII et VIII.)

Le panneau du Treuil est compris entre les failles parallèles du Soleil et
du Furens; il s'étend vers le N. O. jusqu'à la faille de la République et vers le
S. E. jusqu'au massif du Pilat. On y connaît toutes les couches de l'étage de
Saint-Étienne. Sa largeur est en moyenne de 1,200 mètres dans la concession du Treuil; sa longueur totale, de près de 4 kilomètres.

Faille du Soleil. — Dans les concessions du Treuil, de la Roche et de
Bérard, les travaux souterrains permettent seuls de constater l'existence de la
faille du Soleil. Ses affleurements ne sont en effet visibles nulle part, et
l'allure des bancs est la même au toit et au mur de cet accident. Dans la concession de Monthieux au contraire, le passage de la faille du Soleil est facile
à déterminer, parce que, dans le panneau du Treuil, tout le faisceau de la
3ᵉ couche est fortement redressé contre le toit de cet accident.

La direction générale de la faille du Soleil est N. O.-S. E. ; elle plonge vers
le S. O. et entre le puits des Flaches et le puits du Treuil, c'est-à-dire dans
une zone où elle est connue sur près de 600 mètres de hauteur verticale, son
inclinaison moyenne est d'environ 45 degrés.

Au N. E. du puits du Treuil, son rejet est de 320 mètres ; aussi, au voisinage immédiat de cet accident (voir la coupe de la Pompe à Chaney,
planche VI), trouve-t-on la 3ᵉ du Treuil à 60 mètres au-dessous de la 8ᵉ du
Soleil, et la 8ᵉ du Treuil en face de la 13ᵉ du Soleil. Vers le Nord, la faille

du Soleil se divise en deux gradins; l'un déplace les couches d'une centaine de mètres; il conserve la direction N.O.-S.E. et se prolonge vers le Nord jusqu'à la faille de la République; j'ai déjà indiqué quelle influence il a sur cet accident. L'autre (faille du Marais) s'infléchit peu à peu vers l'Ouest, perd progressivement toute importance et disparaît au voisinage du puits de la Manufacture. Son allure est bien déterminée par les travaux de la 8e couche (planches IV et V).

Au Sud du puits du Treuil, le rejet de la faille du Soleil diminue rapidement; déjà près du puits Peyret, la 3e du Treuil et la 8e du Soleil se retrouvent au même niveau au toit et au mur de cet accident. Plus à l'Est, le puits Antonia de Monthieux coupe la 3e à la profondeur de 49 mètres au toit de la faille du Soleil, et la 8e, au mur de cet accident, à la profondeur de 81 mètres. Entre les puits Marinoni et de l'Est, la 3e est entraînée le long de la faille du Soleil presque jusqu'au jour, tandis que la 8e a été reconnue à l'aplomb même de ces affleurements, à 150 mètres de profondeur (Voir coupe de Villebœuf à la Barallière, planche VI). Comme l'intervalle de la 3e à la 8e mesure ici près de 280 mètres, le rejet de la faille du Soleil se réduit à 130 ou 140 mètres à l'Est du puits Marinoni. Il en est de même entre Monthieux et les Ovides, puisque la faille du Soleil y place au même niveau la 3e couche et la couche des Rochettes.

On sait que, dans la concession de Terrenoire, les travaux des couches d'Avaize sont limités vers l'Ouest par la faille du Soleil. On n'a plus ici aucune donnée précise sur l'importance de cet accident : c'est dans cette zone, en effet, que la faille du Gagne-Petit se soude à la faille du Soleil. Sous l'influence de ce dernier accident, la faille du Soleil s'infléchit vers l'Est. Elle coupe le puits de Bel-Air au toit de la 5e couche d'Avaize. Enfin la couche autrefois exploitée par le puits Sainte-Marie de la concession de Janon paraît être un lambeau de charbon, entraîné dans le plan de la faille du Soleil.

Dans la concession de Monthieux, la faille du Soleil se divise en une série de gradins que le puits Marinoni a traversés au-dessous de la 7e; le puits Jabin les a également rencontrés entre les cotes + 125 et + 25. Au puits Antonia, au contraire, la faille du Soleil est simple et son épaisseur totale est d'une dizaine de mètres seulement. Il en est de même au puits des Flaches. Le premier de ces puits atteint le mur de la faille du Soleil à 80 mètres de profondeur au voisinage immédiat de la 8e; le puits des Flaches a traversé cet accident entre 161 et 186 mètres de profondeur. Les puits Villiers, du Treuil et Neyron n'ont pas encore atteint le toit de la faille du Soleil.

La *faille du Furens* n'est bien connue que dans la partie Nord du panneau du Treuil. Au voisinage du puits Neuf de la Chana (planche VIII), sa direction est à peu près parallèle à celle de la faille du Soleil; elle plonge vers le S.O. et déplace les couches de 150 mètres environ (voir la coupe de Villars au puits de la Manufacture, planche X). Sa trace au jour passe dans le ravin du puits Vieux de la Chana, et coupe le Furens à l'Ouest de la Manufacture d'armes de Saint-Étienne. Elle est bien déterminée en ces deux points par les affleurements des couches 8, 7 et 5 (voir planches VIII et IX). Les travaux exécutés en 13ᵉ et en 8ᵉ, dans les concessions de la Chana (puits Neuf de la Chana) et du Quartier-Gaillard (puits Avril), ne laissent d'ailleurs aucun doute sur son allure. Dans la concession du Treuil, la faille du Furens n'est connue ni au jour, ni dans les travaux du fond : la surface est entièrement recouverte par les constructions de la ville de Saint-Étienne; en profondeur, les exploitations se sont arrêtées soit à des gradins précurseurs de cet accident, soit à la limite de l'investison de la ville de Saint-Étienne. La faille du Furens paraît pourtant devoir se prolonger jusqu'à la limite Sud du bassin de la Loire : on s'expliquerait sans cela difficilement l'allure si différente des assises du terrain houiller à Valbenoîte et à Bellevue.

Le terrain houiller est affecté dans le panneau du Treuil par un certain nombre d'accidents. On trouve d'abord, au Nord du puits Villiers, la faille du *Marais,* dont j'ai déjà parlé; puis, au voisinage du puits Neyron, les failles des *Marronniers* et de la *Richelandière.* Ces dernières sont insignifiantes et les courbes de niveau de 8ᵉ couche de la planche V permettent d'en étudier la direction et l'amplitude. Le faisceau des couches 3 à 7 est coupé au N. E. du puits Saint-Simon par la *faille de Saint-Simon.* La direction de cet accident est à peu près perpendiculaire à celle de la faille du Soleil; il plonge vers l'Est et déplace la 5ᵉ couche en face du puits Saint-Simon de 40 à 50 mètres. Son importance diminue à mesure qu'on s'avance vers le N. E. Il n'a encore été reconnu que dans la concession de Monthieux et dans les couches de l'étage moyen de Saint-Étienne.

Les travaux du puits Jabin sont séparés de ceux de la concession de Villebœuf par un accident assez mal connu, désigné sous le nom de *faille du Gagne-Petit*. Il est dirigé E.-O. et plonge vers le Sud avec une pente de près de 45 degrés. On admet assez souvent que sa trace au jour traverse la place Fourneyron, à une cinquantaine de mètres au Nord du point 530,20, suit le cours de l'Isérable dans la zone où il forme la limite Sud de la concession de Monthieux, passe à quelques mètres au Sud des maisons des Ovides et se réunit à la faille du Soleil au point où cet accident coupe les couches d'Avaize et s'infléchit vers l'Est. Le voisinage de la ville de Saint-Étienne n'a jamais permis de déterminer avec exactitude comment la faille du Gagne-Petit se raccorde avec la faille du Furens dans la concession du Treuil. Enfin, cet accident n'a encore jamais été retrouvé d'une façon bien nette dans la concession de Villebœuf, de sorte que son amplitude exacte est difficile à déterminer.

Je me bornerai, pour le moment, à étudier la partie du panneau du Treuil, située au mur de la faille du Gagne-Petit ; je m'occuperai plus tard des travaux situés au toit de cet accident et je donnerai alors quelques détails complémentaires sur cette faille et sur les autres accidents connus dans la concession de Villebœuf.

PARTIE DU PANNEAU DU TREUIL

SITUÉE AU MUR DE LA FAILLE DU GAGNE-PETIT.

Dans tout ce quartier, la direction générale des bancs est parallèle à la faille du Soleil. Les couches plongent vers le N. E., c'est-à-dire du côté de cet accident ; leur pente moyenne est très faible ; mais cette allure est modifiée en bien des points. Au Nord, le terrain se relève le long de la faille de la République, et dans les concessions de la Chana, du Quartier-Gaillard et dans la partie Nord de la concession du Treuil, la direction des couches est E.-O. avec plongée vers le Sud. La pente des bancs est d'ailleurs d'autant plus forte qu'on se rapproche davantage de la faille de la République. Le prolongement de l'anticlinal de Dourdel traverse le panneau du Treuil entre les puits Villiers et Jabin. Entre cette arête et la faille de la République, les couches forment donc un synclinal très net, bien mis en évidence par les courbes de niveau de la 8ᵉ couche. Enfin dans la concession de Monthieux et au toit de la faille Saint-Simon, toutes les couches de l'étage moyen de Saint-Étienne se redressent le long de la faille du Soleil et plongent vers le S. O.

ÉTAGE SUPÉRIEUR DE SAINT-ÉTIENNE.

On connaît aux environs des Ovides, dans la concession de Terrenoire et près du point de jonction des failles du Soleil et du Gagne-Petit, les affleurements de quelques couches de houille appartenant au faisceau d'Avaize. Ces couches doivent être coupées au voisinage immédiat de la surface par la faille du Gagne-Petit. Elles n'ont encore été l'objet d'aucune exploration sérieuse.

ÉTAGE MOYEN DE SAINT-ÉTIENNE.

On distingue toujours dans cet étage deux groupes de couches : le faisceau des Rochettes au toit, et le faisceau des couches 1 à 7 de Saint-Étienne au mur. Ils sont séparés l'un de l'autre par un massif stérile qui mesure une centaine de mètres d'épaisseur.

La *couche des Rochettes* n'existe dans le panneau du Treuil qu'au toit de la faille Saint-Simon. Au mur de cet accident elle a dû être enlevée par les érosions, si tant est d'ailleurs qu'elle ait jamais existé dans la plaine du Treuil. L'étage moyen de Saint-Étienne débute alors par le faisceau de la 3e couche, qu'on retrouve partout à moins de 100 mètres de profondeur.

La couche des Rochettes affleure au pied de la colline de Monthieux au voisinage des puits Saint-Simon et Marinoni ; elle plonge avec une très faible pente vers le Sud et devient presque plate dans une partie importante de la concession de Monthieux. Comme au toit de la faille du Soleil, elle est constituée par trois bancs de charbon mesurant respectivement du mur au toit 1 m. 20, 2 mètres et 2 m. 50 de puissance. Ils sont séparés par des filets schisteux. Le banc supérieur est recouvert par un faux toit de schistes. Le charbon est de qualité médiocre ; il contient aisément 18 à 25 p. 100 de cendres et est en général dur. C'est du charbon à gaz contenant 34 p. 100 de matières volatiles, cendres déduites. Au toit de la couche des Rochettes, on trouve un banc de grès de près de 20 mètres d'épaisseur, puis une veine de houille de 1 mètre en moyenne, formée par du charbon plus tendre et un peu moins cendreux que celui de la couche des Rochettes. Au toit de cette petite veine et jusqu'à l'étage supérieur d'Avaize, on ne connaît que des grès et des poudingues sur une hauteur verticale de 80 à 100 mètres.

Dans la concession de Monthieux, les travaux des couches des Rochettes ont été arrêtés vers le Sud à un accident plongeant au Sud avec une pente de 5o degrés en moyenne. On l'a exploré à la cote 495 par un travers-banc N.-S. venant du puits Saint-Simon. Sa traversée mesure 25 mètres, et au milieu de terrains brouillés on y a trouvé trois entraînements charbonneux de 1 mètre à 1 m. 5o d'épaisseur, plongeant au Sud avec une pente de 5o degrés. Au delà, les terrains reprennent l'allure qu'ils ont au mur de la faille, c'est-à-dire plongent au Sud avec une pente de 20 à 25 degrés. Cet accident doit être la faille du Gagne-Petit, ou un gradin précurseur de cet accident. Il se présente dans les mêmes conditions que celui qui limite au Sud les travaux des puits Jabin et du Gagne-Petit dans les couches 3 à 8.

Le puits de Patroa a été ouvert dans la concession de Terrenoire dans le but de rechercher l'étage moyen de Saint-Étienne à l'Est de la concession de Monthieux. Il a traversé tout d'abord des terrains appartenant à l'étage supérieur de Saint-Étienne, puis, entre 62 m. 5o et 69 mètres de profondeur, soit à la cote 5oo environ, une zone de terrains brouillés ; on l'a considérée comme représentant le passage de la faille du Gagne-Petit. Le puits de Patroa a ensuite pénétré dans des bancs de schistes et de grès assez réguliers, au milieu desquels il a trouvé trois filets de charbon à 76, 81 et 112 mètres du jour ; entre 130 et 134 mètres, il a atteint une couche de 3 m. 45 de puissance, divisée en deux bancs de 1 m. 4o et de 1 m. 65, séparés par un nerf de o m. 4o. Le toit de cette couche est formé sur près de 3 mètres par des schistes très charbonneux, le mur par des schistes ordinaires. Cette couche paraît correspondre à la couche des Rochettes ; elle ne donne que des charbons crus et barrés.

Le puits de Patroa a été arrêté à 145 mètres de profondeur (cote 426,75) dans le massif stérile qui sépare la couche des Rochettes de la troisième.

Ce puits a surtout servi à déterminer le passage de la faille du Gagne-Petit. Les résultats qu'il a donnés permettent, d'autre part, de penser qu'au mur de cet accident il existe encore, dans la région de Patroa et dans l'étage moyen de Saint-Étienne, des réserves de houille assez importantes.

Couches 1 à 7. — Les affleurements des couches 1 à 7 traversent la plaine du Treuil au Nord de la colline du Crêt-de-Roch et vont de la faille du Furens à l'Ouest à la faille du Soleil, ou plutôt à la faille du Marais à l'Est. Leur direction générale est E.-O. Les couches sont légèrement redressées contre la faille de la République ; partout ailleurs leur pente est très faible. Aussi au voisinage du puits du Treuil une ondulation insignifiante de la 3ᵉ suffit-elle à donner aux affleurements de cette couche une forme très sinueuse. Je ne reviendrai pas sur l'allure générale des bancs dans le panneau du Treuil ; je rappellerai seulement que dans la concession de Monthieux, la troisième se redresse le long de la faille du Soleil et est ramenée par cet accident à quelques mètres du jour.

Grâce à leur voisinage de la surface, à leur régularité, grâce enfin à leur qualité souvent exceptionnelle, les couches 1 à 7 de l'étage moyen de Saint-Étienne ont pu être exploitées dans le panneau du Treuil dès le début du siècle. Depuis longtemps déjà tous les travaux y sont suspendus ; mais on a dû certainement abandonner des piliers de houille importants au milieu des vieux travaux de la 3ᵉ couche, et on sera amené un jour ou l'autre à essayer de les reprendre.

Les couches 1 et 2 sont minces ; elles donnent des charbons durs et très cendreux. Elles contiennent souvent de nombreux nodules de minerai de fer et on les a exploitées au début du siècle sous le cimetière Saint-Claude comme couches à minerai de fer pour les hauts fourneaux de Terrenoire. La 1ʳᵉ couche est recouverte, dans la concession du Treuil, par un épais banc de grès. Elle est séparée de la 2ᵉ couche par un massif de schistes plus ou moins charbonneux de 6 à 8 mètres de puissance moyenne. En certains points, ces schistes disparaissent presque complètement, comme ceux qui séparent la 2ᵉ de la 3ᵉ, et les couches 1, 2 et 3 forment alors une seule masse divisée en plusieurs bancs par des filets insignifiants de schistes. Les couches 1 et 2 ne paraissent pas avoir été exploitées dans tout le panneau du Treuil ; leur présence a pourtant été reconnue par la plupart des puits des concessions du Treuil, de la Roche, de Bérard, de Terrenoire et de Monthieux ; mais elles sont souvent trop minces et de qualité trop médiocre pour avoir pu être utilisées. Ces couches sont particulièrement épaisses au puits Marinoni de Monthieux ; leur puissance utile totale y est de près de 5 mètres ; mais ici encore elles donnent des charbons très crus.

La 3ᵉ couche est la plus épaisse de l'étage moyen ; elle donne des charbons gras ordinaires riches en matières volatiles, passant par places aux charbons à gaz, et contenant, cendres déduites, de 33 à 35 p. 100 de matières volatiles. La houille a un éclat vif, une structure lamelleuse et une dureté faible. En certains points, la couche est très peu cendreuse et peut donner des charbons de forge.

ve, p. 96-97.

Fig. 15.

POSITION DES COUCHES 1 À 7 DANS LES DIVERS PUITS DU PANNEAU DU TREUIL.

(Échelle : 1/1.000ᵐ.)

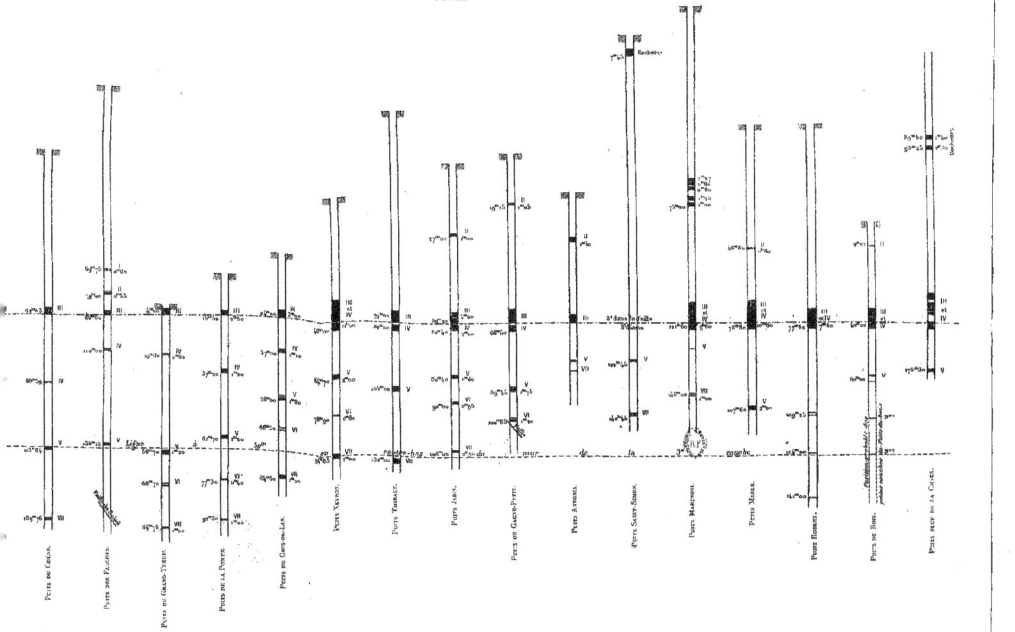

Au mur de la faille Saint-Simon, on trouve toujours la 3ᵉ à moins de 100 mètres de la surface. Au toit de cet accident, elle atteint de plus grandes profondeurs. Elle est séparée de la couche des Rochettes par un massif de 130 à 140 mètres de puissance.

L'épaisseur de la 3ᵉ est faible près de la faille de la République. Au Nord du puits du Chêne, elle se réduit en certains points, sous un toit de grès d'ailleurs, à deux bancs de houille mesurant, celui du mur o m. 35, celui du toit o m. 50, séparés par un nerf de grès de o m. 30 à o m. 40. Près du Furens et au voisinage des affleurements, on a récemment constaté que la 3ᵉ couche mesure 2 m. 10 de puissance et qu'elle est divisée en trois bancs par des nerfs de o m. 03 et de o m. 01. On verra plus loin que dans la concession du Quartier-Gaillard, la puissance de la 3ᵉ couche diminue également vers le Nord. Vers le Sud, l'épaisseur de la 3ᵉ augmente ; elle est en moyenne de 3 à 4 mètres dans les concessions de la Roche et de Bérard, et lorsque les couches 1 et 2 ou la couche n° 4 se réunissent à la 3ᵉ, son épaisseur totale atteint 6 à 7 mètres. C'est notamment ce qui arrive au puits Neyron (couches 1, 2, 3 et 4 réunies), au puits Jabin (couches 3 et 4) et au puits Marinoni (couches 3 et 4). Dans toute la zone où la 3ᵉ couche est puissante, son toit est formé par un épais banc de schistes.

Les couches 4, 5, 6 et 7 sont relativement minces ; leur épaisseur ne dépasse que rarement 1 m. 50 ; elles sont très régulières dans tout le panneau du Treuil. Les intervalles stériles qui les séparent diminuent tous d'épaisseur du Nord au Sud. Ainsi, tandis qu'au puits Chol et au puits du Chêne, le mur de la 7ᵉ est à 80 mètres environ au-dessous du mur de la 3ᵉ couche, cette distance se réduit à 40 ou à 45 mètres au voisinage de la faille du Gagne-Petit. (Voir fig. 15.)

La 4ᵉ couche donne des charbons de qualité médiocre. Elle est toujours beaucoup plus schisteuse et plus cendreuse que la 3ᵉ. Dans la partie Nord de la concession du Treuil, elle est recouverte par un épais banc de grès fin autrefois exploité pour pierres de taille. Au voisinage du puits Neyron, ce banc se réduit à un filet de quelques centimètres de puissance. Au Sud de ce puits, la 4ᵉ couche est réunie à la 3ᵉ.

L'intervalle qui sépare la 4ᵉ de la 5ᵉ est d'environ 20 à 25 mètres ; comme la 4ᵉ, la 5ᵉ est en général recouverte par un épais banc de grès. Elle en est séparée en quelques points par un faux toit schisteux de peu d'épaisseur. La puissance moyenne de la 5ᵉ est de 1 m. 50 ; elle donne, dans les concessions du Treuil et de la Roche, des charbons de forge extrêmement propres (30 p. 100 de matières volatiles, cendres déduites); la teneur en cendres de ces charbons augmente dans les concessions de Terrenoire et de Monthieux.

L'intervalle qui sépare les couches 5 et 7 est surtout occupé par des schistes ; il mesure en moyenne 25 à 30 mètres.

La 6ᵉ couche est formée par une série de bancs de charbon séparés par des nerfs schisteux. Le charbon est cru et cendreux; aussi cette couche n'a-t-elle pour ainsi dire pas été exploitée. Au puits Vincent de la concession de Bérard (à 800 mètres à l'Est du puits de la Pompe), son épaisseur totale est de 1 m. 40; mais sa puissance utile n'est que de 0 m. 80. Partout ailleurs son épaisseur est encore plus réduite.

La 7ᵉ couche mesure en moyenne 1 mètre; elle donne des charbons gras à 30 p. 100 de matières volatiles, cendres déduites; la houille est dure et assez cendreuse. La régularité de la couche et la solidité de son toit en ont rendu l'exploitation fort avantageuse. La 7ᵉ est en général caractérisée par une veine d'argile jaune de 0 m. 10 à 0 m. 12 d'épaisseur, située directement au-dessus de la houille. On trouve en certains points, sous la 7ᵉ, un banc de charbon de 0 m. 15 d'épaisseur. Il est séparé de cette couche par un nerf de schistes de 0 m. 20.

La 7ᵉ couche repose sur une épaisse formation de grès et de schistes plus ou moins micacés qui constitue partout le toit de la 8ᵉ couche. Ce massif, exceptionnellement grossier et micacé dans la concession de Terrenoire, ne renferme au puits Jabin que quelques filets de houille insignifiants à 66 mètres, 98 mètres et 108 mètres du mur de la 7ᵉ couche. Il en est de même au puits du Gagne-Petit. Dans la concession du Treuil, les schistes et les grès qui séparent la 7ᵉ de la 8ᵉ sont plus réguliers et plus fins; on connaît au milieu de ces formations quatre petits bancs de houille. Ils mesurent respectivement dans la colonne du puits de la Pompe 0 m. 60, 0 m. 60, 0 m. 25 et 0 m. 20 et sont situés à 53 mètres, 96 mètres, 143 mètres et 164 mètres du mur de la 7ᵉ. Ils doivent s'amincir et disparaître vers le Nord, car on n'en retrouve plus aucune trace au puits de la Manufacture. Ces bancs sont plus réguliers et plus épais au toit de la faille du Furens dans les concessions de Beaubrun et du Quartier-Gaillard; mais, comme dans la concession du Treuil, ils s'amincissent progressivement et disparaissent vers le Nord.

La distance qui sépare le mur de la 3ᵉ couche du mur de la 8ᵉ couche diminue d'une manière très sensible dans tout le panneau du Treuil à mesure

qu'on se rapproche de la faille du Gagne-Petit. Au puits du Treuil, cette distance est de 288 m. 75; au puits de la Pompe, de 282 m. 30; au puits Jabin,
de 254 m. 85; au puits du Gagne-Petit, de 245 m. 20; au puits Neyron,
de 240 m. 30 (la 3ᵉ et la 8ᵉ étant prises l'une et l'autre au toit de la faille des
Marronniers[1]). Enfin, au puits de la Providence, le mur de la 3ᵉ couche est à
la cote 487, soit à 224 mètres seulement au-dessus du mur de la 8ᵉ. Ces
variations proviennent en partie de la diminution d'épaisseur du faisceau des
couches 3 à 7 dont j'ai déjà parlé.

ÉTAGE INFÉRIEUR DE SAINT-ÉTIENNE.

L'étage inférieur de Saint-Étienne affleure seulement à l'extrémité Nord du
panneau du Treuil. Dans la concession de la Chana (voir planche VIII), près
du point de jonction des failles de la République et du Furens, on connaît
sur la rive droite du ravin du puits Vieux de la Chana l'affleurement d'une
couche de houille de 1 m. à 1 m. 50 de puissance. C'est la 8ᵉ couche du bassin de Saint-Étienne. Partout ailleurs la 8ᵉ, et à plus forte raison les couches
inférieures, sont coupées par la faille de la République avant d'arriver au jour.

8ᵉ Couche. — La 8ᵉ couche est formée au Treuil comme à Méons par deux
bancs de charbon : la Grande Huitième ou Huitième proprement dite au mur,
et la Crue au toit. Le nerf qui les sépare n'a qu'une faible épaisseur aux puits
du Treuil et de la Pompe : il est formé par un banc de schistes de 1 mètre
à 1 m. 50 de puissance. Au voisinage du puits Neyron, il se renfle brusquement; son épaisseur augmente encore au Sud de ce puits dans la concession
de Terrenoire. Ce nerf est alors constitué par un épais banc de grès qui mesure
une trentaine de mètres de puissance dans les tubes des puits Jabin et du
Gagne-Petit.

Au Nord du puits du Treuil, le nerf de la 8ᵉ subit une transformation
analogue. Il s'épaissit brusquement et mesure 8 à 10 mètres de puissance aux
puits de la Manufacture et Avril, et près de 30 mètres au puits des Mottetières.
Ici encore on trouve de gros bancs de grès entre la 8ᵉ et sa Crue.

Les coupes de la figure 16 indiquent l'épaisseur et la composition de la 8ᵉ dans
tout le panneau du Treuil. La Grande-Huitième mesure 3 à 4 mètres de

---

[1] Aux puits du Gagne-Petit et Neyron, la 3ᵉ et la 4ᵉ étant réunies, ces distances sont mesu-
rées à partir de la 4ᵉ.

puissance entre les puits du Gagne-Petit et du Treuil. Elle donne en général des charbons propres aux abords de ces puits. Ce sont des houilles à coke à 25 p. 100 de matières volatiles (cendres déduites), alors qu'au mur de la faille du Soleil la même couche donne des charbons gras ordinaires à 30 p. 100 de matières volatiles. L'influence de la profondeur sur la nature du charbon est donc ici bien sensible.

Vers le Nord, du côté des puits de la Manufacture et Avril, l'épaisseur de la 8ᵉ diminue sensiblement. Sa puissance moyenne ne dépasse pas 2 m. 25 à 2 m. 50 dans tout le champ d'exploitation de ces puits. Plus au Nord, dans les concessions du Cros et de la Chana, l'épaisseur de la 8ᵉ doit encore diminuer et elle se réduit à 1 mètre ou 1 m. 50 aux affleurements. A mesure qu'on s'avance vers le Nord, la qualité de la 8ᵉ s'altère; elle donne au puits de la Manufacture et au puits Avril des charbons beaucoup plus sales et beaucoup plus schisteux qu'au Treuil.

Au Sud du puits Jabin, la 8ᵉ couche se schistifie peu à peu, et les travaux ont été arrêtés dans la concession de Terrenoire au point où la 8ᵉ cesse d'être exploitable. On sait qu'elle subit une altération analogue dans la concession de Monthieux au mur de la faille du Soleil. Comme à Monthieux, on n'a fait au puits Jabin aucune recherche importante pour savoir si cette altération est ou non simplement locale.

Les travaux du puits Jabin ont été arrêtés vers l'Est à un premier échelon de la faille du Soleil qu'on n'a pas essayé de traverser. Dans la concession de Monthieux, la 8ᵉ n'a pas été exploitée au toit de la faille du Soleil; elle a pourtant été recoupée par le puits Marinoni à près de 340 mètres de profondeur; elle mesure environ 2 mètres d'épaisseur en ce point. Le champ d'exploitation de la 8ᵉ au voisinage du puits Marinoni doit être assez accidenté, car la faille du Soleil est ici divisée en une série de gradins.

Partout où la Crue est peu éloignée de la 8ᵉ, elle est assez épaisse et assez pure. Aussi a-t-elle pu être exploitée, au moins partiellement, entre le puits Neyron et le puits de la Manufacture. Elle ne donne toutefois que des charbons de deuxième qualité et mérite encore son nom de Crue. Là au contraire où les deux bancs de la 8ᵉ s'éloignent l'un de l'autre, et là surtout où le nerf qui les sépare est formé par un épais banc de grès, la Crue diminue d'épaisseur; elle se divise en une série de bancs de houille séparés par des nerfs schisteux et est alors absolument inutilisable. C'est ce qui a lieu aux abords des puits Jabin, du Gagne-Petit, de la Manufacture, Avril et des Mottetières.

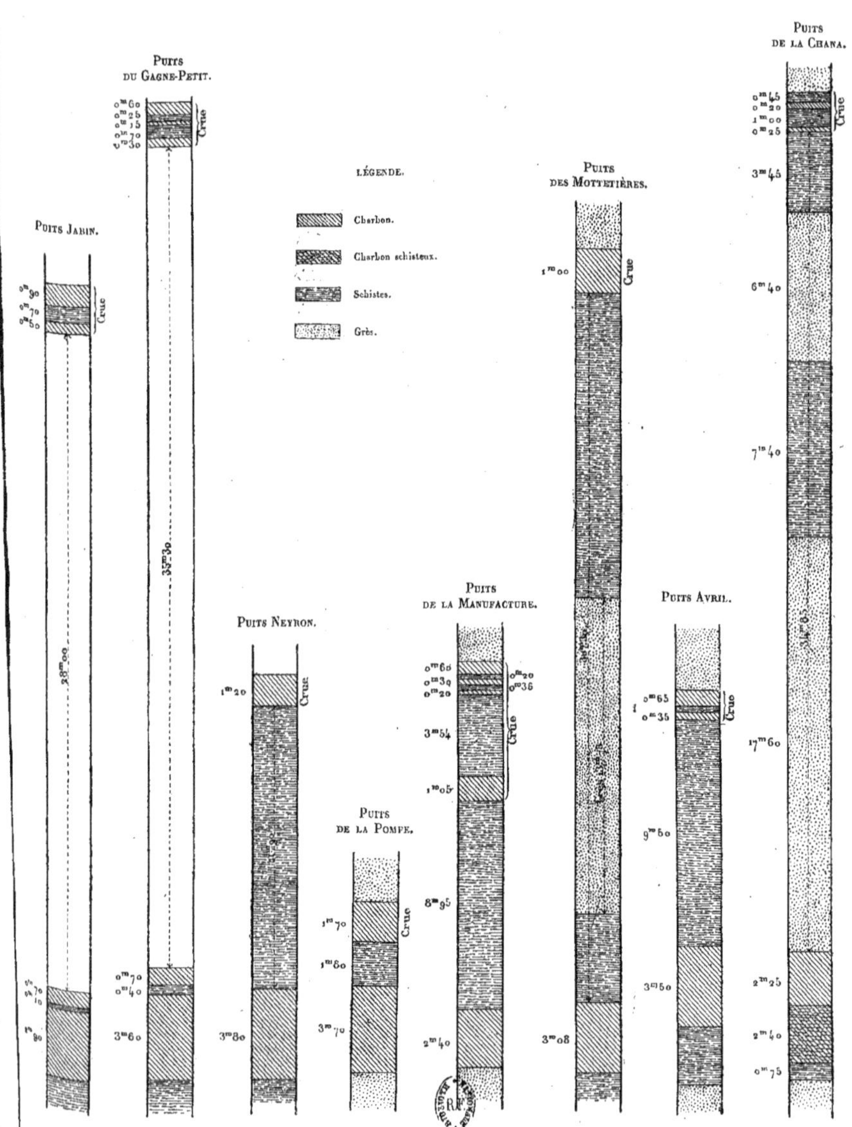
Fig. 16.
COUPES DIVERSES DE LA 8ᵉ COUCHE.
LÉGENDE.
Charbon.
Charbon schisteux.
Schistes.
Grès.
PUITS JABIN.
PUITS DU GAGNE-PETIT.
PUITS NEYRON.
PUITS DE LA POMPE.
PUITS DE LA MANUFACTURE.
PUITS DES MOTTETIÈRES.
PUITS AVRIL.
PUITS DE LA CHANA.
Crue

Dans la concession de la Chana enfin, près des affleurements, la Crue se réduit à quelques filets charbonneux disséminés au milieu d'un épais banc de schistes. (Voir la coupe de la 8ᵉ au puits Neuf de la Chana, fig. 16.)

Couches 9-12 (fig. 17). — Les couches 9 à 12 ne sont encore connues que dans la partie Nord du panneau du Treuil; on les exploite entre les puits Neyron et de la Manufacture. Le puits Jabin a bien été foncé au mur de la 8ᵉ, mais à 80 mètres environ au-dessous de cette couche il a recoupé un premier gradin de la faille du Soleil, et il est resté dans des terrains brouillés entre les cotes 125 et 25, c'est-à-dire dans la zone où il aurait dû rencontrer les couches 9 à 12. Le fonçage de ce puits a été provisoirement arrêté à la cote + 20.

Au Treuil et à la Manufacture, le vrai mur de la 8ᵉ est constitué par d'épais bancs de grès qui occupent la plus grande partie de l'intervalle compris entre la 8ᵉ et la 9ᵉ. On ne connaît entre ces deux couches que deux filets charbonneux insignifiants : ils mesurent 0 m. 25 et 0 m. 80 de puissance et sont respectivement situés à 50 mètres et à 80 mètres du mur de la 8ᵉ couche.

Entre les couches 9 et 12, on trouve surtout des schistes au Treuil et à la Pompe. Les bancs de grès sont rares et peu épais. Au puits de la Manufacture au contraire, ils sont plus nombreux et plus puissants. Au toit de la 8ᵉ, on constate d'ailleurs un phénomène analogue. Le mur de la 12ᵉ couche est partout constitué par un épais banc de grès.

La 9ᵉ couche, épaisse de 2 mètres au Treuil et de 0 m. 40 seulement à la Manufacture, est formée par du charbon schisteux. Elle n'a encore été le siège d'aucune exploitation. L'intervalle qui la sépare de la 8ᵉ est de 105 m. 45 à la Manufacture, de 134 m. 25 au Treuil et de 126 m. 72 au puits de la Pompe.

On a vu qu'au mur de la faille du Soleil, les couches 10 et 11 sont toujours nettement distinctes, mais que le nerf qui les sépare diminue de puissance au voisinage de cet accident ; il n'est que de 2 mètres au puits des Flaches. Au toit de la faille du Soleil et entre le puits des Flaches et le puits du Treuil, il mesure encore 1 mètre à 1 m. 50; il diminue rapidement ensuite d'épaisseur vers l'Ouest et se réduit à 0 m. 25 au puits du Treuil. Aussi, dans tout le champ d'exploitation de ce puits, a-t-on pu considérer comme une couche unique les couches 10 et 11. Au Nord du puits du Treuil, l'épaisseur de ce nerf augmente de nouveau; elle varie entre 0 m. 30 et 0 m. 80 sous la Manufacture d'armes de Saint-Étienne. A 3o ou 4o mètres au Sud du puits de la Manufacture, les couches 10 et 11 s'éloignent brusquement l'une de l'autre et l'entre-deux qui les sépare mesure 7 mètres dans la colonne de ce puits.

La 10-11ᵉ est actuellement connue depuis la faille du Soleil jusqu'à la cote + 75 ; l'horizontale correspondante se superpose presque exactement avec la courbe de niveau 240 de la 8ᵉ. Vers le Nord, les travaux n'ont pas encore atteint la faille de la République ; vers le Sud, ils sont arrêtés à un accident mal connu encore, dirigé N. E.-S. O. et passant à une cinquantaine de mètres au Nord du puits Neyron. On se rappelle que c'est en partant de la 10-11ᵉ au toit de la faille du Soleil et à la cote + 5 qu'on a retrouvé la 15ᵉ du panneau du Soleil.

Le charbon des couches 10 et 11 est toujours assez sale, car le nerf qui les sépare est difficile à enlever ; après simple triage à la main, il contient encore au moins 15 p. 100 de cendres. Il renferme à l'état brut 18 p. 100 de matières volatiles (21 p. 100 de matières volatiles, cendres déduites).

L'intervalle compris entre les couches 10-11 et 12 est surtout occupé par des schistes. On retrouve au milieu de ces formations, comme d'ailleurs dans le panneau du Soleil, le banc de « gore blanc » qui caractérise le voisinage de ces couches.

La 12ᵉ mesure 1 m. 30 à 1 m. 50 au Treuil et 1 mètre seulement à la Manufacture ; elle repose partout sur un mur de grès. Elle donne des charbons assez cendreux (16 à 17 p. 100 de cendres) et assez maigres (19 p. 100 de matières volatiles, cendres déduites).

Le puits Neyron a recoupé, à 135 mètres du mur de la 8ᵉ, une puissante formation charbonneuse comprenant une couche de 9 mètres d'épaisseur et deux petits bancs de houille mesurant o m. 80 à 1 mètre. La grande couche a été explorée suivant sa ligne de plus grande pente entre les cotes 110 et 70. Dans ce sens, elle est très régulière. Elle est coupée à peu de distance au Nord du puits Neyron par un accident mal déterminé orienté N. E.-S. O. analogue à celui qui limite vers le Sud les travaux des couches 10-11 du puits du Treuil. Du côté du puits Jabin, elle se schistifie très rapidement et cesse bientôt d'être exploitable.

Les terrains situés au mur de cette formation ont été reconnus par un travers-bancs à la cote + 110 se dirigeant du côté de l'église de la Providence. Il a recoupé, à l'aplomb de cette église (Voir la coupe du P. Neyron au P. Grégoire, planche VI), des bancs de charbon qui paraissent correspondre

Fig. 17.

COUCHES 9 À 12 AU TREUIL.

(Échelle : 1/500e.)

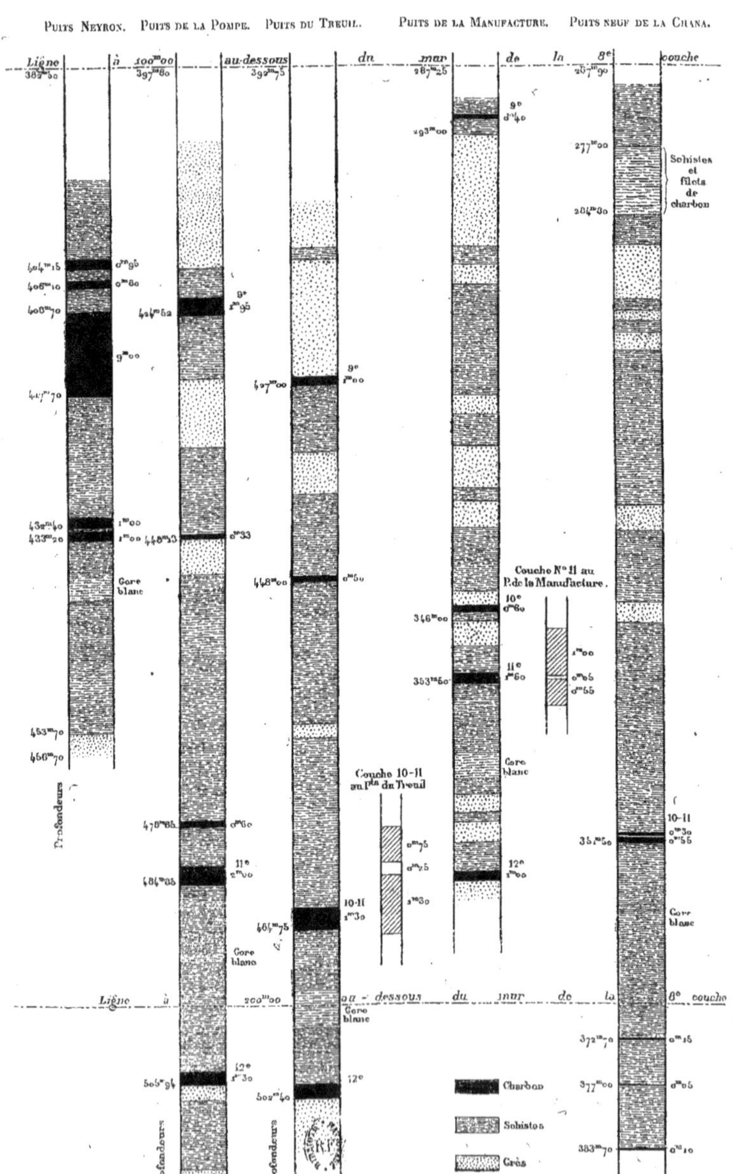

aux couches 10-11 et 12 : l'intervalle qui les sépare est en effet caractérisé par un « gore blanc ». Une descente attaquée près de l'extrémité de ce travers-bancs et ayant la direction générale de cet ouvrage a traversé, à 85 mètres environ au-dessous de la 12ᵉ, une couche de 1 m. 35 divisée en deux bancs de 1 m. 10 et 0 m. 20 par un nerf de 0 m. 05, puis elle a atteint la 13ᵉ à 590 mètres du puits Neyron. Le mur de la couche est à la cote + 43 m. 50 et la puissance totale de la 13ᵉ est ici de près de 7 mètres [1].

On a également reconnu au puits Neyron, au-dessous de la grande couche, deux petites veines de houille; mais le fonçage de ce puits a été arrêté à 456 m. 70 de profondeur, avant qu'on ait pu savoir si elles représentent ou non le faisceau des couches 10-11 et 12.

La grande couche du puits Neyron a été autrefois considérée comme étant la 13ᵉ : on supposait alors que la faille du Soleil se raplanissait beaucoup au puits Neyron et qu'elle coupait ce puits entre la 8ᵉ et la 13ᵉ. Une semblable assimilation n'est plus possible aujourd'hui. La faille du Soleil est bien connue par les travaux de 10ᵉ-11ᵉ et de 13ᵉ du Treuil et par le puits Jabin, et rien ne permet de croire que son allure se modifie brusquement au voisinage du puits Neyron. La 13ᵉ est exploitée à Villebœuf et au Treuil; elle a été retrouvée à l'extrémité de la descente du travers-bancs de la Providence. La couche du puits Neyron est donc située au toit de la 13ᵉ couche et même au toit des couches 10-11 et 12, c'est donc la 9ᵉ couche. Elle est seulement plus épaisse et plus pure ici que partout ailleurs. L'augmentation de puissance de la 9ᵉ n'a rien de bien anormal. On a vu, en effet, qu'aux puits du Bardot et de l'Isérable, il existe dans la zone que doit occuper la 9ᵉ des masses charbonneuses analogues.

Dans la concession de Villebœuf et au voisinage de la faille du Gagne-Petit, on a reconnu l'existence d'une couche de 1 mètre à 1 m. 50 d'épaisseur à 55 ou 60 mètres du toit de la 13ᵉ. C'est vraisemblablement la 12ᵉ couche. Elle n'a encore été l'objet d'aucun travail sérieux dans la concession de Villebœuf.

13ᵉ Couche (fig. 18). — La 13ᵉ couche est actuellement exploitée par les puits Villiers et de la Pompe sur le versant Nord de l'anticlinal de Dourdel, et par les puits Pélissier et Ambroise de Villebœuf sur le versant Sud du

[1] Cette descente a atteint le mur de la 13ᵉ au point défini par les coordonnées suivantes : Nord 30 mètres; Est 450 mètres.

même plissement. On la connaît également dans la concession de la Chana, à l'extrémité Nord du panneau du Treuil, près du point de jonction des failles de la République et du Furens.

Sous le grès du mur de la 12e, on trouve au puits de la Pompe et au puits Villiers une formation schisteuse assez épaisse, contenant quelques filets de charbon et une couche de houille de 1 m. 20 d'épaisseur; puis vient un banc de grès de 20 mètres environ de puissance, qui surmonte les schistes du toit de la 13e couche. Comme dans le panneau du Soleil, la 13e est formée au Treuil par deux bancs de houille : la Crue au toit et la Grande Couche ou 13e au mur. La Crue mesure 1 m. 25 d'épaisseur en moyenne; elle donne des charbons très cendreux et n'est pas en général exploitée. Le « carreau » qui la sépare de la vraie 13e a 0 m. 40 ou 0 m. 50 d'épaisseur. Il est formé par du grès. La planche principale de la 13e à 5 m. 70 de puissance; elle repose sur un faux mur de schistes durs mesurant 1 m. 50, puis sur un épais banc de grès. La 13e couche est en général très propre; après un simple triage à la main, elle donne aisément des charbons à 8 p. 100 de cendres; ils contiennent en moyenne 18 p. 100 de matières volatiles, cendres déduites; le charbon de la 13e est donc beaucoup plus maigre au Treuil qu'au Soleil.

L'allure de la 13e, dans les travaux du puits Villiers, correspond à peu de chose près à celle de la 8e; au Sud de ce puits pourtant, la pente de la 13e est plus forte que celle de la 8e; aussi l'intervalle qui sépare ces deux couches diminue-t-il rapidement en allant du Treuil au puits de la Providence. Il est de 320 mètres au puits Villiers; à 200 mètres au Nord du puits de la Providence, il se réduit à 280 mètres. On sait enfin que la 13e couche a été retrouvée en fin 1899, par la descente du travers-bancs du puits Neyron à 590 mètres de ce puits et à la cote + 43,50. Elle est donc à 250 mètres seulement en contre-bas de la 8e, à 150 mètres au Sud du puits de la Providence. On a vu que l'épaisseur de l'étage moyen de Saint-Étienne diminue également dans la même direction.

Dans la concession de Villebœuf, on retrouve la 13e sous le Lycée de garçons de Saint-Étienne; elle plonge vers le S. E. et elle est connue sur le versant Sud de l'anticlinal de Dourdel entre les côtes + 45 et + 190.

A Villebœuf, l'épaisseur de la 13e est considérable; elle atteint 8 à 10 mètres; mais la crue est réunie à la vraie 13e [1] et la pureté des charbons

---

[1] Il en est de même dans la descente de la Providence.

Fig. 18.

COUCHES Nᵒˢ 13 ET 15.

(Échelle : 1/100ᵉ.)

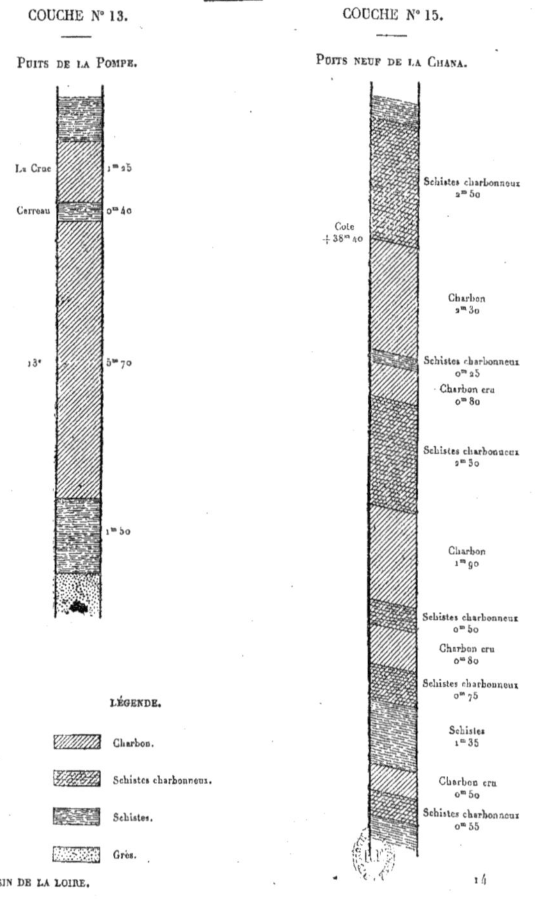

s'en ressent parfois un peu; les planches de charbon situées au toit de la couche sont toujours un peu plus cendreuses et la 13ᵉ ne donne guère que des tout venants à 10 p. 100 de cendres. La teneur en matières volatiles est en moyenne de 18 p. 100, cendres déduites, entre les cotes + 45 et − 60. Le toit de la 13ᵉ est formé par un épais banc de schistes comme au Treuil, et on retrouve au milieu de ces schistes, comme au P. de la Pompe et au voisinage de P. de la Providence, une petite couche de houille. La 13ᵉ repose sur un mur de grès qui surmonte un petit banc de houille de 1 mètre à 1 m. 20 de puissance, donnant des charbons analogues à ceux de la 13ᵉ, mais un peu plus cendreux et un peu plus maigres que ceux-ci (17,5 p. 100 M. V.). Ce banc s'épaissit en certains points et atteint alors 3 à 4 mètres de puissance.

Le long de la limite de la concession de Terrenoire, l'allure de la 13ᵉ est très régulière; elle plonge avec une pente toujours douce vers le S. E., et elle a été suivie en profondeur jusqu'à la cote − 100; mais, ainsi que le montre la coupe *ab* de la planche VII, la composition de la couche éprouve, vers l'aval, des modifications importantes. Au voisinage de la cote 0, on voit se former quelques nerfs de faible puissance au milieu de la houille. Leur épaisseur augmente en profondeur, et la couche se divise en trois ou quatre bancs de charbon dont l'importance diminue peu à peu; ces bancs sont séparés par des entre-deux de schistes contenant souvent des veines de charbon.

Autour des puits de Villebœuf, la 13ᵉ est très brouillée; elle est étirée et amincie dans la colonne du puits Ambroise, et on était en droit de penser qu'elle était coupée au voisinage de ce puits par la faille du Gagne-Petit. La trace de cet accident paraît bien déterminée à la cote + 42; elle est orientée N. 70° E. et passe à 35 mètres au Nord du puits Ambroise. Cet accident a été suivi vers l'aval jusqu'à la cote − 64 (voir la coupe de la Barallière à Villebœuf, qui l'atteint très obliquement à la cote − 64). Tout permettait donc de supposer que le puits Ambroise devait atteindre la faille du Gagne-Petit au voisinage du point où il avait traversé la 13ᵉ (cote − 32). Il n'en est pas ainsi, et la couche a pu être suivie à l'Est du puits jusqu'à la cote − 64 et même à l'Est du travers-bancs de − 64 jusqu'à la cote − 85 (voir coupe de la Barallière à Villebœuf). Il semble seulement que, de ce côté, on ait affaire à des amas de charbon moureux plus ou moins irréguliers et non à une véritable couche.

A l'Ouest du puits Pélissier, on a suivi la 13ᵉ jusqu'à la cote − 30. Elle est ici fort régulière et ne se divise pas en plusieurs bancs. Vers l'aval, les tra-

vaux ont été arrêtés à la cote — 3o par un accident plongeant au Nord, c'est-
à-dire en sens inverse de la faille du Gagne-Petit. On doit peut-être le considérer comme correspondant à la faille de la Vogue qui limite vers l'Ouest les
travaux de la 9ᵉ couche au toit de la faille du Gagne-Petit.

On s'explique difficilement ce que devient en profondeur la faille du
Gagne-Petit. Faut-il admettre que son importance est très faible en 13ᵉ et
qu'elle a seulement pour effet d'étirer cette couche au voisinage du puits
Ambroise? Faut-il admettre qu'elle se raplanit beaucoup au toit de la 13ᵉ?
Faut-il penser, au contraire, qu'elle est limitée vers l'aval par la faille de la
Vogue? Il est encore bien difficile de répondre à ces diverses questions.

On a cherché à reconnaître l'allure des terrains au Sud du puits Ambroise
par deux travers-bancs à peu près parallèles, l'un à la cote + 42, l'autre à la
cote — 64. Après avoir traversé des terrains fort accidentés, dans lesquels
l'allure des bancs changeait constamment, ils ont fini par atteindre à 250 mètres
du puits une zone où les terrains plongent vers le Nord ou le N. E., avec une
très forte pente, comme au puits de la Vogue. On a reconnu, dans cette zone,
une couche de schistes charbonneux de 4 à 5 mètres d'épaisseur plongeant
au N. E. Faut-il y voir la trace de la 13ᵉ plus ou moins schistifiée et relevée
contre le bord Sud du bassin? C'est ce qu'on ne saurait encore dire.

A 100 mètres du puits Pélissier, le travers-bancs de — 64 a trouvé des
bancs de charbons dirigés N.-S. et plongeant à l'Est; on les a suivis en
descente jusqu'à la cote — 85; ils paraissent se raccorder avec les bancs de
charbon reconnus à la cote — 100, près de la limite de Terrenoire (voir la
coupe de Villebœuf à la Barallière, planche VI).

A l'extrémité N. O. du panneau du Treuil, on connaît encore la 13ᵉ couche
dans la concession de la Chana, près du point de jonction des failles du
Furens et de la République. Son épaisseur totale n'est que de 3 mètres à
3 m. 50 au voisinage de la cote 200; elle augmente en profondeur et mesure
plus de 4 mètres à la cote + 100, au point où se sont arrêtées les reconnaissances effectuées par le puits Neuf de la Chana. La crue paraît s'être réunie de
ce côté à la Grande Couche; aussi la partie supérieure de la 13ᵉ, sur une épaisseur de o m. 50 à 1 mètre, ne donne-t-elle que des charbons schisteux et
sales. La partie inférieure de la couche donne, au contraire, des houilles très
propres, plus grasses qu'au Treuil (23-24 p. 100 de matières volatiles[?]).
La couche est surmontée par un toit de schistes et repose sur un mur de
grès.

14.

Vers l'amont, la 13ᵉ couche de la Chana a été exploitée jusqu'à la faille de la République entre les cotes 220 et 180. On s'est élevé dans cet accident jusqu'à la cote 255, sans avoir pu retrouver encore le lambeau de 13ᵉ reconnu vers 1845 à la cote 310 par les travaux du puits de la Doa (voir Grüner, p. 241). Ce lambeau ne doit avoir d'ailleurs qu'une faible étendue, car il est compris entre deux gradins de la faille de la République. En aval de la cote 180, les travaux de 13ᵉ ont été limités vers l'Ouest à de petits rejets formant patte d'oie. Une exploration en descente a été effectuée entre deux de ces accidents; elle a permis de suivre la 13ᵉ jusqu'à la cote + 100, et d'arriver ainsi à 250 mètres seulement suivant l'horizontale de la limite Nord des travaux de 8ᵉ du puits Avril. La composition de la couche en ce point, sa position par rapport à la 8ᵉ du puits Avril, enfin la comparaison des coupes des puits Avril, de la Manufacture et de la Chana, montrent bien que la couche dont je viens de parler est la 13ᵉ et non la 8ᵉ. Pour que ce fût la 8ᵉ, il faudrait faire passer entre les travaux du puits Avril et ceux du puits de la Chana, une faille de 200 à 300 mètres d'importance (faille de Côte-Chaude) dirigée N. E.-S. O. et plongeant au N. O. Or, nulle part encore, l'existence de cette faille n'a pu être constatée et, ainsi qu'on le verra plus loin, il n'est plus possible aujourd'hui de supposer qu'un semblable accident sépare les travaux des concessions de Villars et de la Chana de ceux du Quartier Gaillard et du Cluzel. (Voir la coupe de Villars au P. de la Manufacture, planche X.)

15ᵉ Couche. — La 15ᵉ couche a été recherchée aux extrémités Nord et Sud du panneau du Treuil, dans les concessions de la Chana et de Villebœuf.

Dans le courant des années 1897 et 1898, le puits Neuf de la Chana a été foncé jusqu'au niveau de la mer. Il a atteint le mur de la faille du Furens à la cote + 100 environ, puis il a traversé des terrains très réguliers formés, en majeure partie, par des bancs de grès séparés par des filets de schistes. Entre les cotes 40 et 30, il a recoupé une puissante formation charbonneuse dans laquelle on distingue deux bancs de houille d'assez bonne qualité, l'un au toit de 2 m. 30 d'épaisseur, l'autre au mur de 1 m. 90 de puissance (Voir figure 18). Au-dessous de cette seconde couche de houille, le puits a traversé une série de bancs de charbon cru et de schistes. La composition de la 15ᵉ en ce point est à peu près la même que celle de la 15ᵉ des Chaux dans la concession du Cros.

Le mur de la 15ᵉ couche a été reconnu au puits Neuf de la Chana sur une trentaine de mètres de hauteur verticale; à 10 mètres de la 15ᵉ, on a pénétré dans des bancs de gratte à gros galets de granite et de quartz, séparés par des mises de grès plus fin ou de schistes. On sait qu'au puits Neuf des Chaux on a traversé des formations analogues au mur de la 15ᵉ couche.

Dans la concession de Villebœuf, la 15ᵉ a été recherchée sans succès par une descente au rocher, puis par un faux puits, creusé à peu de distance au Sud du Lycée de garçons de Saint-Étienne (voir la coupe de la feuille VII). Au mur de la 13ᵉ, on a d'abord traversé des terrains réguliers contenant quelques petits bancs de charbon [1]; mais au lieu de trouver la 15ᵉ à 180 ou 200 mètres du mur de la 13ᵉ, on n'a recoupé en ce point que des grattes rougeâtres extrêmement micacées, tout à fait analogues à celles qui existent au mur de la 15ᵉ, soit au puits Mars, soit au puits Rosan. Il ne semble d'ailleurs pas qu'une faille ait pu faire manquer la 15ᵉ couche.

La 15ᵉ couche ne paraît donc pas s'étendre dans le panneau du Treuil jusque dans la concession de Villebœuf; on sait que, dans le panneau du Soleil, elle cesse d'être exploitable à l'Est du puits Verpilleux.

PARTIE DU PANNEAU DU TREUIL

SITUÉE AU TOIT DE LA FAILLE DU GAGNE-PETIT.

Les travaux effectués dans les couches 3 à 8 par les puits Jabin et du Gagne-Petit ont permis d'étudier la faille du Gagne-Petit. Sa direction est E.-O. Elle plonge vers le Sud avec une pente de près de 45 degrés. Au toit de cet accident et à son voisinage immédiat, les terrains sont fortement redressés et ils plongent vers le Sud avec une pente analogue à celle de la faille. C'est ce qu'ont montré deux recherches effectuées au Sud du puits du Gagne-Petit, et partant l'une de la 5ᵉ, l'autre de la 8ᵉ couche. Aucune d'elles n'a d'ailleurs été poussée assez loin vers le Sud pour avoir pu reconnaître l'allure du terrain houiller lorsqu'on s'éloigne un peu de la faille du Gagne-Petit. On ne connaît donc la partie du panneau du Treuil située au toit de cet accident que par les travaux de la concession de Villebœuf.

Les puits Ambroise et Pélissier ont entièrement traversé l'étage supérieur et l'étage moyen de Saint-Étienne. Ils y ont reconnu un assez grand nombre

---

[1] Ces bancs de charbon correspondent peut-être à la couche de 3 mètres de puissance dans laquelle on a arrêté le fonçage du P. Ambroise ; on n'a d'ailleurs encore aucune donnée sérieuse sur la valeur de cette couche.

de couches; mais seules la 3ᵉ et la 5ᵉ de l'étage moyen ont été sérieusement exploitées. Les travaux ont d'ailleurs été limités au voisinage des puits, et jusqu'à présent on n'a guère recherché ce que devenaient ces couches dans la partie Sud de la concession de Villebœuf. Quant à l'étage inférieur de Saint-Étienne, il a été atteint par le puits Ambroise au toit et au mur de la faille du Gagne-Petit, et c'est dans cet étage que se sont développés les travaux les plus importants de la concession de Villebœuf.

Dans l'*étage supérieur de Saint-Étienne*, les puits Ambroise et Pélissier ont permis de reconnaître l'existence d'une série de couches plus ou moins crues. Elles n'ont encore été l'objet que de travaux insignifiants au voisinage même de ces puits et on n'a par suite que peu de données sur leur valeur. Les renseignements qu'on possède sur leur compte sont d'autant moins précis, que les puits Ambroise et Pélissier les ont traversées dans une zone assez accidentée. Il n'y a en effet, ainsi que le montre le tableau suivant, que peu d'analogies entre les coupes du faisceau d'Avaize dans les deux puits de la concession de Villebœuf.

PUITS AMBROISE. (Orifice : 565 mètres.)		PUITS PÉLISSIER. (Orifice : 550 mètres.)	
PROFONDEUR.	PUISSANCE.	PROFONDEUR.	PUISSANCE.
71 mètres........	Veine de 1ᵐoo.	74 mètres........	Veine de oᵐ5o.
107 à 112 mètres....	Veines de oᵐ6o et oᵐ4o.	90 mètres........	Veine de oᵐ2o.
130 à 136 mètres....	Veines de { oᵐ5o. oᵐ3o. oᵐ3o. oᵐ1o.	118 mètres........ 128 mètres........ 135 mètres........ 140 mètres........	Veines de { oᵐ5o à oᵐ6o. oᵐ5o à oᵐ8o. 1ᵐoo à 1ᵐ2o. 1ᵐoo à 1ᵐ1o.
172 mètres........ 177 mètres........ 192 mètres........ 205 mètres........	Veines de { oᵐ3o. oᵐ3o. oᵐ3o. oᵐ6o.	184 mètres........ 196 mètres........ 208 mètres........	Veines de { 1ᵐ1o. 1ᵐ5o. oᵐ5o.
225 mètres........	Veine de oᵐ7o.	236 mètres........	4 veines de oᵐ3o à oᵐ4o.

Les couches supérieures de l'*étage moyen de Saint-Étienne* ont également été négligées jusqu'à présent. Elles sont pourtant assez épaisses; mais comme à Monthieux, elles ne donnent que des charbons fort médiocres. A 280 mètres de profondeur, le puits Ambroise a recoupé un faisceau de cinq veines, dont les deux supérieures forment une couche de près de 2 mètres de puissance;

ce doit être la couche des Rochettes. A près de 300 mètres du jour, il a traversé un second faisceau de couches crues. Au puits Marinoni, il existe des bancs analogues au toit de la 3ᵉ. On connaît les affleurements de quelques-unes des couches de l'étage moyen, et peut-être aussi de l'étage supérieur de Saint-Étienne, près du Lycée de garçons, dans les rues de la République, de Lyon et Michelet.

Les puits Pélissier et Ambroise n'ont pas atteint directement la 3ᵉ couche; elle est en effet coupée, à peu de distance au Nord de ces puits, par un accident dirigé N. E. - S. O. plongeant au S. E., accident que le puits Ambroise a traversé au voisinage de la cote 225.

Dans la partie Nord de la concession de Villebœuf, la direction générale de la 3ᵉ est N.-S. et elle plonge vers l'Est avec une pente très faible. Cette allure est identique à celle de la 8ᵉ du Treuil, entre les puits Villiers et Jabin; elle correspond au passage du plissement de Dourdel. Du côté Ouest, l'épaisseur de la 3ᵉ est considérable, elle atteint 8 et même 10 mètres; les travaux ont été arrêtés de ce côté par l'investison de la ville de Saint-Étienne. Le charbon de la 3ᵉ est propre, c'est du charbon gras ordinaire à 27 à 28 p. 100 de matières volatiles. L'influence de la profondeur sur la qualité de la houille de la 3ᵉ est ici bien nette, puisque la même couche, au mur de la faille du Gagne-Petit et au voisinage de la surface, donne des charbons à gaz contenant 33 à 35 p. 100 de matières volatiles. A mesure qu'on s'avance vers l'Est, l'épaisseur de la 3ᵉ diminue; son allure se modifie en même temps. Elle se relève au voisinage de la faille du Gagne-Petit et prend, sous l'École des Mines, la direction et la plongée de cet accident. On ne sait encore jusqu'où la 3ᵉ s'étend de ce côté, car les travaux ont été arrêtés vers l'Est avant d'avoir atteint la faille elle-même.

A 10 ou 12 mètres du mur de la 3ᵉ, on trouve la 4ᵉ. C'est une couche peu importante, sujette à de fréquents amincissements et de qualité médiocre. La 5ᵉ mesure 1 m. 20 à 1 m. 80 au Nord des puits Pélissier et Ambroise; elle a été exploitée assez régulièrement dans toute la zone où on connaît la 3ᵉ. Elle donne des charbons analogues à ceux de la 3ᵉ. La 6ᵉ couche est formée par deux bancs de houille, l'un de 0 m. 40 au toit, l'autre de 1 m. 10 au mur, séparés par un nerf de 0 m. 40. La 7ᵉ, au voisinage des puits de Villebœuf, mesure 1 m. 50 dans la zone où elle est régulière. Ces deux couches n'ont guère été exploitées; elles ne donnent en effet, comme la 4ᵉ, que des charbons durs et très cendreux. Par suite des accidents qui affectent la 3ᵉ couche dans le puits Ambroise, l'épaisseur totale du faisceau des couches 3 à 7 est difficile à déterminer avec exactitude ; elle paraît être de près de 70 à 80 mètres comme au puits de la Providence.

Au Sud des puits Pélissier et Ambroise, on a exploité entre les cotes 210 et 215 un lambeau de couche à peu près horizontal, de près de 2 mètres d'épaisseur : on a admis qu'il appartenait à la 3ᵉ ou à la 5ᵉ. Diverses recherches faites au toit de cette couche n'ont retrouvé que des filets de houille absolument insignifiants. On les a considérés tantôt comme représentant les couches 1 et 2, tantôt, au contraire, comme correspondant aux couches 3 et 4 amincies par érosions. L'étendue réelle de ce lambeau de 3ᵉ ou de 5ᵉ est d'ailleurs inconnue : on sait seulement qu'à 100 mètres environ au Sud du puits Pélissier, les travaux ont été arrêtés par un accident E.-O. plongeant au Sud, au toit duquel on a retrouvé des terrains ayant le même pendage et une pente de près de 45 degrés. Cet accident est trop peu connu pour que j'aie pu le figurer sur la planche V. On n'a aucune donnée précise sur la nature des terrains reconnus au toit de cette faille.

Au-dessous de la 7ᵉ, le puits Ambroise a traversé un massif stérile de 60 mètres de puissance, puis une couche de houille de 3 m. 50 d'épaisseur comprise entre un toit et un mur de grès ; cette couche n'a pas été exploitée et on s'est borné à y tracer un niveau à la cote + 100 au Nord des puits de Villebœuf. Elle donne des charbons assez gras, un peu moins purs que ceux de la 3ᵉ couche. On la désigne à Villebœuf sous le nom de 7ᵉ *ter,* admettant qu'elle correspond à une des couches situées au Treuil et à Châtelus entre la 7ᵉ et la 8ᵉ. Mais on doit remarquer qu'au puits du Gagne-Petit on ne connaît aucune formation analogue, et que les travaux de Châtelus sont bien éloignés de ceux de Villebœuf pour qu'on puisse accepter sans discussion une semblable classification. On peut, d'autre part, se demander si cette couche ne représente pas plutôt la 8ᵉ. Elle se trouve en effet à 175 ou 180 mètres de la 3ᵉ ; or on a vu qu'au voisinage du puits de la Providence, c'est-à-dire à 600 mètres plus au Nord, l'intervalle de la 3ᵉ à la 8ᵉ n'est que de 210 mètres et qu'il diminue régulièrement dans tout le panneau du Treuil à mesure qu'on s'avance du Nord vers le Sud. C'est cette classification que j'ai admise.

A 80 mètres au-dessous de la 7ᵉ *ter* de Villebœuf, soit à 525 mètres de profondeur, le puits Ambroise a traversé une formation charbonneuse de près de 4 mètres de puissance moyenne : on l'a appelée 8ᵉ. Au Nord des puits de Villebœuf et au voisinage de la cote + 40, elle a été explorée jusqu'à un accident très net dont la trace est dirigée N. 70° E., et passe à 35 mètres au Nord du puits Ambroise. En traversant cet accident, qui ne peut être que la faille du Gagne-Petit, on a d'abord atteint une petite veine de 1 m. 20 d'épaisseur, la 10ᵉ-11ᵉ ou la 12ᵉ, puis la 13ᵉ couche du Treuil.

Vers le Sud, la 8ᵉ a été suivie sur près de 300 mètres en direction jusqu'à son intersection avec un accident plongeant au N. E. (faille de la Vogue); la couche plonge également vers le N. E. avec une très faible pente et elle est dans son ensemble fort régulière; mais elle ne paraît guère exploitable, car elle est formée par une série de bancs de charbon et de schistes qu'il est à peu près impossible de séparer [1]. A une dizaine de mètres au mur de la 8ᵉ, on connaît une petite couche de 1 mètre à 1 m. 50; elle ne donne également que des charbons très cendreux.

Si on considère la 7ᵉ *ter* de Villebœuf comme la vraie 8ᵉ, la 8ᵉ de Villebœuf doit correspondre à la 9ᵉ du puits Neyron. Elle a assez d'analogies avec cette couche.

Dans ces derniers temps on a entrepris une recherche au toit de la 9ᵉ par une galerie montante dirigée O.-E. et partant de la galerie de la Vogue à la cote +70. On avait pour but d'atteindre la 8ᵉ. Jusqu'à la cote +112, on a traversé des terrains réguliers plongeant à l'Est; au delà, on est entré dans une zone de terrains brouillés, au milieu desquels on a trouvé, aux cotes +121 et +143, deux entraînements de charbon moureux; le dernier paraît assez important, il mesure 2 mètres d'épaisseur et est à peu près horizontal. S'il correspond à la 8ᵉ, il faut en conclure que cette couche est fortement altérée au Sud du puits Ambroise. Cela n'aurait d'ailleurs rien d'anormal; c'est ce qui se produit, en effet, pour toutes les couches de l'étage inférieur de Saint-Étienne à mesure qu'on s'approche de la limite Sud du bassin houiller.

Si on considère les deux dernières couches dont il vient d'être question comme la 8ᵉ et la 9ᵉ de l'étage de Saint-Étienne, le rejet de la faille du Gagne-Petit n'a qu'une faible importance. Cette faille met en effet en face l'une de l'autre, à la cote +40, la 9ᵉ et la 10-11ᵉ ou la 12ᵉ, et par suite elle ne déplace la première de ces couches que de 80 à 100 mètres au maximum. Avec la classification de Villebœuf, l'importance de ce rejet augmente. Au Sud du puits Ambroise, la 8ᵉ est à 60 mètres environ au-dessus de la 13ᵉ. Le rejet

---

[1] La moitié supérieure de la couche donne des charbons à près de 35 p. 100 de cendres; la partie inférieure est un peu moins sale. Ces charbons contiennent, déduction faite des cendres, 25 à 26 p. 100 de matières volatiles.

mesure donc au plus 190 mètres, et il est vraisemblablement encore inférieur à ce chiffre puisque l'intervalle des couches 8 et 13 diminue régulièrement du Nord au Sud dans tout le panneau du Treuil.

Je ne me suis pas servi, pour déterminer l'importance du rejet de la faille du Gagne-Petit, des positions respectives de la 3ᵉ couche dans les concessions du Treuil, de Terrenoire et de Villebœuf parce que, dans la dernière de ces concessions, les travaux de 3ᵉ ne paraissent avoir atteint nulle part cet accident.

Au Sud des puits Ambroise et Pélissier, on voit affleurer des argiles et des grès rouges qui diffèrent absolument des grès et des schistes houillers. Ils appartiennent à la base de l'étage permien et recouvrent l'étage d'Avaize. La ligne de contact du houiller et du permien coupe de l'Est à l'Ouest la concession de Villebœuf, depuis le Chavanelet jusqu'à Patroa; les grès rouges plongent au Nord avec une pente assez forte, tandis que le terrain houiller, au Sud du puits Ambroise et à la surface tout au moins, s'incline vers le Sud. On a admis que cette ligne de contact correspondait à un accident important, la *faille de Villebœuf,* dirigée E.-O. et plongeant au Sud, et que cet accident était le prolongement de la *faille de Malacussy* qui, sur la rive gauche du Furens, sépare les travaux de la Béraudière et de Beaubrun. (Voir page 154.)

Les travaux souterrains n'ont encore jamais permis d'étudier la faille de Villebœuf; on a admis qu'à la cote + 50 elle coupait la galerie de la Vogue à quelques mètres au Nord du puits de ce nom; mais les résultats donnés par le fonçage de ce puits ne paraissent pas confirmer cette opinion, et on est par suite encore en droit de se demander si un accident important sépare le houiller du Permien, ou si le Permien ne repose pas simplement en stratification discordante sur le houiller.

Près de la Mulatière et de Valbenoite, on connaît les affleurements de quelques bancs de charbon ou de schistes charbonneux, qui paraissent pouvoir être rattachés aux couches d'Avaize et aux couches des Rochettes. Ils sont assez réguliers et plongent à la Mulatière vers le Nord et le N. O. e t à Valbenoite vers le N. E. C'est pour recouper ces bancs, et pour rechercher au-dessous les couches de l'étage moyen de Saint-Étienne, qu'on a creusé le puits de la Vogue et le travers-bancs Sud de ce puits à la cote + 50.

Le Puits de la Vogue a traversé, sur près de 380 mètres de hauteur, des terrains rouges plongeant régulièrement avec une pente de 40 à 50 degrés vers le N. N. E.[1]. Des bancs de grès et des schistes ordinaires sont intercalés en certains points au milieu de cette formation, notamment entre 110 et 165 mètres, 240 et 350 mètres de profondeur; ils renferment à 300 mètres du jour une couche de charbon cru de 1 mètre de puissance.

A la profondeur de 380 mètres, on a traversé des terrains brouillés plongeant au Nord et au N. E., avec une pente de 60 à 70 degrés; puis, au-dessous, des grès plus ou moins micacés et des bancs de poudingues grisâtres ou verdâtres, au milieu desquels on a trouvé quelques filets de charbon cru. L'allure de ces bancs est la même que celle des terrains rouges. Entre 500 et 510 mètres de profondeur, on a traversé une nouvelle zone de terrains brouillés, puis on a retrouvé des schistes micacés et des poudingues très micacés à gros éléments, plongeant toujours avec une pente de 45 degrés en moyenne vers le Nord ou le N. E. Le travers-bancs Sud de la cote + 50 est resté dans les mêmes terrains. Le puits de la Vogue mesure déjà près de 700 mètres de profondeur, et la nature et l'allure des bancs qu'il recoupe ne paraissent pas se modifier. On est, par suite, en droit de se demander si ce puits, actuellement encore en fonçage, ne donnera pas des résultats négatifs comme le puits de Bellevue de la concession de la Béraudière. Il faudrait en conclure, dans ce cas, que les couches de houille des étages moyens et supérieurs de Saint-Étienne disparaissent dans les concessions de Terrenoire et de Villebœuf, avant d'atteindre la limite Sud du bassin de la Loire, comme le font d'ailleurs les couches de l'étage inférieur de Saint-Étienne.

Les failles du Soleil et du Gagne-Petit se soudent à l'Est du puits de Patroa et on a déjà vu que les travaux des couches d'Avaize sont limités vers l'Ouest par ces accidents.

Plus au Sud, aux abords du puits Sainte-Marie, on retrouve encore la trace des failles du Soleil et du Gagne-Petit; elle est bien marquée par un entraînement charbonneux important qu'on a autrefois exploité par le puits Sainte-Marie. Près du jour, ce lambeau de houille mesurait 7 à 8 mètres d'épaisseur; on a pu le suivre sur près de 300 mètres en direction et sur 200 mètres de hauteur verticale; il s'amincit peu à peu vers l'Est et vers le Sud et finit par disparaître complètement. Vers l'Ouest, les travaux sont arrêtés à un brouillage important qui peut correspondre à un des acci-

---

[1] Sur la coupe de la planche VII, les terrains recoupés par le puits de la Vogue entre le jour et la galerie de la Vogue ont été mal représentés.

dents plongeant au N. O. reconnus par le puits Saint-Félix. L'épaisseur de la couche de Sainte-Marie a toujours été très irrégulière; le charbon en était broyé et souvent absolument moureux. C'était du charbon gras analogue à celui des couches d'Avaize.

Le puits de la Palle a permis d'exploiter un entraînement du même genre, mais beaucoup moins important, qui paraît correspondre à l'accident limitant vers l'Ouest les travaux du puits Sainte-Marie. Près du jour, cet entraînement mesurait en certains points près de 4 mètres de puissance; mais il diminuait rapidement d'importance et cessait bientôt d'être exploitable. Au mur de la couche du puits de la Palle, on trouve encore les grès et les schistes fins de l'étage moyen ou inférieur de Saint-Étienne; au toit, au contraire, il n'y a que des grès micacés verts et rouges avec des poudingues à gros galets de quartz blancs, analogues à ceux que le puits de Bel-Air a recoupés au toit de la faille du Soleil. Ces formations appartiennent à l'étage stérile qui recouvre le faisceau des couches d'Avaize, aussi bien au bois d'Avaize que dans la colline de la Chauvetière sur la rive gauche du Furens; elles sont surmontées, au Sud de Patroa et des puits de Villebœuf, par les grès rouges de la base de l'étage permien. Ces grès ne dépassent pas vers le Nord la faille de Villebœuf; vers l'Ouest, ils sont limités à la crête qui sépare le ruisseau du Chavanelet de la vallée du Furens, et vers le Sud et l'Ouest, ils ne dépassent pas Beaulieu et la Pouilleuse.

III. — DISTRICT DU QUARTIER-GAILLARD ET DE BEAUBRUN.

Le district du Quartier-Gaillard et de Beaubrun est limité à l'Est par la faille du Furens et par la partie occidentale de la faille de la République, et à l'Ouest par les failles des Maures et du Cluzel. Au Nord de l'anticlinal de Dourdel, dans les concessions de Villars, de la Chana, du Cluzel, du Quartier-Gaillard et dans la partie Nord des concessions de Dourdel et Montsalson et de Beaubrun, l'étage de Saint-Étienne se présente de la même façon que dans la partie N. O. du district du Soleil. Les couches sont relativement minces, elles sont très régulières et ne sont affectées que par un certain nombre d'accidents très nets. On n'y connaît, comme dans la partie correspondante du panneau du Treuil, que les couches 1 à 15 de l'étage de Saint-Étienne. Le faisceau des Rochettes et les couches d'Avaize n'y existent pas.

Au Sud du plissement de Dourdel, dans la partie Sud des concessions de Dourdel et Montsalson et de Beaubrun, et dans la concession de la Béraudière, les étages supérieurs et moyens de Saint-Étienne sont entièrement représentés. Les couches de houille atteignent dans ce quartier une épaisseur souvent considérable; mais elles sont irrégulières et se présentent parfois sous la forme d'amas. Quant aux couches de l'étage inférieur de Saint-Étienne, on ne les a guère encore recherchées au Sud de l'anticlinal de Dourdel.

1° QUARTIER NORD.
(Planches VIII, IX et X.)

Aux environs du Bois-Monzil et de la Chana, c'est-à-dire au voisinage immédiat de la faille de la République, et au toit de cet accident, les bancs sont dirigés N. N. E. - S. S. O. et plongent vers l'E. S. E. Cette allure n'est d'ailleurs que locale. Au puits de Villefosse et à Montchaud, ils plongent vers l'Est, puis vers l'E. N. E. dans les concessions du Cluzel et du Quartier-Gaillard, enfin vers le N. E. et même vers le Nord dans la concession de Beaubrun près du puits Châtelus. Les affleurements des diverses couches dessinent donc autour du puits Avril du Quartier-Gaillard une série de courbes concentriques. Près de la surface, la pente des bancs est en général assez forte; elle diminue en profondeur, ainsi que le montrent les courbes de niveau des feuilles VIII et IX. Le centre de cette vaste cuvette est occupé par l'étage moyen de Saint-Étienne. On peut suivre les affleurements des couches 1 à 7 dans les concessions de la Chana, du Quartier-Gaillard, de Dourdel et de Beaubrun, depuis Momey au Nord jusqu'au Clapier au Sud, en passant par les Parisses, Chavassieux, Quartier-Gaillard et Chez-Michon. Les affleurements de l'étage inférieur de Saint-Étienne recouvrent la majeure partie des concessions de Villars, de la Chana et du Cluzel.

Les travaux souterrains ne s'étendent pas encore dans tout le quartier dont je viens de parler. Au Nord, ils se développent au voisinage du village de Villars, dans les couches inférieures de l'étage inférieur de Saint-Étienne (travaux de Villars). Au Sud, dans les concessions du Cluzel, du Quartier-Gaillard, de Dourdel et Montsalson et de Beaubrun, ils portent sur les couches 1 à 15 de l'étage de Saint-Étienne (travaux du Quartier-Gaillard). Entre ces deux groupes de travaux, s'étend une zone vierge dont la largeur se rétrécit de jour en jour. On y faisait autrefois passer la faille de Côte-Chaude; on admettait qu'elle plongeait vers le N. O. et que son amplitude, entre le Quartier-Gaillard et Villars, variait de 200 à 300 mètres. Tout paraît prouver aujourd'hui qu'il n'existe dans cette zone aucun accident de cette nature.

TRAVAUX DE VILLARS.

Au voisinage immédiat de la faille de la République, et surtout près de son point de jonction avec la faille du Furens, le terrain houiller est assez brouillé. C'est ce qui a bien été mis en évidence par les travaux effectués en 13e couche au toit de la faille de la République. Partout ailleurs, dans les concessions de Villars et de la Chana, l'allure des bancs est très régulière, et elle n'est troublée que par deux accidents parallèles très nets, dirigés E.-O. et plongeant vers le Sud. Ce sont, en commençant par le Nord, la *faille Gallois,* aujourd'hui connue en 13e couche depuis le jour jusqu'à la cote 120 et dont le rejet mesure 120 à 130 mètres; puis, au Sud, la *faille des Combeaux* dont l'importance est très réduite.

ÉTAGE INFÉRIEUR DE SAINT-ÉTIENNE.

Couche n° 15. — Comme au puits de la Doa, la 15e couche est formée à Villars par trois bancs. Ils sont très nettement séparés les uns des autres près des affleurements; on les désigne souvent sous le nom de couches n° 14, n° 15 et n° 16.

Le banc du toit (14e couche de Villars) est inexploitable près de la surface. Il ne donne que du charbon dur et très cendreux. En profondeur, sa qualité s'améliore, surtout au voisinage de la faille Gallois. La houille de la 14e est néanmoins toujours assez cendreuse; mais elle s'abat en gros blocs et s'utilise facilement pour les chauffages domestiques.

Entre la 14e et la 15e on ne trouve près des affleurements que des schistes durs en grosses planches; en profondeur, ces schistes deviennent plus friables et ils contiennent alors de nombreux filets charbonneux. La distance normale des couches 14 et 15 est très variable. Elle est de 15 à 20 mètres près des affleurements et se réduit à 2 ou 3 mètres au niveau 160.

Le second banc de la 15e (15e couche de Villars) mesure 2 m. 25 à 2 m. 50 de puissance. Près du jour il donne du charbon dur et très cru. En profondeur, la qualité de la couche s'améliore. Le charbon est plus tendre; il est bien planché; mais les différents bancs de la couche sont toujours séparés par de petits filets de schistes difficiles à enlever. La 15ᵉ repose sur des schistes plus ou moins charbonneux.

A 2 ou 3 mètres au plus au-dessous de la 15ᵉ, on connaît près des affleurements un 3ᵉ banc de charbon de 1 mètre à 1 m. 20 d'épaisseur (16ᵉ couche). Il a été plus ou moins complètement exploité dans les concessions de la Porchère et de Roche-la-Molière. Son importance paraît diminuer en profondeur. Dans la concession de Villars, il est simplement représenté par une planche de charbon cru de faible épaisseur, qu'il est parfois difficile de reconnaître au milieu des schistes charbonneux qui forment le mur de la 15ᵉ de Villars.

La 14ᵉ et la 15ᵉ sont actuellement exploitées par le puits Beaunier dans la concession de Villars, entre la faille de la République et la faille Gallois, en amont de la cote 240. Vers le Nord, les travaux ont été arrêtés à un premier gradin de la faille de la République, gradin qu'on n'a pas encore essayé de traverser; vers le Sud, ils n'ont pas atteint la faille Gallois elle-même; au voisinage de cet accident, la 14ᵉ et la 15ᵉ sont affectées par une série de petits rejets qui en rendent l'exploitation difficile. Le long de la faille Gallois, on a exploré les deux bancs de la 15ᵉ jusqu'à la cote 160; le nerf qui les sépare diminue de puissance en profondeur : au niveau 160, il mesure à peine 2 ou 3 mètres, et est uniquement constitué par des schistes charbonneux. Le toit de la 14ᵉ et le mur de la 15ᵉ sont également formés par des schistes charbonneux. La composition de la 15ᵉ couche est donc ici la même qu'au puits Neuf de la Chana (voir fig. 18).

Les charbons de la 14ᵉ et de la 15ᵉ, dans le champ d'exploitation du puits Beaunier, appartiennent à la catégorie des houilles grasses ordinaires. Ils donnent, déduction faite des cendres, 27 à 29 p. 100 de matières volatiles. Ils sont toujours assez cendreux (tout venant à 18-20 p. 100 de cendres après simple triage à la main).

Les couches inférieures de la Doa sont connues dans la concession de la Porchère, où on les désigne sous les noms de 17ᵉ et de 18ᵉ couches. Elles sont toutes deux divisées en deux bancs de 0 m. 70 d'épaisseur pour la 17ᵉ et de 0 m. 70 à 0 m. 80 d'épaisseur pour la 18ᵉ. Elles sont situées respectivement à une vingtaine et à une cinquantaine de mètres de la 15ᵉ. Elles sont formées par du charbon dur et cendreux; aussi n'ont-elles jamais donné lieu qu'à une exploitation insignifiante. On ne les a pas encore recherchées dans la concession de Villars. (Voir fig. 19.)

Les terrains situés au mur de la 18ᵉ couche de la Porchère ont été autrefois explorés par le puits Ravel. Ce puits a été creusé jusqu'à 361 mètres de profondeur, soit jusqu'à 325 mètres du mur de la 18ᵉ. Il a traversé des bancs de grès plus ou moins grossiers, entremêlés de bancs de schistes, et à la profondeur de 327 mètres il est entré dans des terrains brouillés contenant des

Fig. 19.

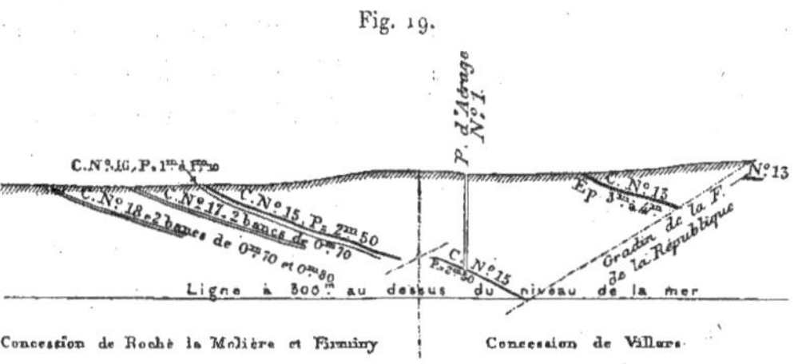

Coupe Est-Ouest passant par le puits d'aérage n° 1.
(Échelle : 1/10.000ᵉ).

schistes, des grains de houille, et donnant lieu à des dégagements d'eau et de grisou. On doit avoir recoupé en ce point la faille de la République, souvent désignée dans la concession de la Porchère sous le nom de faille du puits Sainte-Catherine ou de faille Sainte-Catherine. Le puits Ravel a donc exploré le mur de la 18ᵉ sur une épaisseur d'au moins 290 mètres, sans y avoir reconnu l'existence d'aucune veine de houille.

Au jour, on n'a signalé au mur des couches de Villars que des traces charbonneuses de quelques centimètres d'épaisseur, près du domaine de la Hyassière, et, plus au mur, deux veines de houille absolument insignifiantes au Nord de la ferme de la Côte. On connaît aussi, dans le ravin qui passe à une centaine de mètres au Nord de la ferme des Avats et qui aboutit au ruisseau du Cluzel, l'affleurement d'une petite couche de houille. Sa puissance maximum varie entre 1 mètre et 1 m. 20. Mais la couche, directement recouverte par des poudingues à petits éléments, est très irrégulière et paraît inexploitable. Au Nord des Avats, sa direction est E.-O. et elle plonge au Sud ; mais lorsqu'on la suit vers l'Ouest, son allure se modifie peu à peu, et à 50 mètres à l'Est de la route de Saint-Genest à la Fouillouse, sa direction devient N.-S. ; elle plonge alors vers l'Est comme toutes les couches de Villars. C'est au voisinage immédiat de la faille de la République qu'on doit

attribuer la direction anormale E.-O. de la couche des Avats. La trace au jour
de cet accident est aisée à déterminer. Au toit de la faille on ne trouve que
des grès plus ou moins grossiers, avec quelques bancs de gratte à petits éléments, analogues à celui qui forme le toit de la couche des Avats; au mur de
la faille de la République, au contraire, on voit affleurer des brèches à très
gros éléments, qu'on peut aisément étudier dans les tranchées de la ligne de
Saint-Étienne à Roanne aux environs de la Niaret.

La petite couche des Avats a été recherchée en profondeur par un puits de
150 mètres, creusé au voisinage même de la ferme des Avats. Il n'a recoupé
qu'un filet charbonneux qu'on n'a d'ailleurs pas essayé d'explorer en direction.
La couche des Avats paraît correspondre aux affleurements charbonneux
reconnus aux environs de Bayard le long de la route de Saint-Étienne à la
Talaudière. (Voir District du Soleil, p. 53.)

Au toit de la faille Gallois, la 15ᵉ couche n'a encore été explorée qu'au N. O.
de la Boutonne au voisinage de la surface. On a reconnu en ce point l'existence
des deux bancs désignés à Villars sous les noms de 14ᵉ et de 15ᵉ couches.
Malheureusement la qualité du charbon laissait ici tellement à désirer, que cette
exploitation a été arrêtée en 1886. Les travaux ne se sont étendus que sur
une cinquantaine de mètres de hauteur verticale et n'ont pas encore permis
de reconnaître si, comme à Villars, la qualité de la 15ᵉ couche s'améliore à
mesure que l'on s'éloigne des affleurements.

Les travaux de la Boutonne sont limités au Sud par un accident (faille des
Combeaux probablement), au delà duquel la 14ᵉ a été retrouvée à la cote
405. Les affleurements de cette couche sont connus sur la rive gauche
du ruisseau du Cluzel. La 14ᵉ est malheureusement toujours inexploitable de
ce côté. Au Sud de ce point, les affleurements de la 15ᵉ ne sont plus visibles;
ils doivent être recouverts par les éboulis de la colline de Saint-Genest-Lerpt.
Mais on retrouve par place, le long du chemin de Ponconneau à Trémolin,
des bancs de poudingues à gros galets, analogues à ceux qui existent au mur
de la 15ᵉ dans les travaux de la Boutonne. Ces bancs de poudingues doivent
peut-être être rapprochés de celui qu'on a reconnu au mur de la même couche,
au puits Neuf de la Chana.

Couche n° 13. — La 15ᵉ couche est surmontée par un massif stérile de
170 à 180 mètres d'épaisseur, formé en majeure partie par d'épais bancs
de grès du côté du puits Beaunier, et par des schistes durs du côté du puits

d'aérage n° II. Au milieu de ces schistes et à 63 mètres et à 71 mètres du toit de la 14ᵉ, ce puits a recoupé deux veines de houille de 0 m. 30 et de 0 m. 75 de puissance. Cette dernière veine est divisée en deux bancs de 0 m. 25 chacun par un nerf de 0 m. 25. Sur ce massif stérile repose la Grande Couche de Villars (13ᵉ couche du bassin de Saint-Étienne).

Au toit de la faille de la République, on voit affleurer la Grande Couche de Villars au pied de la crête sur laquelle s'élèvent les puits Beaunier et Gallois; la couche est ensuite rejetée vers l'Ouest par la faille Gallois, et on retrouve ses affleurements en face de la Boutonne, sur le versant Ouest des collines qui forment la bordure Est de la vallée du Cluzel. A partir de ce moment, on les suit du Nord au Sud jusqu'aux environs du Cluzel.

Entre les failles de la République et Gallois, s'étend un premier panneau de 13ᵉ couche; c'est celui dans lequel on a creusé la fendue de Villars. La direction des bancs est N. E.-S. O.; la couche plonge vers le S. E. Sa pente est de 25 à 30 degrés près du jour; elle diminue sensiblement en profondeur du côté du puits Neuf de la Chana. L'intersection de la 13ᵉ avec la faille Gallois est fort nette; il n'en est pas de même pour la faille de la République. Celle-ci se divise, en effet, en une série de gradins, au milieu desquels on a retrouvé divers lambeaux de 13ᵉ. La faille du Furens se raccorde à la faille de la République aux environs du Bois-Monzil; près du point de jonction de ces deux accidents, les terrains sont particulièrement brouillés.

Dans le panneau correspondant à la fendue de Villars, la 13ᵉ est très régulière. Son épaisseur varie entre 3 mètres et 3 m. 50. Près du toit, on trouve toujours quelques bancs de charbon schisteux et cru. Tout le reste de la couche est formé par du charbon propre en gros bancs. Le banc du mur, épais de 0 m. 80 à 1 mètre, est particulièrement pur; il est en même temps exceptionnellement dur. Le toit de la 13ᵉ est constitué par des schistes en petits bancs souvent entremêlés de filets charbonneux. Ils sont surmontés par des schistes durs en gros bancs. La 13ᵉ repose sur un mur de schistes durs, sous lesquels on trouve en général un filet de charbon. Cette formation est d'ailleurs peu régulière : le vrai mur de la 13ᵉ est formé par du grès dur, passant par places à de la gratte.

Au toit de la faille Gallois, la direction de la Grande Couche de Villars est d'abord N. E.-S. O., puis N.-S., et la couche plonge alors vers l'Est. Dans le lambeau correspondant aux puits Gallois et Villefosse, la couche est déjà entièrement exploitée depuis le jour jusqu'à la cote 120. Sa puissance moyenne est de 4 mètres à 4 m. 50 ; mais la partie supérieure de la couche, sur 1 mètre à 1 m. 10 au moins, est formée par du charbon schisteux et barré à peu près inexploitable près de la faille Gallois. Vers le Sud, au contraire, la partie supérieure de la couche devient utilisable. La partie inférieure de la 13e est toujours formée par du charbon propre en grosses planches.

Au toit de la 13e on retrouve encore des schistes durs en gros bancs. Le mur est formé par des schistes durs, auxquels succèdent une série de filets charbonneux ; leur épaisseur augmente seulement ici, et, en certains points, il existe au-dessous de la 13e, et à 4 ou 5 mètres de cette couche, une veine de 1 m. 30 à 1 m. 50 d'épaisseur, donnant des charbons de qualité médiocre. Elle a pu être exploitée, entre les puits de Villefosse et Gallois. Lorsque la couche du mur est épaisse, le nerf qui la sépare de la Grande-Couche augmente aussi d'épaisseur ; dans ce cas, ce nerf est en majeure partie constitué par un épais banc de grès.

Au Sud de la faille des Combeaux, on n'a guère exploité encore que les affleurements de la 13e. La couche est d'ailleurs fort régulière, et les traçages effectués à la cote 390 ont été arrêtés en plein charbon, près de la limite des concessions du Cluzel et de Villars, à 450 mètres au Nord des travaux du puits Imbert du Cluzel. L'épaisseur moyenne de la 13e est de 4 mètres à Montchaud ; elle atteint en quelques points 5 et même 6 mètres. La moitié supérieure de la couche est formée par des bancs de charbon nerveux mesurant 0 m. 05 à 0 m. 20 de puissance. La partie inférieure est au contraire constituée par d'épais bancs de charbon pur. Dans les travaux du puits des Combeaux et de la fendue de Montchaud, on retrouve toujours au mur de la 13e une petite couche de 1 mètre à 1 m. 20 de charbon sale. L'épaisseur du nerf qui la sépare de la Grande Couche est seulement très variable. On n'a pas encore recherché ce que devenait la petite couche du mur près de la limite de la concession du Cluzel.

On voit par ce qui précède que, dans tout le champ d'exploitation de Villars, les variations de composition de la 13e sont très régulières. La couche augmente d'épaisseur du Nord au Sud, le faux toit qui la recouvre devenant de plus en plus charbonneux à mesure qu'on s'avance vers le Sud ; mais, en même temps, ce faux toit se développe aux dépens de la partie pure de la couche.

Dans les travaux de Villars et de Gallois, le charbon est souvent dur à abattre ; mais, une fois à terre, il s'écrase et donne peu de gros. Par contre, il dégage toujours beaucoup de poussière. Après simple triage à la main, la teneur en cendre des charbons de 13ᵉ est de 11-12 p. 100. Du côté de Montchaud, la couche est un peu moins propre.

Près des puits Beaunier et Villefosse, la teneur en matières volatiles des charbons de 13ᵉ est de 35 p. 100. Dans le lambeau de Villars à la cote 150, et dans le lambeau Gallois à la cote 160, cette teneur est de 28 à 29 p. 100 [1]. La 13ᵉ couche donne donc dans tout le champ d'exploitation de Villars des houilles à gaz ou des houilles grasses ordinaires.

Le toit de la 13ᵉ est formé aux puits Villefosse et Beaunier par des schistes durs, au milieu desquels on trouve, à 21 ou 22 mètres de la couche, un petit banc de charbon cru de 0 m. 75 d'épaisseur, puis par du grès. Dans le travers-bancs du puits Neuf de la Chana, les schistes alternent régulièrement avec les grès au toit de la couche. Dans le banc de schistes situé à 30 ou 40 mètres du toit de la 13ᵉ, on trouve une série de filets de charbon de 0 m. 04 à 0 m. 05 d'épaisseur et une petite couche de schistes charbonneux mesurant 0 m. 75 à 0 m. 80.

Couches 9 à 12. — Les couches 9 à 12 ont été reconnues dans le district de Villars par le puits Neuf de la Chana; elles sont beaucoup plus minces qu'au Treuil et se transforment par places en schistes charbonneux. Elles doivent encore perdre de l'importance à mesure qu'on s'avance vers l'Ouest, car elles ne paraissent pas exister au puits Gallois.

[1] J'ai fait analyser, en 1895 et en 1900, au laboratoire de l'École des mines de Saint-Étienne, quelques échantillons de charbon (morceaux choisis) provenant des travaux de Villars. Voici les résultats qui ont été obtenus :

	HUMIDITÉ à 105°, p. 100 de charbon brut.	CENDRES p. 100 de charbon brut.	MATIÈRES VOLATILES, p. 100 de charbon brut.	MATIÈRES VOLATILES, cendres et humidité déduites.	COULEUR des CENDRES.
13ᵉ couche. Entre les failles Gallois et de la République; cote 140......	0.954 / 1.055	3.234 / 2.838	27.183 / 27.786	28.3 / 28.6	Blanc jaunâtre. / Blanc jaunâtre.
13ᵉ couche. Au toit de la faille Gallois : cote 160......................	"	3.40	28.22	29.2	.....
14ᵉ couche. Cote 230, au S.-E. du puits d'aérage II..............	0.901 / 0.862	5.362 / 6.841	27.357 / 27.241	29.1 / 29.5	Gris clair. / Gris clair.
15ᵉ couche. Cote 240, au S.-E. du puits d'aérage II..............	1.185 / 0.909	6.004 / 3.013	27.183 / 26.566	29.3 / 27.7	Blanc légèrement grisâtre.
15ᵉ couche. Cote 205, près de la faille Gallois...................	"	3.76	27.24	28.3	.....

Au puits de la Chana, la 9ᵉ est représentée par des schistes charbonneux recoupés entre 253 et 258 mètres de profondeur, soit à 92 mètres du mur de la 8ᵉ. La 10ᵉ et la 11ᵉ correspondent à deux bancs de charbon de 0 m. 30 et de 0 m. 55, séparés par un nerf de 0 m. 20 d'épaisseur. Le mur de la 11ᵉ est à 186 mètres du mur de la 8ᵉ. A 7 mètres environ de la 10ᵉ-11ᵉ, on connaît au puits de la Chana un gore blanc analogue à celui qui existe au Treuil, au mur de la même couche. Enfin la 12ᵉ se retrouve à 25 mètres environ au-dessous de la 10ᵉ-11ᵉ; elle n'est représentée que par quelques filets charbonneux. (Voir fig. 17.)

La couche 10-11 a été explorée aux abords du puits Neuf de la Chana par un niveau tracé à la cote 175. Ce niveau a été arrêté vers le Sud avant d'avoir atteint la faille Gallois.

8ᵉ Couche. — Au toit de la faille du Furens on trouve d'abord les affleurements de la 8ᵉ au fond du ravin qui va du Bois-Monzil au Bois-Rolland. Un accident peu important les rejette ensuite vers l'Ouest, et ils apparaissent de nouveau sur le sommet de la colline sur laquelle se dressent les puits Beaunier et Gallois. La faille Gallois les fait ensuite disparaître. Entre les failles du Furens et Gallois, la 8ᵉ est toujours recouverte par un épais banc de grès exploité en divers points, au voisinage du Bois-Monzil, pour matériaux de construction.

L'épaisseur moyenne de la 8ᵉ aux puits Vieux et Neuf de la Chana est de 1 m. 50 à 1 m. 65. (Voir fig. 16.) Elle s'élève en certains points à 2 mètres. Son toit est toujours plus ou moins régulier. La 8ᵉ donne une houille terne à longue flamme (35 p. 100 de matières volatiles), assez cendreuse. Dans le lambeau de couche exploité par la fendue Sainte-Barbe, les travaux se sont développés vers l'Ouest jusqu'à la faille Gallois; dans le lambeau du puits Neuf de la Chana, ils ne paraissent pas avoir atteint cet accident.

La Crue de la 8ᵉ est constituée au puits Neuf de la Chana par deux petits bancs de charbon de 0 m. 20 à 0 m. 25 chacun, séparés par 1 mètre de schistes. Elle est située à 35 mètres au-dessus de la vraie 8ᵉ; l'intervalle compris entre les deux couches est en majeure partie occupé par des bancs de grès. Les deux bancs de la 8ᵉ s'éloignent donc de plus en plus à mesure qu'on s'avance vers l'Ouest.

Au toit de la faille Gallois, on connaît les affleurements d'un petit lambeau de 8ᵉ au voisinage même de l'orifice du puits Gallois. La couche mesure ici 1 m. 50 d'épaisseur; elle donne des charbons de qualité secondaire; on n'y a d'ailleurs encore fait que des travaux insignifiants. La 8e est au puits Gallois à 290 mètres au toit de la 13e.

La 8e couche est recouverte par un massif stérile très épais qui a été traversé par le puits Neuf de la Chana. Il est constitué en majeure partie par de puissants bancs de grès passant par places à des grattes assez grossières. Il ne contient qu'une couche de 0 m. 75 de schistes charbonneux; elle est située à 50 m. 55 du jour, soit à 115 mètres du mur de la 8e.

TRAVAUX DU QUARTIER-GAILLARD.

Les travaux du Quartier-Gaillard ont permis de reconnaître l'existence d'un assez grand nombre d'accidents. Quelques-uns d'entre eux n'ont malheureusement pas encore été étudiés d'une façon complète.

La *faille Sainte-Marie* coupe tout l'étage moyen de Saint-Étienne, entre les puits Sainte-Marie et de la Loire d'une part, et le puits des Roziers d'autre part. Les dépilages de la 5e et de la 6e couche ont permis de la suivre depuis Chavassieux au Nord, jusqu'au Clapier au Sud, soit sur près de 1,500 mètres de longueur. La direction générale de son intersection avec la 5e-6e est N. O.-S. E. La faille plonge vers l'Ouest et sa pente est faible, ainsi que le montrent les coupes du puits du Sagnat au puits Avril (planche X) et du puits Michon au puits Saint-Étienne (fig. 20). En profondeur, elle se divise en plusieurs gradins entre les puits des Roziers et Rambaud (travaux de 8e couche). Plus au Sud, le puits Michon ne l'a pas encore recoupée; mais elle limite, à l'Est de ce puits, les travaux de la 8e à la cote 375.

Les exploitations de la 3e et de la 6e couche des puits Sainte-Marie et de la Loire ont montré l'existence d'une branche secondaire de la faille Sainte-Marie. Cette branche se sépare de la faille proprement dite à l'Ouest du puits Palluat; elle s'infléchit peu à peu vers l'Est et finit par prendre, au Nord du puits de la Loire, la direction O.-E. avec plongée au Sud. Son importance décroît progressivement vers l'Est et, en 5e et 6e notamment, elle disparaît entièrement en aval de la cote 220.

Sur le versant Nord de l'anticlinal de Dourdel, on connaît une série d'accidents plongeant tous vers le Nord ou le N. E. La *faille de 15 mètres* est un accident presque vertical qui coupe toutes les couches dans le champ d'exploitation du puits Châtelus. Son importance diminue progressivement vers

Fig. 20.

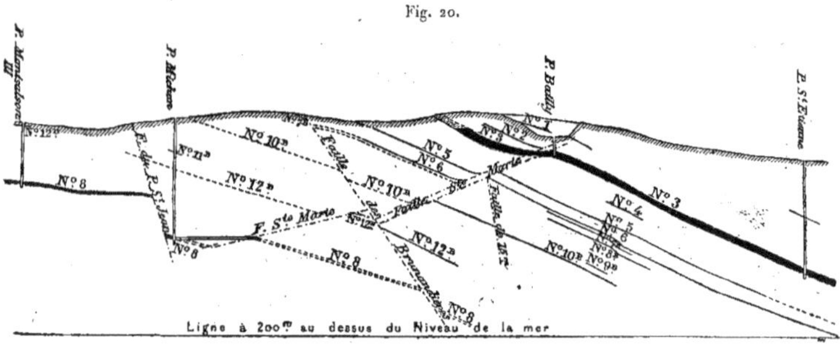

Coupe du puits Montsalson III au puits Saint-Étienne.
(Échelle : 1/10.000ᵉ.)

l'Ouest, et elle disparait dans la concession du Quartier-Gaillard. On en retrouve encore l'extrémité en 8ᵉ couche des Roziers au niveau 170, près de la limite des concessions de Dourdel et du Quartier-Gaillard.

La *faille des Brunandières* est à peu près parallèle à la faille de 15 mètres. Son rejet est d'environ 40 mètres au voisinage du puits Culate II. Il diminue d'importance vers l'Ouest. Dans la concession du Quartier-Gaillard, les travaux de 8ᵉ couche paraissent avoir été arrêtés à cet accident entre les cotes 300 et 250; on n'a fait encore en ce point aucune tentative sérieuse pour le traverser. On ne trouve plus aucune trace de la faille des Brunandières dans la concession de Beaubrun. Elle est limitée de ce côté à un rejet plongeant au S. E., rejet qui passe au voisinage même du puits Culate II dans la couche 12ᵇ. Au toit de ce petit accident, les couches de Châtelus sont coupées par une série de petites failles de faible importance, qui s'entre-croisent dans tous les sens, et qui rendent fort difficile l'exploitation des couches minces entre les puits Châtelus et des Basses-Villes. On n'a pas encore pu déterminer quelle action les failles Sainte-Marie et des Brunandières ont l'une sur l'autre. J'ai admis sur la figure 20 que la faille des Brunandières coupait la faille Sainte-Marie.

Les travaux de 15ᵉ sont limités au Sud du puits Saint-Jean de la concession du Cluzel par un accident paraissant important, *la faille du puits Saint-Jean.* C'est probablement contre cet accident qu'ont été arrêtés vers le Sud les dépilages des petites couches du puits Rambaud, et vers le Nord les travaux de 8ᵉ du puits Montsalson III. On n'a d'ailleurs fait encore aucune recherche sérieuse dans cet accident, soit par le puits Rambaud, soit par le puits Montsalson III. Dans la concession de Dourdel, la faille du puits Saint-Jean doit passer en 8ᵉ couche à peu de distance au Sud du puits Michon et, ainsi que le montre la figure 20, son rejet en ce point mesure 60 à 65 mètres.

Au Nord des travaux du Quartier-Gaillard, on a reconnu dans toutes les couches, depuis la 3ᵉ jusqu'à la 15ᵉ, des accidents dirigés presque exactement E.-O. et plongeant au Sud. La *faille de la Chana* sépare les travaux de 3ᵉ couche des puits Rolland et Sainte-Marie. Son rejet paraît mesurer près de 100 mètres; mais l'allure de la 3ᵉ entre ces deux puits est encore trop mal connue pour qu'on puisse considérer ce chiffre comme exact. La faille de la Chana est également connue dans les couches 3 à 6 au Nord de Chavassieux et au toit de la faille Sainte-Marie; mais son rejet ne mesure plus ici que 40 à 50 mètres.

Les travaux de 5ᵉ-6ᵉ du puits de la Loire ont été arrêtés entre les cotes 400 et 200 à un accident assez net qu'on n'a jamais essayé de traverser (*faille du puits de la Loire*). Il semble que le puits de la Loire ait atteint le même accident au voisinage de la 8ᵉ. Il se peut, d'ailleurs, que la faille de la Chana et la faille du puits de la Loire ne soient en réalité qu'un seul et même accident.

Au Nord du puits des Roziers et au mur de la faille Sainte-Marie, les travaux de 8ᵉ sont limités à un accident qui doit être la faille de la Chana. En aval de la cote 200, son intersection avec la 8ᵉ s'infléchit vers le S. E.; elle devient alors parallèle à l'intersection de la 5ᵉ-6ᵉ avec la faille du puits de la Loire. Un travers-bancs a été attaqué dans cet accident à la cote 180; il a été arrêté à 110 mètres du toit de la 8ᵉ sans avoir donné encore aucun résultat. Près de l'extrémité Est de ce travers-bancs, on a traversé une couche de houille de 1 mètre environ d'épaisseur; mais on n'a pu déterminer quelle est cette couche.

Au toit de la faille Sainte-Marie on retrouve la faille de la Chana en 8ᵉ couche au Nord du puits Rambaud, entre les cotes 260 et 460; sa pente paraît diminuer beaucoup près du jour. On a reconnu l'existence du même accident dans les petites couches du puits Rambaud entre les cotes 120 et 260. La faille de la Chana est ici très nette; elle est presque verticale au voisinage de la cote 120. Si on admet que sa pente diminue près du jour comme en 8e, on doit en conclure que sa trace à la surface du sol passe au Nord des travaux de 13e du puits Imbert, dans le ravin qui aboutit à Ponçon-

Fig. 21.

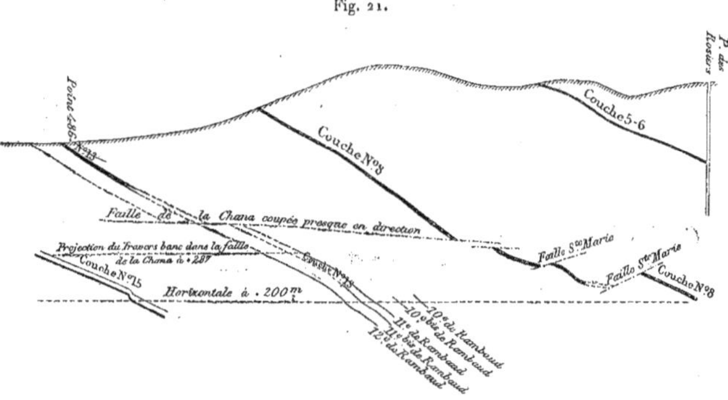

Coupe du Bas-Cluzel (point 486) au puits des Roziers.
(Échelle : 1/10.000e.)

neau (fig. 21). Les travaux de 13e du puits Imbert ont montré qu'aux abords de ce puits les terrains devenaient presque horizontaux. C'est au voisinage du toit de la faille de la Chana qu'on doit attribuer ce fait.

Les travaux de 3e du puits Rolland ont été arrêtés vers le Nord à un accident plongeant également vers le Sud. Ce doit être, soit la faille des Combeaux, soit la faille Gallois. On n'a fait, en venant de la 3e, aucune recherche dans cet accident.

La *faille de Côte-Chaude*, dont on admettait autrefois l'existence, devait passer au Sud des travaux du puits Imbert et au Nord de ceux du puits des Roziers. Il suffit de se reporter aux planches VIII et IX pour voir qu'il est aujourd'hui à peu près impossible de faire passer un accident de 200 à 300 mètres d'amplitude plongeant au N. O., au Sud du puits Imbert et du puits Neuf de la Chana, et au Nord des travaux des puits des Roziers, de la Loire, Sainte-Marie et Rolland. Nulle part dans ces diverses exploitations, on n'a d'ailleurs trouvé aucune trace du passage d'une semblable faille.

ÉTAGE MOYEN DE SAINT-ÉTIENNE.

Le faisceau des couches des Rochettes n'existe pas au Nord de l'anticlinal de Dourdel, ou tout au moins n'est représenté que par quelques filets de houille sans aucune importance. La 3ᵉ couche est en effet recouverte, dans la concession du Quartier-Gaillard, par un massif stérile formé en majeure partie par d'épais bancs de grès; sa puissance aux puits Rolland, Sainte-Marie et de la Loire est de près de 200 mètres, et il ne contient au puits Sainte-Marie que deux filets de charbon de 0 m. 50 chacun.

Couches 1, 2 et 3. — Les affleurements de la 3ᵉ couche, la plus importante du groupe des couches 1, 2 et 3, commencent à paraître au Nord, dans la concession de la Chana, au voisinage de l'étang de Momey. On les retrouve avec plus ou moins de netteté, le long du versant Ouest de la colline sur laquelle s'élèvent les puits Rolland et Sainte-Marie. La faille de la Chana les rejette ensuite vers l'Ouest, et ils passent dans la dépression qui sépare le puits des Roziers du village du Quartier-Gaillard. La 3ᵉ n'est plus représentée que par quelques bancs de charbon sans aucune importance, au point où elle traverse la route du Grand-Coin à Chez-Michon; plus au Sud, au contraire, son épaisseur augmente; le passage de la couche est alors aisé à reconnaître, grâce aux terrains brûlés qui la recouvrent le long de la limite des concessions de Dourdel et de Beaubrun. En certains points, ces terrains brûlés reposent directement sur le mur de la couche, formé par un épais banc de grès. Les affleurements de la 3ᵉ passent ensuite à une cinquantaine de mètres au Sud du puits Châtelus. Plus à l'Est, ils sont cachés par les constructions de la ville de Saint-Étienne, près de la place Polignais.

Si dans toute cette zone l'allure générale de la 3ᵉ est fort régulière, sa puissance et sa composition sont, au contraire, extrêmement variables d'un point à un autre.

Dans le versant des puits Châtelus, la 3ᵉ couche est fort régulière; sa puissance normale est de 8 à 9 mètres; on connaît au-dessus d'elle deux petits bancs de charbon de 1 à 2 mètres d'épaisseur, qui représentent les couches 1 et 2. La 3ᵉ est toujours recouverte par des schistes en petits bancs ; elle repose presque partout sur un mur de grès. (Voir fig. 22.)

Fig. 22.

COUPES DE LA 3ᵉ COUCHE.

(Échelle : 1/1.000ᵉ.)

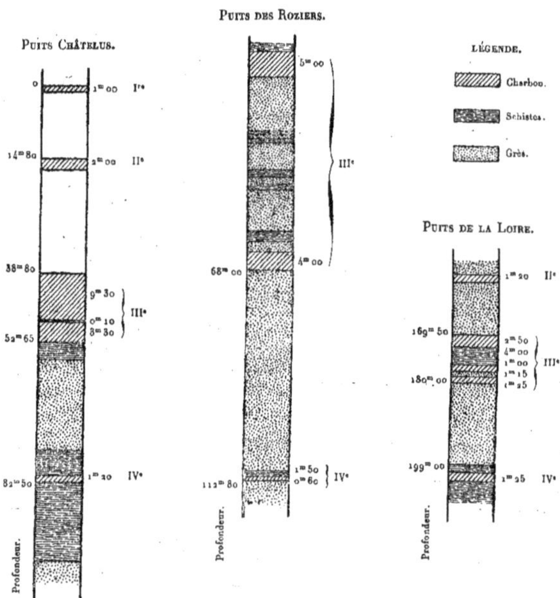

Les couches 1 et 2 ne donnent que des charbons crus et de qualité médiocre ; la 3ᵉ, au contraire, donne des charbons de forge de première qualité.

La composition du faisceau des couches 1, 2 et 3 ne se modifie guère vers l'aval du côté du puits Saint-Étienne ; il se forme pourtant ici, au milieu de la 3ᵉ, quelques nerfs schisteux, qui salissent un peu le charbon.

17.

A l'Ouest de Châtelus, on exploite actuellement la 3ᵉ par le puits Bailly dans la concession de Dourdel. A l'Ouest de ce puits et jusqu'à 100 mètres environ de la route du Grand-Coin à Chez-Michon, la composition de la 3ᵉ est la même qu'à Châtelus. Elle donne des charbons de forge de première qualité à 4 ou 5 p. 100 de cendres et 30 à 32 p. 100 de matières volatiles [1]. Ce n'est qu'au voisinage immédiat du toit de la 3ᵉ qu'on trouve quelques bancs de charbon cru. Les couches 1 et 2 existent également ici, mais elles sont moins régulières qu'à Châtelus, et les intervalles qui les séparent de la 3ᵉ sont souvent assez variables. La première de ces petites couches a été en partie exploitée à ciel ouvert dans la carrière de Pichon, au milieu de laquelle s'ouvre le puits Bailly. Elle repose sur un épais banc de grès donnant de la belle pierre de taille. A l'aval du puits Bailly, la régularité des couches 1, 2 et 3 est altérée par le passage de la faille Sainte-Marie. (Voir fig. 20.)

A une centaine de mètres de la route du Coin à Chez-Michon, et en amont de la cote 530 tout au moins, la 3ᵉ disparaît subitement : une énorme lentille de grès se forme au milieu de la couche, et la 3ᵉ n'est plus représentée que par quelques filets de houille absolument insignifiants, au-dessus et au-dessous de cette lentille. Ces filets charbonneux prennent plus d'importance au voisinage du puits de la Garenne; la 3ᵉ est alors constituée par deux ou trois bancs de charbon de 1 à 3 mètres d'épaisseur, fort irréguliers d'ailleurs.

La 3ᵉ couche redevient plus régulière dans le champ d'exploitation du puits des Roziers, au toit de la faille Sainte-Marie. Elle est divisée en deux bancs,

[1] J'ai fait analyser, en 1900, au laboratoire de l'École des mines de Saint-Étienne quelques échantillons de charbon (morceaux choisis), provenant des diverses couches exploitées par le puits Châtelus II. Voici les résultats de ces analyses :

		HUMIDITÉ à 105°, p. 100 de charbon brut.	CENDRES p. 100 de charbon brut.	MATIÈRES VOLATILES, p. 100 de charbon brut.	MATIÈRES VOLATILES, cendres et humidité déduites.	COULEUR des CENDRES.
3ᵉ couche.		1.132	1.659	28.892	29.7	Rouge brique.
4ᵉ —	Travers-bancs du puits Châtelus II à 450 mètres.	1.300	2.548	26.914	28.0	Jaune rougeâtre.
5ᵉ —		1.933	13.537	23.338	27.6	Gris violet.
6ᵉ —		0.838	5.803	25.955	27.7	Gris.
7ᴮ —		1.007	1.533	24.206	24.8	Jaune brique.
8ᴮ —		0.856	14.785	23.340	27.6	Blanc jaunâtre.
9ᴮ —	Travers-bancs du puits Châtelus II à 330 mètres.	0.852	8.631	25.842	28.5	Gris.
10ᴰ —		0.926	5.823	26.454	28.3	Rouge brique clair.
12ᴮ —		1.385	6.816	22.127	24.1	idem.

séparés par un puissant massif de grès. On a souvent donné au banc du mur de la 3ᵉ couche le nom de 4ᵉ couche.

Au mur de la faille Sainte-Marie, dans les travaux du puits de la Loire, la 3ᵉ est en général divisée en plusieurs bancs. Leur allure et leur épaisseur sont assez irrégulières. Ils sont enfin souvent salis par des intercalations de schistes charbonneux. En général, les bancs du toit sont sensiblement moins purs que les bancs du mur. En amont du puits de la Loire, les travaux de 3ᵉ remontent déjà à une époque fort ancienne, et il est possible que tous les bancs de la couche n'aient pas été entièrement reconnus. A l'aval de ce puits, on exploitait encore la 3ᵉ il y a une dizaine d'années, au toit de la faille du puits de la Loire; elle était formée en ce point par trois bancs de houille de 2 à 3 mètres de puissance chacun. Les deux bancs inférieurs étaient séparés par un nerf de grès de peu d'épaisseur au puits de la Loire. Sa puissance augmentait vers le Nord, et elle atteignait une trentaine de mètres dans les travaux du puits Sainte-Marie. Le banc du mur, qui correspond exactement au banc du mur du puits des Roziers, a souvent porté au puits Sainte-Marie le nom de 4ᵉ couche. Il mesure encore 3 mètres à 3 m. 5o au voisinage de la faille Sainte-Marie; mais son épaisseur diminue peu à peu vers le Nord, et d'autre part il se forme de ce côté, au milieu de la couche, une série de bancs de grès qui finissent par la rendre inexploitable avant d'arriver à la faille de la Chana.

A l'amont du puits Sainte-Marie, la 3ᵉ proprement dite mesure encore 5 à 6 mètres de puissance; vers le Nord son épaisseur diminue, et elle se réduit à 2 ou 3 mètres au voisinage de la faille de la Chana. Il existe par place de ce côté, entre la 3ᵉ et la 4ᵉ, une série de bancs de houille; mais ils sont en général trop minces et surtout trop irréguliers pour pouvoir être utilisés. En aval de la cote 41o, le banc principal de la 3ᵉ se divise en deux par suite du renflement brusque d'un nerf de la couche : la 3ᵉ est alors formée par deux et parfois même par trois bancs de charbon, chevauchant plus ou moins les uns sur les autres, et se substituant les uns aux autres (fig. 23). Tous ces bancs s'amincissent vers le Nord; ils sont affectés de ce côté par une série de petits rejets dirigés E.-O. et plongeant au Sud. Il est par conséquent difficile de suivre la 3ᵉ au Nord du puits Sainte-Marie; aussi son intersection, soit avec la faille de la Chana, soit avec la faille du puits de la Loire, n'a-t-elle pu encore être déterminée avec exactitude.

Le puits Sainte-Marie a traversé à 266 mètres de profondeur une couche de houille de 1 m. 6o, recouverte par un épais toit de grès. Elle ressemble, à bien des points de vue, à la 4ᵉ de Sainte-Marie ; le charbon est propre ; mais la couche est salie par de nombreux filets de grès. On ne paraît pas avoir fait de travaux sérieux dans cette couche. On a vraisemblablement à faire ici à un lambeau de la 4ᵉ de Sainte-Marie, compris entre deux gradins de la faille du puits de la Loire.

Au mur de la faille de la Chana et au toit de la faille Sainte-Marie, la 3ᵉ a été exploitée jusqu'au voisinage des Parisses. Elle est divisée en plusieurs bancs et rendue fort irrégulière par un assez grand nombre d'accidents secon-

Fig. 23.

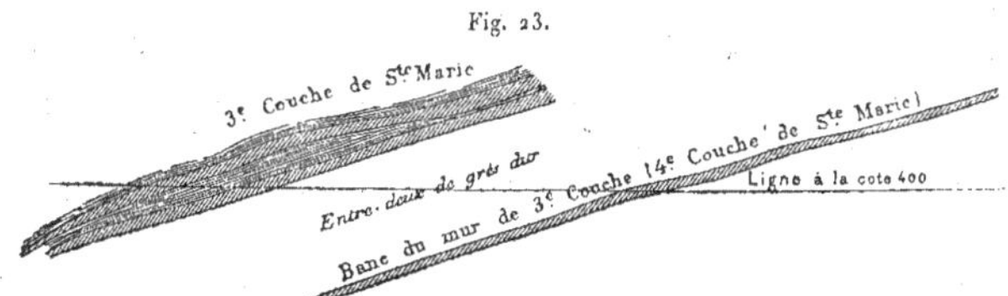

Coupe de la 3ᵉ et de la 4ᵉ couche de Sainte-Marie par une ligne E.-O. passant à 170 mètres au Sud du puits Sainte-Marie.

(Échelle : 1/2.000ᵉ.)

daires, dépendant des failles de la Chana et Sainte-Marie. Aussi en bien des points a-t-on vraisemblablement dû passer sans s'en apercevoir d'un banc de la 3ᵉ à un autre.

Au mur de la faille Sainte-Marie et de la faille de la Chana, la 3ᵉ couche a enfin été exploitée par le puits Rolland. Son épaisseur varie ici de 2 m. 80 à 3 mètres ; elle est divisée en deux bancs par un nerf de grès de 0 m. 40 ; de plus, le charbon est sali par un grand nombre de filets schisteux. A 25 mètres au-dessus de la 3ᵉ, on a trouvé par le travers-bancs reliant le puits Rolland au plâtre du puits Avril (129 mètres de profondeur par rapport au puits Rolland), deux bancs de charbon de 3 à 4 mètres d'épaisseur ; mais on n'avait à faire ici qu'à un lambeau de couche limité de toute part par des accidents, et on n'a pas recherché ce qu'il devenait au delà.

Couche nᵒ 4. — La 4ᵉ couche est en général séparée de la 3ᵉ par un épais banc de grès. C'est une couche crue de qualité médiocre, qui n'a pas été exploitée dans la concession du Quartier-Gaillard. Elle est un peu plus épaisse et

Bassin de la Loire, p. 134-135.
Fig. 24.
COUPES DES COUCHES 5 ET 6 DANS LES TRAVAUX DU QUARTIER-GAILLARD.
(Échelle : 1/100e.)
PUITS CHATELUS I.
PUITS DE LA LOIRE.
TRAVERS-BANCS DE 190 MÈTRES AU PUITS DE LA LOIRE.
PUITS DES ROCHERS.
LÉGENDE.
Charbon.
Schistes charbonneux.
Schistes.
Grès.

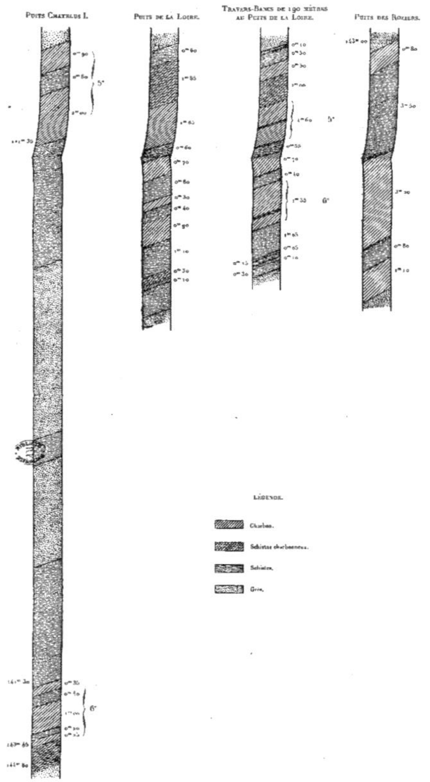

sa qualité est sensiblement meilleure dans les concessions de Beaubrun et de
Dourdel et Montsalson. Aussi y a-t-elle été exploitée d'une façon à peu près
complète. Son épaisseur à Châtelus varie entre 1 m. 30 et 1 m. 50.

Couches 5 et 6 (fig. 24). — L'intervalle qui sépare la 4ᵉ couche des
couches 5 et 6 est d'environ 40 mètres; il est en majeure partie occupé par
des bancs de grès. Au Nord d'une ligne menée par le puits de la Loire, parallèlement à la limite des concessions du Quartier-Gaillard et de Dourdel, les
couches 5 et 6 sont réunies; elles s'éloignent, au contraire, brusquement l'une
de l'autre au Sud de cette ligne, et au puits Châtelus I elles sont séparées par
20 mètres de rocher. L'exploitation de ces couches est relativement récente,
leur allure est par suite fort bien connue; aussi ont-elles été représentées sur
la feuille IX de l'atlas de la topographie souterraine de la Loire.

On suit aisément les affleurements des couches 5-6 le long de la crête
du Quartier-Gaillard depuis les Maisons-Rouges jusqu'à Chez-Michon. Vers
le Nord, ces affleurements sont coupés par la faille de la Chana; ils sont
mal connus au mur de cet accident, bien que la 5ᵉ-6ᵉ ait été exploiteé jusqu'à la limite de la concession de la Chana. Les traces charbonneuses signalées
à quelques centaines de mètres au Sud du Bois-Rolland, sur la rive droite du
ruisseau qui traverse ce hameau, appartiennent peut-être aux couches 5-6. Au
Sud du Quartier-Gaillard, les affleurements de ces couches sont coupés par
la faille des Brunandières près de la route du Grand-Coin à Chez-Michon; on
les retrouve au mur de cette faille, près des maisons de Chez-Michon; puis ils
disparaissent sur le flanc Nord de la montagne de Montsalson. Les couches 5-6
sont partout recouvertes par d'épais bancs de grès, exploités en plusieurs
points pour matériaux de construction.

Au toit de la faille Sainte-Marie et dans le champ d'exploitation des puits
des Roziers et Palluat, on distingue dans la couche trois bancs. Seul le banc
du milieu, qui mesure 2 m. 50 à 3 mètres de puissance, a été exploité. Il
fournit du charbon dur, cendreux et de qualité ordinaire; mais c'est une
houille très grasse donnant une forte proportion de gros. La couche est très
régulière au Nord du puits des Roziers, jusqu'à la faille de la Chana. Cet accident, aussi net en 5ᵉ-6ᵉ que dans le banc du mur de la 3ᵉ, rejette la couche
de 40 à 50 mètres. Au mur de la faille, la 5ᵉ-6ᵉ a été exploitée dans la concession du Quartier-Gaillard, entre les cotes 540 et 500; mais on n'a pas
exploré son prolongement dans la concession de la Chana, et on n'a pas re-

cherché davantage ce qu'elledevenait en aval de la cote 500 au mur de la faille de la Chana.

Le lambeau de 5ᵉ-6ᵉ qui correspond aux puits Palluat et des Roziers est limité à l'aval par la faille Sainte-Marie. Elle déplace la couche d'une vingtaine de mètres entre les puits Sainte-Marie et Palluat. Vers le Sud, cette faille se divise en plusieurs branches. L'une conserve la direction générale N. O.-S. E. et on la suit jusqu'au voisinage de la limite de la concession de Beaubrun; son rejet est de 15 à 20 mètres, elle est limitée à la faille du puits Culate II. La seconde branche de la faille Sainte-Marie disparaît au S. O. du puits de la Loire. La 3ᵉ enfin s'infléchit vers l'Est avant d'arriver au puits de la Loire et disparaît à peu près complètement au voisinage de la cote 220.

Au mur de la faille Sainte-Marie et au Nord du puits de la Loire, la couche 5-6 a la même composition qu'au puits Palluat. Sous un épais toit de grès on trouve un faux toit de schistes charbonneux avec petite couche de houille; puis vient la couche proprement dite de 2 m. 50 à 3 mètres de puissance. La partie inférieure de la couche est salie par quelques nerfs. Les dépilages dans tout ce quartier ont été poussés vers le Nord entre les cotes 400 et 200 jusqu'à la faille du puits de la Loire; on n'a fait dans cet accident aucune recherche sérieuse par la 6ᵉ couche.

A mesure que l'on s'avance vers le Sud, les nerfs du gros banc de la couche 5-6 prennent plus d'importance, et, ainsi que le montrent les coupes de la figure 24, les couches 5-6 au puits de la Loire, entre un toit de grès et un mur de grès, sont formées par une succession de planches de charbon et de schistes plus ou moins charbonneux. L'épaisseur de l'un de ces nerfs augmente brusquement à une centaine de mètres au Sud du puits de la Loire et on a alors affaire à deux couches bien distinctes. La 5ᵉ est formée au puits Châtelus par deux bancs, l'un mesurant 0 m. 70, l'autre 2 mètres à 2 m. 50, séparés l'un de l'autre par une planche de schistes de 0 m. 80. Dans tout le versant de Châtelus, cette couche a donné des charbons de qualité moyenne; elle s'altère vers l'aval. Entre les puits de la Loire et de Saint Étienne, la 5ᵉ, dont l'épaisseur ne dépasse pas 1 mètre ou 1 m. 50, est formée par du charbon très moureux; elle est de plus salie par de nombreux filets de schistes.

La 6ᵉ couche est formée par plusieurs planches de charbon d'assez bonne qualité, séparées les unes des autres par des nerfs schisteux d'allure et d'épaisseur fort irrégulières. L'un de ces nerfs est très caractéristique : il est constitué par des schistes argileux jaunâtres (couleur de chocolat); il se trouve, en général, près du mur de la couche, sous un gros banc de houille de 0 m. 80 à 1 mètre de puissance.

Les petites couches du Quartier-Gaillard et de Châtelus (fig. 25). — Entre les couches 6 et 8, on trouve au puits du Treuil une série de petites planches de houille dont la 1re porte le nom de 7e couche, et dont les autres sont désignées par les lettres A, B, C et D. Une formation analogue existe au Quartier-Gaillard; les couches de houille sont seulement ici plus nombreuses, et, dans le versant de Châtelus tout au moins, leur régularité et leur qualité sont telles, qu'elles ont presque toutes pu être avantageusement exploitées. Elles sont désignées à Beaubrun par les numéros 7, 8, 9, 9 *bis*, 10, 10 *bis*, 11 et 12; on attribue alors le n° 13 à la véritable 8e du bassin de la Loire. Ce numérotage sera conservé ici; mais, pour éviter toute confusion, les numéros des couches dans la classification de Beaubrun seront affectés de l'indice B.

L'intervalle qui sépare les couches extrèmes de ce faisceau est le même à Châtelus et à la Loire : il mesure environ 175 mètres en partant du banc de grès qui forme le véritable mur de la 6e et en s'arrêtant au mur de la 12^B. Mais en passant du premier de ces puits au second, l'épaisseur des couches diminue et leur qualité s'altère : ainsi plusieurs veines de houille exploitables à Châtelus sont seulement représentées à la Loire par des bancs de schistes charbonneux. Une altération analogue s'observe à l'Ouest de Châtelus à mesure que l'on pénètre dans les concessions de Dourdel et du Quartier-Gaillard, et on ne retrouve plus aux puits des Roziers, Rambaud et Palluat que les couches 7^B et 10^B. La couche 12^B existe encore aux abords du puits Rambaud; mais elle se réduit de ce côté à un banc de schistes charbonneux. Les petites couches n'ont pas encore été recherchées au nord du puits de la Loire, au mur de la faille Sainte-Marie.

Le véritable mur de la 6e est formé à Châtelus et à la Loire par un épais banc de grès de 12 à 13 mètres de puissance. Il recouvre une première couche de 0 m. 80 à 1 mètre (7^B); à 6 ou 7 mètres au mur de celle-ci, on trouve une seconde couche (8^B), qui mesure encore 0 m. 80 à 1 mètre à Châtelus, mais qui se réduit, à la Loire, à un filet de houille de 0 m. 30. L'intervalle compris entre les couches 7^B et 8^B est en majeure partie occupé par des schistes durs. Ces couches sont les meilleures du faisceau : elles donnent de bons charbons de forge. Du côté de la ville de Saint-Étienne, la 7^B augmente parfois d'épaisseur, et sa puissance atteint en certains points 3 mètres et même

A 254 et à 284 mètres de profondeur, le puits Châtelus a recoupé deux petites veines de houille de 0 m. 80 (seconde 10^B) et de 1 mètre à 1 m. 10 (11^B). Cette dernière seule a été un peu exploitée à Beaubrun, où elle n'a d'ailleurs donné que des charbons schisteux et médiocres. Le mur et le toit de ces couches sont encore formés par des schistes; elles sont séparées l'une de l'autre, et isolées des couches 10^B et 12^B par d'épais bancs de grès. Elles ne sont plus représentées au puits de la Loire que par des schistes charbonneux, recoupés à 351 et 378 mètres de profondeur.

La 12^B est située à 80 ou 90 mètres du mur de la 10^B. C'est dans le versant de Châtelus la plus épaisse des couches comprises entre la 6e et la 8e; mais, comme plusieurs des couches de ce faisceau, elle n'est exploitable que dans la concession de Beaubrun et dans une partie de la concession de Dourdel. Dans cette zone, la 12^B a une composition assez constante. Sous un toit de schistes durs, on trouve deux petites planches de charbon séparées par un nerf peu épais, puis viennent un gros nerf, une planche de charbon de 0 m. 70 à 0 m. 90 de puissance, et enfin des schistes charbonneux dont l'épaisseur est fort variable. Du côté de Saint-Étienne, les bancs de charbon sont épais, le charbon est propre et donne assez de gros; les nerfs sont minces et formés de schistes charbonneux et parfois même de charbon cru. A l'Ouest de Châtelus au contraire, l'importance des nerfs augmente; ils deviennent de plus en plus pierreux; les planches de houille diminuent d'épaisseur et le charbon devient plus cendreux. Cette transformation progressive de la couche a été bien mise en évidence par une recherche effectuée à la cote 340; à 200 mètres avant d'atteindre à ce niveau la limite du Quartier-Gaillard, la 12^B devient absolument inexploitable.

Les schistes du mur de la 12^B n'ont en général aucune valeur; leur épaisseur dépasse rarement 0 m. 70 à 1 mètre. Elle est pourtant notablement plus grande au puits Châtelus I, où la traversée de la couche, schistes du mur compris, atteint 4 mètres.

Au puits de la Loire, la 12^B, traversée à 424 mètres de profondeur, se réduit à un filet de bon charbon surmontant 1 m. 20 de charbon très schisteux. La faille Sainte-Marie coupe le puits des Roziers au point où il devrait rencontrer la 12^B; mais la reconnaissance faite par le puits Châtelus au niveau 340 montre que la 12^B ne peut avoir aucune valeur aux abords de ce puits. Elle a été retrouvée par le puits Rambaud à près de 70 mètres de profondeur. Elle mesure ici 1 m. 10 et elle est presque uniquement formée de charbon cru. Elle affleure à l'Ouest de ce puits dans le fond du ravin qui va du puits Michon au puits Rambaud. Le puits Michon a recoupé le mur de la 12^B à 92 mètres de profondeur. Elle a enfin été traversée par le puits Montsalson III à quelques mètres du jour.

Les travaux de 12^B ont permis de bien reconnaître la faille des Brunandières. Elle est orientée du N. O. au S. E. et plonge au N. E. Elle déplace la 12^B de 30 à 35 mètres aux abords du puits Culate II; son importance diminue vers le N. O. La 12^B a été reconnue et exploitée au mur de cet accident. Les courbes de niveau de cette couche montrent bien l'allure de l'anticlinal de Dourdel.

Au mur de la faille du puits de la Loire, les couches inférieures à la 3e n'ont pas encore été sérieusement recherchées. Le puits Sainte-Marie a été arrêté dans un banc inférieur de la 3e. Quant au puits Rolland, qui mesure en tout 280 mètres de profondeur, il ne paraît avoir recoupé aucune couche de houille au mur de la 3e; mais les renseignements que l'on a sur ce puits sont assez vagues.

Le puits Rolland a été mis en communication avec le plâtre du puits Avril par un grand travers-bancs à la cote 500. On a tout d'abord suivi la 3e couche dans une zone où son allure est assez indécise et où la couche est fort irrégulière; puis, après avoir traversé des accidents plongeant les uns à l'Ouest, les autres à l'Est, on a atteint un faisceau de petits bancs de charbon plongeant vers l'Ouest. Ils sont respectivement situés à 270, 225, 210 et 175 mètres du puits Avril et mesurent 0 m. 90, 0 m. 60, 0 m. 60 et 0 m. 90 d'épaisseur. Le banc inférieur seul donnait des charbons d'assez bonne qualité. Enfin, à 40 mètres du puits Avril, ce travers-bancs a recoupé une couche de très mauvaise qualité, plongeant vers l'Ouest et épaisse de 2 à 3 mètres.

Le puits Neuf, creusé dans ce travers-bancs à 195 mètres du puits Avril, a recoupé deux petites couches, fort irrégulières d'ailleurs, à 45 mètres et à 70 mètres au-dessous du travers bancs; à 110 mètres, il a traversé un entraînement de charbon assez important dans des terrains très bouleversés. Audessous les terrains sont très brouillés, et ce puits a été mis en communication avec les travaux de 8e par un travers-bancs dans la faille du Furens, à 200 mètres de profondeur.

Le puits Neuf a traversé des terrains si brouillés, qu'il est difficile de ne pas supposer que la faille du Furens ait ici encore une assez grande importance. La couche reconnue par le travers-bancs du puits Rolland, à 40 mètres du puits Avril, ne peut donc être considérée comme la 7ᵉ, qui, au puits de la Manufacture, est à 180 mètres de la 8ᵉ. On est, par suite, conduit à se demander si les couches recoupées par le travers-bancs du puits Rolland ne représentent pas la partie supérieure du faisceau des couches 1 à 7, ou peut-être même quelques-unes des couches des Rochettes; mais on ne peut faire pour le moment que des hypothèses sur ce sujet.

ÉTAGE INFÉRIEUR DE SAINT-ÉTIENNE.

8ᵉ Couche (fig. 26). — Les affleurements de la 8ᵉ couche traversent du Nord au Sud la concession du Cluzel, à l'Ouest du puits Gidrol. On les suit aisément depuis la route de Côte-Chaude au Cluzel au Nord, jusqu'au voisinage de la route de Saint-Étienne à Dourdel au Sud; ils s'infléchissent ensuite brusquement vers l'Ouest et longent de l'Est à l'Ouest le versant Nord du Montsalson. Le changement brusque de direction de ces affleurements correspond au passage de l'anticlinal de Dourdel.

Dans les concessions du Cluzel et du Quartier-Gaillard, la direction générale de la 8ᵉ est N. N. O. - S. S. E. et la couche plonge vers l'Est. Sa pente est forte près des affleurements (35°); elle diminue assez sensiblement au mur de la faille Sainte-Marie. Les travaux effectués en 8ᵉ couche par les puits Rambaud et des Roziers ont permis de reconnaître le passage des failles Sainte-Marie et de la Chana, et peut-être aussi, en aval de la cote 200 et au Nord du puits des Roziers, la faille du puits de la Loire. J'ai déjà parlé de ces divers accidents; je n'y reviendrai donc pas. Vers le Sud, les travaux ont été arrêtés à des étranglements et à des amincissements qu'on n'a jamais essayé sérieusement de traverser; ils peuvent peut-être correspondre au passage de la faille des Brunandières. On est dans tous les cas en droit de supposer qu'au Sud de ces étranglements la 8ᵉ couche se prolonge régulièrement jusqu'à son intersection avec la faille Saint-Jean. Vers l'extrémité Sud du niveau 170, on voit se former en 8ᵉ la faille de 15 mètres, dont j'ai déjà eu l'occasion de parler : son importance en ce point est insignifiante.

Comme dans la plaine du Treuil, la 8ᵉ couche est divisée en deux bancs dans les concessions du Cluzel et du Quartier-Gaillard. La Crue (banc du toit) mesure 1 m. 50 à 2 mètres. Elle ne donne, en général, que des charbons de très mauvaise qualité, durs et nerveux, et est inexploitable au Nord de Côte-

Chaude et du Champrond. Au Sud de ces deux villages, elle a pu être partiellement utilisée ; le charbon y est un peu plus tendre, un peu moins sale ; mais le menu brut de la Crue contient toujours au moins 25 p. 100 de cendres.

La Crue est séparée de la vraie 8ᵉ, au Nord des travaux du Quartier-Gaillard, par un banc de schistes durs de 4 à 5 mètres de puissance. A mesure qu'on s'avance vers le Sud, son épaisseur diminue et les schistes durs sont remplacés par des schistes tendres qui deviennent assez charbonneux au-dessous du Grand-Coin. C'est à peine si le nerf de la 8ᵉ mesure en ce point 1 mètre à 1 m. 50 de puissance.

La grande 8ᵉ, ou pour simplifier la 8ᵉ, mesure 3 m. 50 à 4 mètres d'épaisseur dans la majeure partie des travaux du puits des Roziers et du puits Rambaud. Sous le toit, le charbon est divisé en grosses planches dures et propres. La partie inférieure de la couche, épaisse de 2 mètres, est au contraire constituée par du charbon tendre, souvent schisteux et moureux au voisinage immédiat du mur. Le mur est formé par des schistes durs en grosses planches, puis par du grès.

En amont de la cote 250 et au toit de la faille de la Chana, la 8ᵉ est extrêmement régulière. Au mur de cet accident, on a retrouvé un premier lambeau de 8ᵉ également assez régulier ; toutefois, en amont de la cote 380, l'épaisseur de la couche diminue assez sensiblement, et elle se réduit à 2 mètres en moyenne aux environs de la cote 420. Un accident sans importance limite ce lambeau vers le Nord ; au delà, la 8ᵉ a été retrouvée à l'aplomb des Maisons-Rouges ; mais son épaisseur, d'abord assez forte (3 mètres à 3 m. 10), diminue rapidement. Sous les Maisons-Rouges, elle n'est en moyenne que de 1 m. 50 à 2 mètres. Plus au Nord enfin, les travaux ont été arrêtés dans un amincissement complet de la couche.

La nature du charbon que l'on a suivi dans ces recherches ne permet pas de penser qu'on se soit engagé dans la Crue ; d'autre part, on ne connaît ni au mur, ni au toit de la 8ᵉ aucune couche de cette nature. On ne peut donc supposer qu'on ait passé de la 8ᵉ dans une couche voisine, grâce à un accident.

D'ailleurs, entre le puits des Roziers et le puits Palluat, la 8ᵉ subit une altération analogue. Elle s'amincit peu à peu ; sa puissance moyenne ne dépasse pas 2 mètres, et en bien des points la couche s'étrangle et se lamine complètement.

Fig. 26.

COUPES DE LA 8ᵉ COUCHE.

(Échelle : 1/100ᵉ.)

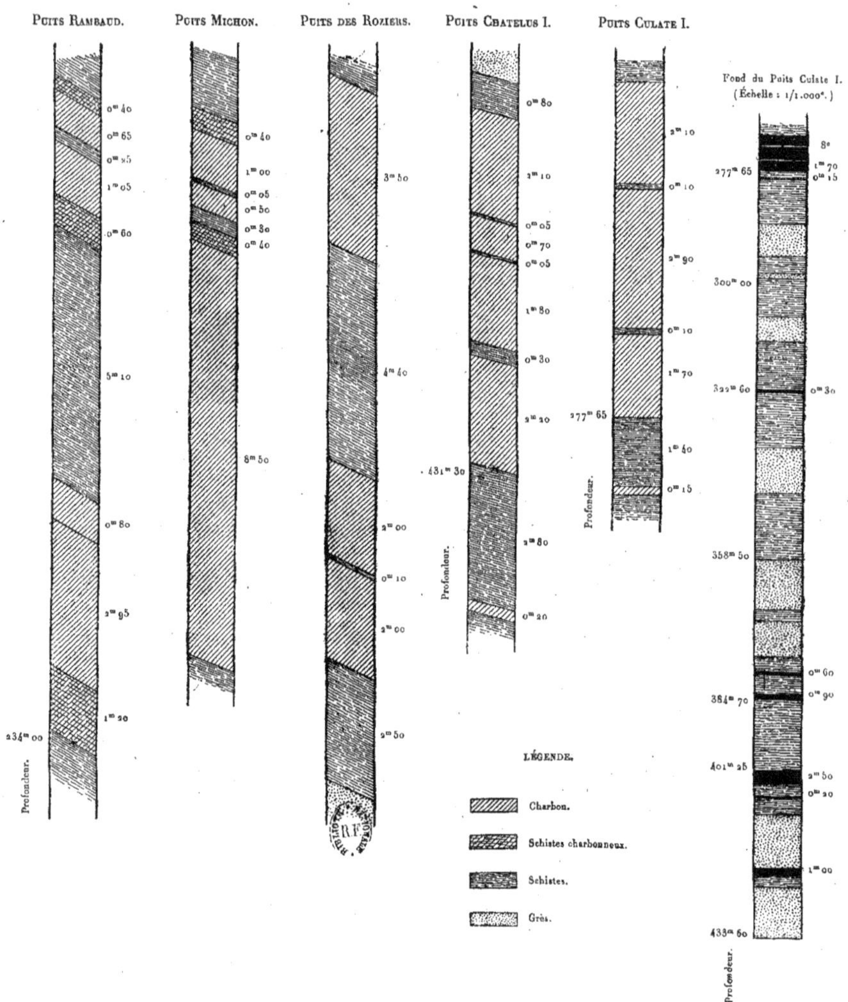

Il semble donc résulter de ces diverses recherches que l'épaisseur de la 8ᵉ diminue vers le Nord. On a déjà vu que, soit au puits Gallois, soit au puits de la Chana, cette couche est loin d'avoir l'épaisseur qu'elle a normalement dans les travaux du Quartier-Gaillard.

Les charbons de la 8ᵉ couche du puits des Roziers sont des charbons gras. Près de la surface, ils devaient contenir environ 30 p. 100 de matières volatiles, comme à Montsalson III. Dans le quartier Sud, aux environs de la cote 200, ils tiennent en moyenne 23 à 24 p. 100 de matières volatiles (cendres déduites). Quant à la teneur en cendres de la couche, elle est assez variable et dépend du banc de charbon que l'on considère. La 8ᵉ a surtout donné, après simple triage à la main, des charbons bruts à 12-15 p. 100 de cendres.

Le puits de la Loire a atteint à 493 m. 70 du jour, soit à 68 mètres environ du mur de la 12ᴮ, le toit d'une couche de bon charbon, mesurant 3 mètres de puissance et reposant sur un banc de charbon schisteux assez irrégulier, mais ayant en moyenne près de 2 mètres d'épaisseur : c'est évidemment la 8ᵉ couche. Entre le 12ᴮ et le 8ᵉ, le puits de la Loire a traversé un accident (voir p. 128) dont l'amplitude doit être de près de 30 mètres, car l'intervalle qui sépare le mur de la 12ᴮ du toit de la 8ᵉ est de 101 mètres au puits Châtelus I. On n'a encore fait aucun travail sérieux en 8ᵉ par le puits de la Loire.

Dans les concessions de Dourdel et Montsalson et de Beaubrun, la 8ᵉ couche est connue entre les puits Michon et Châtelus. Son épaisseur est ici sensiblement plus considérable qu'au Quartier-Gaillard; cela provient en partie de ce que la Crue est réunie à la 8ᵉ, le nerf qui les sépare ayant été remplacé par des bancs de charbon parfois simplement schisteux. Les coupes de la figure 26 montrent qu'au puits Michon on peut encore distinguer la crue de la vraie 8ᵉ. Aux puits Châtelus et Culate, cette distinction n'est plus possible. L'épaisseur moyenne de la 8ᵉ est alors de 6 à 7 mètres; le charbon est de bonne qualité; mais il est souvent sali dans les travaux de Châtelus par des nerfs de schistes durs, d'allure très irrégulière, qui se développent surtout au voisinage du mur de la couche.

Les puits Châtelus I et Culate I ont permis d'explorer la 8ᵉ dans la concession de Beaubrun, entre les cotes 240 et 80; la couche est, en général, fort régulière et plonge vers le Nord avec une pente moyenne de 18 degrés. Aux environs du puits Culate II, la 8ᵉ est coupée par la faille des Brunandières et par l'accident plongeant à l'Est et passant par ce puits en 12ᴮ. C'est ce qui explique que le mur de la 8ᵉ soit dans le puits Culate I à la cote 277.65.

Dans la concession de Dourdel, la 8e a été récemment reconnue entre les cotes 320 et 375, le long de l'arête de l'anticlinal de Dourdel, au toit de la faille Saint-Jean ; elle avait été autrefois exploitée au mur de cet accident par le puits Montsalson III. Les courbes de niveau de la 8e au Sud de ce puits montrent bien le passage du plissement de Dourdel.

Près des affleurements dans les travaux du puits Montsalson III, la 8e donne des charbons contenant, déduction faite des cendres, 31 à 32 p. 100 de matières volatiles. Cette teneur tombe à 26-28 p. 100 à l'aval du puits Michon entre les cotes 375 et 320, et se réduit à 21-23 p. 100 dans les travaux de Châtelus I entre les cotes 200 et 100 [1].

Couches inférieures à la 8e. — Le puits Culate I est le seul puits de la concession de Beaubrun qui ait été foncé au mur de la 8e couche. Ainsi que le montre la coupe de la figure 26, il a traversé au-dessous de la 8e près de 100 mètres de terrains stériles, puis à 386 m. 70 il a recoupé une veine de 0 m. 90, à 401 mètres une couche de 2 m. 50 de puissance (la 9e ?) et à 422 mètres une petite couche de 1 mètre. On n'a encore fait aucune reconnaissance dans ces diverses couches. Le charbon de la 9e (?) est dur et assez brillant.

Dans les concessions de Dourdel et Montsalson et du Quartier-Gaillard, aucun puits n'a encore dépassé le mur de la 8e. Au contraire, dans la concession du Cluzel, les couches inférieures à la 8e sont exploitées depuis longtemps déjà.

On connait dans la vallée du Cluzel, au mur de la 8e, les affleurements d'un certain nombre de couches qui donnent en général des charbons gras de fort bonne qualité. Elles ont été exploitées au voisinage de la surface, et dans la première moitié de ce siècle, par les puits Imbert, Saint-Jean et Deville,

[1] J'ai fait analyser, en 1900, au laboratoire de l'École des mines de Saint-Étienne des échantillons choisis de charbon de la 8e couche. Voici les résultats qui ont été obtenus :

	HUMIDITÉ à 105°, p. 100 de charbon brut.	CENDRES p. 100 de charbon brut.	MATIÈRES VOLATILES, p. 100 de charbon brut.	MATIÈRES VOLATILES, cendres et humidité déduites.	COULEUR des CENDRES.
Cote 330, entre les puits Michon et Culate II....................	0.731	4.473	26.536	27.9	Blanc rosé.
Cote 130, à l'Est du puits Châtelus I, concession de Beaubrun..........	0.745	7.086	21.062	22.8	Blanc jaunâtre.

puis plus récemment, et à de plus grandes profondeurs, par le puits Rambaud. On ne possède malheureusement que des données assez incomplètes et assez peu concordantes sur les travaux effectués par les trois premiers de ces puits.

Au puits Imbert, on a exploité une couche de 5 mètres de puissance moyenne ; le charbon est plus propre que celui de la Grande Couche de Villars ; mais il est en général friable. Le toit de la couche est assez médiocre et, à une quinzaine de mètres au-dessus de la Grande Couche, on trouve un petit banc de houille crue qui ne paraît pas avoir été exploité. A 20 mètres au mur de la Grande Couche, on connaît enfin un second banc de charbon de 1 m. 30 à 2 mètres de puissance. Le charbon en est relativement pur.

Les travaux du puits Imbert paraissent limités au Sud du Bas-Cluzel par un accident dont j'aurai à m'occuper en parlant des travaux du puits Saint-Jean ; vers l'Est, au voisinage du puits Imbert, la Grande Couche se raplanit beaucoup, les terrains sont irréguliers et semblent indiquer le passage d'un accident relevant l'aval pendage de la couche : ce doit être la faille de la Chana. Vers le Nord, les travaux du puits Imbert ont été arrêtés à une limite purement conventionnelle.

La couche exploitée au puits Imbert est, sans aucun doute, celle qu'on connaît à Montchaud : c'est la Grande Couche de Villars et, par conséquent, la 13ᵉ du bassin de la Loire. On admettait autrefois que c'était la 8ᵉ couche et qu'au puits Imbert on se trouvait au toit de la faille de Côte-Chaude ; en ce point, l'amplitude de cet accident aurait dû être de près de 200 mètres. J'ai déjà indiqué les raisons qui ne permettent plus d'admettre aujourd'hui l'existence d'une semblable faille.

Au Sud du Bas-Cluzel, on ne retrouve plus aucune trace de la Grande Couche du puits Imbert. Les travaux des puits Saint-Jean et Deville se sont uniquement développés dans un faisceau de petites couches.

Le puits Saint-Jean a traversé, à une quinzaine de mètres de profondeur, une veine de 0 m. 30 ; puis, à la cote 467, sous un épais banc de grès et un faux toit schisteux de peu d'épaisseur, une veine de 1 m. 20 donnant des charbons d'assez bonne qualité. A la cote 430, sous un nouveau banc de grès et un faux toit de schistes de peu d'importance, il a recoupé une 3ᵉ couche d'assez bon charbon (1 mètre), à 40 mètres plus bas (cote 390), sous un toit de grès, une couche de 1 m. 70 de très bon charbon de forge, et enfin à la cote 377 une 5ᵉ couche formée par une série de bancs de charbon séparés par des filets de schistes. La 4ᵉ couche du puits Saint-Jean est de beaucoup la meilleure du faisceau ; mais son épaisseur est souvent variable : en bien des points, le grès du toit a raviné le charbon.

Les travaux du puits Saint-Jean sont limités à l'Est de ce puits par un accident presque vertical, déplaçant toutes les couches de 5o à 6o mètres entre les puits Saint-Jean et Rambaud et plongeant à l'Est. Ce doit être un gradin de la faille Saint-Jean, et c'est très vraisemblablement ce gradin qui limite les travaux de la Grande Couche du puits Imbert au Sud du Bas-Cluzel.

Au puits Deville, on a exploité un faisceau de couches identiques. A 25 mètres du jour, ce puits a trouvé sous un épais banc de grès, qui la ravine souvent, une couche de très bon charbon. En certains points, cette couche est divisée en deux bancs par un nerf schisteux de 2 à 3 mètres d'épaisseur. A 55 mètres de profondeur, le puits a traversé une couche de 1 m. 70 à 2 mètres, divisée par un nerf de schistes blancs. On connaît enfin plus au mur les affleurements d'un troisième banc de charbon assez puissant, mais de qualité secondaire et divisé par des nerfs. Ces couches paraissent correspondre aux trois couches inférieures du puits Saint-Jean ; leur épaisseur est seulement en moyenne plus grande au puits Deville qu'au puits Saint-Jean.

On a recherché et on exploite aujourd'hui par les puits Rambaud et Saint-Jean l'aval pendage des diverses couches reconnues dans la vallée du Cluzel. Dans ce but, on a creusé ces puits jusqu'à la cote 167 et à ce niveau on les a reliés par un grand travers-bancs.

Au-dessous de la 8ᵉ, dont le mur est à la cote 336, le puits Rambaud a traversé, sur près de 200 mètres de hauteur verticale, un massif absolument stérile, dans lequel les grès et les schistes se succèdent en bancs fort réguliers. Entre les cotes 170 et 175, il a trouvé une première couche de charbon médiocre. Dans le tube du puits, elle est divisée par un nerf schisteux de o m. 40 à o m. 50 en deux bancs, l'un de 1 m. 30 au toit, l'autre de o m. 50 au mur. La couche est recouverte par des schistes ; elle repose sur un mur de grès. On n'a fait dans cette couche que quelques traçages au Nord du puits ; elle s'altère de ce côté et le nerf s'épaissit peu à peu aux dépens des deux bancs de charbon.

Le travers-bancs Rambaud–Saint-Jean a recoupé au mur de cette première couche trois ou quatre filets de charbon de o m. 15 à o m. 20 ; puis, à 58 mètres du puits Rambaud, une couche de o m. 70 à o m. 80 d'épaisseur, comprise entre un toit et un mur de grès ; on lui a donné le nom de 10ᵉ. Cette couche est déjà en partie exploitée entre les failles Saint-Jean et de la

Fig. 27.

FAISCEAU DES COUCHES DU PUITS RAMBAUD.

(Échelle : 1/1.000ᵉ.)

COUPE DU TRAVERS-BANCS DU PUITS RAMBAUD (COTE 170).

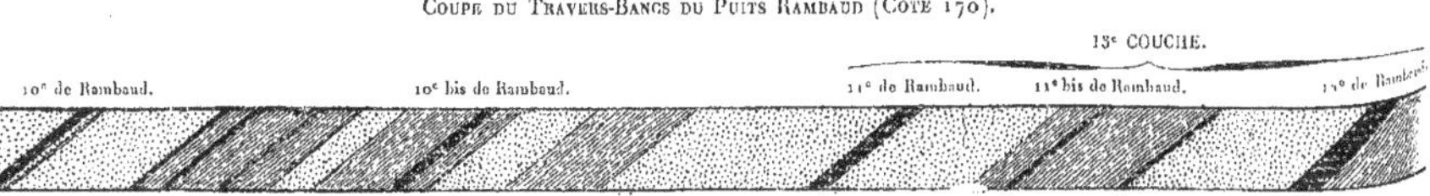

COUPE DU TRAVERS-BANCS DU PUITS RAMBAUD (COTE 170)
AU NORD DE LA FAILLE DE LA CHANA.

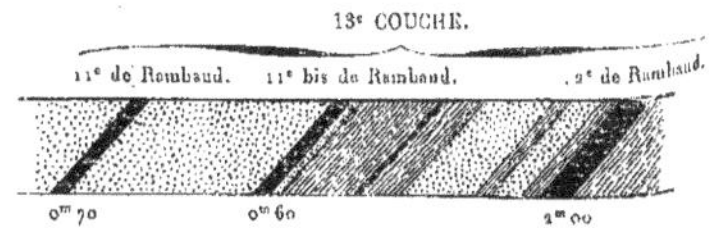

COUPES DIVERSES DE LA 12ᵉ DE RAMBAUD OU DU BANC DU MUR DE LA 13ᵉ.   13ᵉ COUCHE DE RAMBAUD OU 15ᵉ DE SAINT-ÉTIENNE.

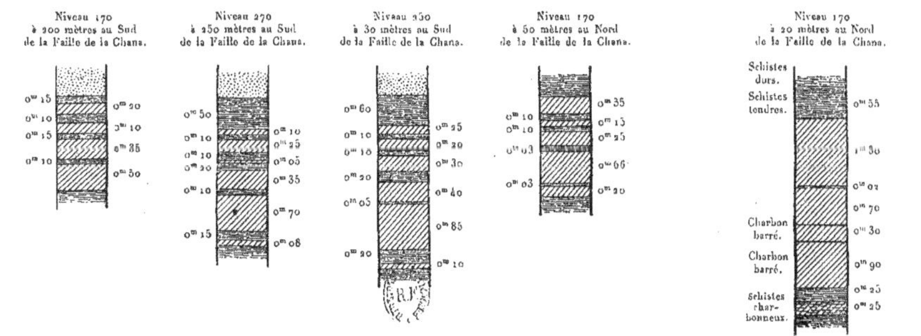

Chana entre les cotes 170 et 285. Dans ce champ d'exploitation qui mesure près de 500 mètres en direction au niveau 170, la 10ᵉ est très régulière. Son épaisseur s'élève parfois à o m. 90 et 1 mètre; mais elle est plus généralement comprise entre o m. 80 et o m. 90. Le charbon de la 10ᵉ est dur et propre; il contient à l'état brut 8 à 10 p. 100 de cendres et 26 à 28 p. 100 de matières volatiles.

La présence de la 10ᵉ a été reconnue au mur de la faille de la Chana; elle mesure contre cet accident o m. 60 d'épaisseur au niveau 170.

Au mur de la 10ᵉ (voir figure 27), on connaît deux petits filets de charbon sans aucune importance; puis une petite couche de o m. 70 à o m. 80 d'épaisseur, dont le charbon est sali par trois ou quatre petits nerfs; on l'a négligée pour le moment (distance de la 10ᵉ à la 10ᵉ *bis* dans le travers-bancs Rambaud–Saint-Jean, 51 m. 70).

La 11ᵉ couche de Rambaud est située à 53 mètres au mur de la 10 *bis*. Elle est comprise entre un toit et un mur de grès; sa puissance moyenne est de 1 m. 20; mais elle est sujette par places à des renflements ou à des amincissements qui portent son épaisseur à 2 mètres et même à 2 m. 50, ou la réduisent à quelques centimètres. En certains points et notamment vers l'amont, un nerf de grès se forme au milieu de la couche; son épaisseur atteint parfois quelques mètres. Un seul des deux bancs de la 11ᵉ reste alors en général exploitable; le second se réduit rapidement à un filet de charbon de o m. 10 à o m. 20 au maximum.

La 11ᵉ couche donne des charbons de forge de première qualité contenant 5 à 7 p. 100 de cendres et 26 à 28 p. 100 de matières volatiles (cendres déduites).

La 11ᵉ est aujourd'hui entièrement exploitée entre les failles Saint-Jean et de la Chana, la cote 120 et l'accident qui limite vers l'Est les travaux du puits Saint-Jean.

Au mur de la faille de la Chana, on retrouve la 11ᵉ entre les cotes 160 et 280 avec une épaisseur moyenne de plus de 1 m. 50; mais à une cinquantaine de mètres de cet accident, un gros nerf se forme brusquement au milieu de la 11ᵉ. Le banc du mur de la couche s'amincit rapidement et disparaît; le banc du toit au contraire, épais de o m. 70 à o m. 80, a pu être suivi et exploité sur près de 300 mètres en direction; son épaisseur diminue seulement peu à peu vers le Nord et il se forme au milieu du charbon un certain nombre de filets de schistes. D'autre part, le toit et le mur de la couche se modifient : les grès sont remplacés par des schistes durs, puis par des

schistes tendres. A 3oo mètres au Nord de la faille, la couche se réduit à
un filet de charbon sale de o m. 4o à o m. 5o de puissance entre un toit et
un mur de schistes friables. On n'a pas encore recherché ce que devient la
11ᵉ au Nord de cette zone inexploitable.

Le travers-bancs Rambaud–Saint-Jean a traversé, à 26 et à 4o mètres du
mur de la 11ᵉ, deux filets de charbon sans aucune importance. Au mur de
la faille de la Chana, le premier de ces deux filets se renfle brusquement
lorsque la 11ᵉ diminue d'épaisseur; il est d'abord irrégulier, le charbon est
parfois entièrement remplacé par des lentilles de grès qui n'affectent ni le
toit ni le mur de la couche; puis, à 1 o o mètres environ au Nord de la faille
de la Chana, la couche devient très régulière, mesure o m. 70 à o m. 85 de
puissance, entre un bon toit et un bon mur; elle donne des charbons de très
bonne qualité, analogues à ceux de la 11ᵉ, et ne paraît pas s'altérer vers le
Nord aussi rapidement que cette couche. On la désigne au puits Rambaud
sous le nom de 11 *bis*. Elle est déjà reconnue sur près de 2 o o mètres au Nord
de la faille de la Chana, entre les cotes 1 7 o et 285, et dans toute cette
zone son épaisseur ne varie pour ainsi dire pas.

Au Nord de la faille de la Chana, on retrouve très régulièrement, à 1 o mètres
au mur de la 11 *bis*, le petit filet de charbon recoupé par le travers-bancs
Rambaud–Saint-Jean à 4o mètres au mur de la 11ᵉ.

L'intervalle qui sépare les couches 11 et 12 de Rambaud mesure, dans le
travers-bancs du puits Rambaud, 6o mètres. La 12ᵉ, directement recouverte
par un épais toit de grès, est la plus importante des couches du puits Rambaud. Sa puissance moyenne varie entre 2 mètres et 2 m. 5o; malheureusement sa qualité laisse beaucoup à désirer. Le charbon est souvent assez cru,
surtout près du toit et, d'autre part, la couche est salie par un très grand
nombre de filets de schistes dont l'épaisseur, le nombre et la distribution
varient constamment. Parmi ces nerfs, il en est un qui est très caractéristique; il est formé par des schistes argileux jaunâtres, se délitant rapidement
sous l'action de l'eau et de l'air. D'une façon générale, les nerfs sont nombreux près du toit de la couche; près du mur, on trouve un banc de
charbon d'assez bonne qualité, de o m. 70 à 1 mètre. Du côté Sud, les nerfs
se développent aux dépens du charbon et, entre les cotes 1 7 o et 285, on a
dû renoncer à exploiter la 12ᵉ avant d'avoir atteint la faille Saint-Jean. Vers
le Nord, au contraire, les nerfs sont moins nombreux et la couche paraît plus
aisément exploitable. Après triage à la main, les charbons propres de la 12ᵉ

contiennent encore 15 à 16 p. 100 de cendres et 26 à 27 p. 100 de matières volatiles.

Il est inutile d'insister longtemps sur l'identité de ce faisceau avec celui qui a été exploité par le puits Saint-Jean. Les couches 2, 3, 4 et 5 du puits Saint-Jean correspondent en effet aux couches 10, 10 *bis*, 11 et 12 du puits Rambaud.

Au mur de la 12e, le travers-bancs du puits Rambaud et le puits Saint-Jean ont traversé un épais massif stérile, dans lequel on n'a trouvé que deux filets de charbon sans importance; puis ils ont atteint, au voisinage de la faille Saint-Jean, une première veine de houille divisée en deux bancs de o m. 70 et de o m. 5o, séparés par un nerf de o m. 70, et, à quelques mètres au delà, une épaisse formation charbonneuse; on l'a appelée 13e couche, pensant avoir enfin retrouvé l'aval pendage de la couche exploitée autrefois par le puits Imbert.

Si la 13e de Rambaud mesure souvent 3 m. 5o à 4 mètres d'épaisseur, sa qualité laisse malheureusement assez à désirer. Les planches du toit et du mur sont surtout formées par du charbon barré et schisteux passant parfois à des schistes charbonneux; seule la partie centrale de la couche mesurant 2 mètres à 2 m. 5o au maximum est exploitable. Elle est formée par du charbon assez dur, en grosses planches, souvent assez propre. Au Nord de la faille de la Chana et à la cote 280, ces charbons contiennent 25 à 26 p. 100 de matières volatiles. Cette teneur se réduit à 21-22 p. 100 à la cote 180[1].

[1] J'ai fait analyser au laboratoire de l'École des mines de Saint-Étienne des échantillons choisis des diverses couches exploitées au puits Rambaud. Voici les résultats qui ont été obtenus :

	HUMIDITÉ à 105°, p. 100 de charbon brut.	CENDRES p. 100 de charbon brut.	MATIÈRES VOLATILES, p. 100 de charbon brut.	MATIÈRES VOLATILES, cendres et humidité déduites.	COULEUR des CENDRES.
10e couche. — Cote 280, au mur et au voisinage de la faille de la Chana.	o.745	2.673	25.731	26.6	Rouge brique.
11e couche. — Cote 280, au mur et au voisinage de la faille de la Chana.	o.895	6.234	24.419	26.3	Jaune brique.
11bis couche. — Côte 280, au mur et au voisinage de la faille de la Chana.	o.759	2.015	25.553	26.4	Rouge brique.
12e couche. — Cote 280, au mur et au voisinage de la faille de la Chana.	o.594	21.723	20.330	26.0	Gris.
13e couche. — Cote 280, au mur et au voisinage de la faille de la Chana.	o.824	4.147	24.101	25.4	Blanc rosé.
13e couche. — Cote 180, à 300^m au Nord de la faille de la Chana.....	o.874	5.918	19.668	21.1	Blanc jaunâtre.
13e couche. — Cote 180, au toit de la faille de la Chana.............	"	2.21	20.88	21.3	"

Les travaux de la 13ᵉ sont d'ailleurs encore peu développés, et il est, par suite, difficile de se faire une idée précise sur la valeur de cette couche.

Les traçages effectués au Nord de la faille de la Chana ont montré que la 13ᵉ était assez régulière. Au niveau 180, on l'a déjà suivie en direction sur près de 400 mètres, et on l'a explorée en amont de ce niveau sur 100 mètres de hauteur verticale. Ces travaux ont ainsi prouvé que la 13ᵉ de Rambaud n'est pas le prolongement de la Grande Couche du puits Imbert et qu'elle est située à près de 200 mètres au-dessous de cette couche. A l'aplomb du village du Bas-Cluzel, sous le point coté au jour 486, la 13ᵉ du puits Imbert se trouve à la cote 480, et la 13ᵉ du puits Rambaud à la cote 280 seulement (voir fig. 21). Le numérotage adopté pour les couches de Rambaud est donc certainement inexact. La question qui se pose alors est la suivante : que devient en profondeur la Grande Couche du puits Imbert, et que devient cette couche du côté du puits Saint-Jean? Pour répondre à cette question, il suffit de comparer les couches du Cluzel à celles de Roche-la-Molière, et on arrive alors aux conclusions suivantes :

La Grande Couche de Villars (n° 13), fort régulière jusqu'à Montchaud, se renfle dans les travaux du puits Imbert, puis se divise aussitôt après en deux bancs, qui forment les couches 11 et 11 *bis* de Rambaud. La Grille de Roche subit une modification analogue; elle donne naissance, en profondeur, à la couche Thibaut au toit et à la couche Frécon au mur et est en général très renflée au voisinage de sa bifurcation. Dans les travaux du puits Grüner, la couche Thibaut s'amincit et se schistifie vers le Nord, comme la 11ᵉ au Nord de la faille de la Chana, tandis que la couche Frécon reste plus régulière comme la 11 *bis*. La Grille n° 2 de Roche correspond, d'autre part, exactement à la 12ᵉ de Rambaud, et elle doit être représentée au puits Imbert par la couche de 2 mètres située au mur de la Grande Couche. Cette petite veine est également connue à Montchaud et à Villefosse au mur de la 13ᵉ.

On doit donc considérer les couches 11, 11 *bis* et 12 de Rambaud comme représentant la 13ᵉ; les couches 9, 10, 10 *bis* de Rambaud correspondent alors au faisceau des couches 9 à 12; elles s'amincissent de plus en plus vers le Nord dans le district de Villars. Quant à la 13ᵉ de Rambaud, c'est la 15ᵉ de Saint-Étienne. Elle est située au puits Saint-Jean, à 180 ou 190 mètres (distance normale) du banc du mur de la 13ᵉ.

2° QUARTIER SUD.

Au Sud de l'anticlinal de Dourdel, les terrains sont beaucoup moins réguliers que dans le district du Quartier-Gaillard et de Villars. A Beaubrun notamment, les rejets sont extrêmement nombreux dans tout le champ d'exploitation des puits des Basses-Villes et Montmartre, et, bien qu'ils soient en général peu importants, ils rendent souvent assez difficile l'exploitation des veines de moyenne épaisseur. La puissance des couches de houille est par contre plus grande ici qu'au Quartier-Gaillard; mais elle varie souvent rapidement d'un point à un autre. La 3ᵉ notamment est sujette à des renflements locaux importants : elle se présente souvent sous forme d'amas absolument indépendants les uns des autres.

Un accident important, la *faille de Malacussy*, divise en deux parties à peu près égales le quartier Sud et sépare les travaux de Beaubrun et de Dourdel et Montsalson au Nord, de ceux de la Béraudière au Sud. Il est aujourd'hui bien connu par les travaux du puits Montmartre I. Sa direction générale dans la région du Devey et des Maisons-Neuves est E.-O. avec pendage au Sud. Il s'infléchit légèrement vers le Nord dans la concession de Beaubrun, du côté de « Chez Perard ».

L'affleurement de la faille de Malacussy est, en général, peu visible. Il doit passer à peu de distance au Sud des orifices des puits Montmartre I et II; c'est du moins ce qui résulte de la position des affleurements du faisceau des couches des Rochettes. Il coupe la voie du P.-L.-M. reliant les puits Ferrouillat et Montmartre au voisinage du point 601.30. Au moment où l'on a fait cette ligne, on pouvait voir, à l'entrée de la tranchée qui commence en ce point, l'affleurement d'une couche de houille de 1 m. 50 à 2 mètres de puissance, orientée E.-O., et plongeant avec une faible pente vers le Nord; puis, au-dessous, un brouillage important dans lequel apparaissait un banc de gore blanc. Au Sud de cet accident, les bancs sont orientés E.-O. avec pendage au Sud; leur pente est de 70 à 80 degrés et, ainsi que le montre la figure 28, ils sont extrêmement réguliers; leur direction seule se modifie peu à peu à mesure qu'on s'avance vers le Sud.

A l'Est de la ligne du chemin de fer, l'affleurement de la faille de Malacussy n'est plus visible.

La faille de Malacussy est très nette dans la zone où elle a été reconnue par la Dure Veine. Un des travers-bancs du puits Montmartre l'a traversée au voisinage de cette couche, à la cote 348; son épaisseur est au plus de 10 à 15 mètres, et la distance horizontale qui sépare dans ce travers-bancs le toit de la 2ᵉ couche du mur de la Dure Veine n'est que de 90 mètres. La distance normale de ces deux couches est donc réduite ici à 50 mètres; or, l'intervalle de ces deux couches étant en général de 250 mètres, on voit que la faille de Malacussy déplace le terrain houiller de 200 mètres environ au S. E. des

Fig. 28.

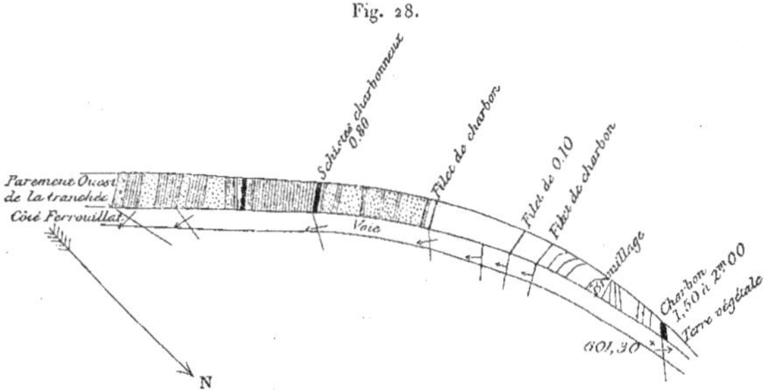

Coupe de la tranchée du P.-L-.M. au voisinage du point 601.30.
(Échelle : 1/2,000ᵉ).

puits Montmartre. Il résulte, d'autre part, des travaux de Dure Veine et de ce qu'on sait de l'affleurement de la faille de Malacussy, que cet accident est presque vertical dans la zone dont je viens de parler.

Le travers-bancs de 420 mètres du puits Camille a traversé la faille de Malacussy au toit de la 2ᵉ. La zone des terrains brouillés occupe ici 40 à 50 mètres de longueur; puis, à partir du point où cette galerie prend la direction O.-E., on retrouve des bancs réguliers dirigés N.-S. et plongeant à l'Est comme la Dure Veine. L'importance de la faille est seulement ici fort réduite : elle met, en effet, en face l'une de l'autre, la 2ᵉ couche et la couche des Rochettes (couche des Littes de la Béraudière).

La figure 29 montre l'allure de la faille de Malacussy au voisinage de la limite des concessions de Beaubrun et de Dourdel et Montsalson; sa pente moyenne est d'environ 45 degrés, et, si l'on tient compte seulement de la position des travaux de Beaubrun et de la Béraudière, son rejet est de

1 5o mètres. Deux travers-bancs attaqués au toit de la 7ᵉ, près de la limite de
concession de Beaubrun et de Dourdel, ont montré que l'épaisseur des terrains
brouillés par la faille est seulement ici fort considérable. Au milieu de ces
terrains, on a trouvé un lambeau de couche assez important, mesurant une
centaine de mètres en direction et reconnu déjà sur près de 5o mètres de
hauteur verticale. Sa traversée horizontale atteint en certains points 1 o
et 1 2 mètres. Le charbon en est pur, mais moureux; il ressemble, à bien des

Fig. 29.

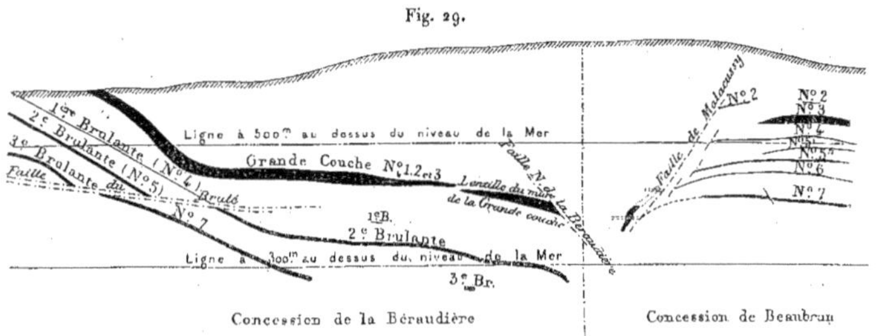

Concession de la Béraudière   Concession de Beaubrun

Coupe suivant une ligne N.-S. passant par le sommet commun des concessions de Beaubrun,
de Dourdel et Montsalson et de la Béraudière.

(Échelle : 1/10.000ᵉ.)

points de vue, à celui de la 3ᵉ couche de la région des Basses-Villes. On doit
avoir affaire ici à un lambeau de 3ᵉ couche laminé et entraîné dans la faille
de Malacussy. Sa position à un niveau notablement inférieur à celui de
la 3ᵉ couche dans les travaux de Beaubrun et de la Béraudière s'explique aisément, si l'on tient compte de l'accident qui limite vers le Nord les travaux
de 3ᵉ et de 5ᵉ de la Béraudière. Le lambeau de terrain situé entre cette faille
et la faille de Malacussy a subi un affaissement important, et il a été tout
particulièrement étiré et laminé dans la zone où il offrait le moins de résis-
tance, c'est-à-dire dans la zone où la faille Nord de la Béraudière vient buter
contre la faille de Malacussy. A mesure qu'on s'éloigne de cette zone, on
trouve en effet, au toit de la faille de Malacussy, des terrains de plus en plus
réguliers. Un travers-bancs attaqué à la cote 545, à 2 5o mètres environ à
l'Ouest de la limite des concessions de Beaubrun et de Dourdel, et dirigé à
peu près parallèlement à cette limite, a en effet retrouvé, à peu de distance

au toit de la faille Malacussy, des terrains assez réguliers à peu près horizontaux. Ce travers-bancs a été arrêté à 130 mètres de la concession de la Béraudière.

TRAVAUX DE BEAUBRUN ET DE DOURDEL ET MONTSALSON
SITUÉS AU MUR DE LA FAILLE DE MALACUSSY.

(Planches IX et XI. — Coupes, planche X et XII.)

Le long de l'arête de l'anticlinal de Dourdel et dans la concession de Beaubrun, les bancs sont orientés E.-O. et plongent vers le Sud avec une pente d'abord assez forte (voir planche X, coupe de la Doa aux Basses-Villes). Leur inclinaison diminue très rapidement au Sud du puits des Basses-Villes, puis s'annule; les bancs prennent alors la direction N.-S. avec pendage soit à l'Est, du côté de la ville de Saint-Étienne (courbes de niveau de 5e et de 6e), soit à l'Ouest, du côté du Montsalson (courbes de niveau de 3e le long de la faille du Devey). Ils conservent ensuite ce double pendage dans toute la partie Sud de la concession de Beaubrun, puis dans la concession de la Béraudière au toit de la faille de Malacussy; dans chaque banc, la ligne de faîte de ce pli s'élève seulement peu à peu à mesure qu'on s'avance vers le Sud. Cette allure n'est troublée que par le passage de la faille de Malacussy; au mur de cet accident et à son voisinage immédiat, tous les bancs prennent la direction E.-O. et plongent vers le Sud. Aussi existe-t-il près des puits Rochefort et Camille une zone où les couches sont horizontales.

L'allure du terrain houiller est moins bien connue dans la concession de Dourdel. Au Nord du Montsalson et le long de la route de Saint-Étienne à Saint-Genest-Lerpt, les bancs sont orientés E.-O. et plongent au Sud. On a suivi ce versant dans les travaux de 8e du puits Saint-Félix jusqu'à la cote 340 sans avoir encore atteint le fond de la cuvette. On sait toutefois qu'au Sud du puits Montsalson II, les bancs plongent vers le Nord comme dans la concession de Beaubrun : c'est ce qu'a montré notamment le travers-bancs de la cote 460 de la faille de Devey sur lequel je reviendrai dans un instant.

Le champ d'exploitation des puits des Basses-Villes et Montmartre est sillonné par un grand nombre d'accidents secondaires. Leurs rejets sont, en général, peu importants; mais, comme ils affectent des couches souvent presque horizontales, ils sont difficiles à traverser et rendent l'exploitation des

couches minces à peu près impossible. Je n'insisterai que sur deux de ces
accidents.

La *faille de 30 mètres* a pendant longtemps limité vers l'Est tous les travaux
de Beaubrun entre les puits Thiollière et Montmartre. Sa direction est presque

Fig. 3o.

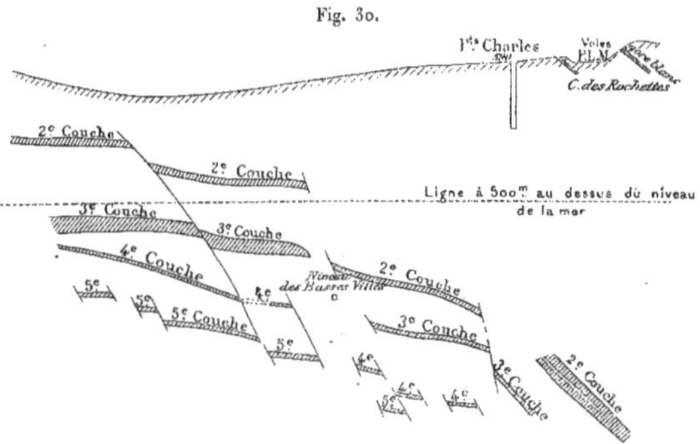

Coupe E.-O. passant par le puits Charles (division en gradins de la faille de 3o mètres).

(Échelle : 1/4.ooo^e.)

N.-S. près du premier de ces puits; elle s'infléchit vers l'Ouest au voisinage
de la faille Malacussy; elle plonge vers l'Est. Ainsi que le montre la figure 3o,
cet accident est souvent divisé en une série de petits gradins.

Le *rejet des Maisons-Neuves* est également dirigé N.-S. et plonge vers l'Est.
Il est souvent presque vertical. Il longe, entre la faille de Malacussy et la faille
du Devey, la limite des concessions de Beaubrun et de Dourdel et Montsalson.

La *faille du Devey,* que je viens de citer, limite encore vers l'Ouest le
champ d'exploitation du puits Montmartre. Elle est dirigée sensiblement
N.-S. et plonge vers l'Ouest. Son importance est insignifiante dans la région
de Culate. Si de ce côté, en effet, on a reconnu de nombreux accidents
en 3ᵉ et en 5ᵉ, aucun d'eux ne déplace ces couches de plus d'une dizaine de
mètres. La faille du Devey est encore très peu nette au point où elle est

atteinte par l'extrémité Nord de l'horizontale 460 de 3ᵉ couche. Ainsi que le montre la figure 31, on a plutôt affaire ici à un étranglement de la 3ᵉ qu'à un

Fig. 31.

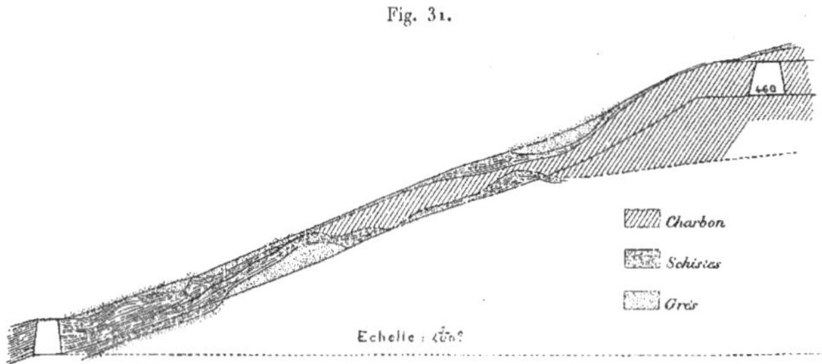

véritable accident; on a pu suivre en effet sur une trentaine de mètres de longueur la trace de la 3ᵉ, représentée par un filet de charbon, entouré de schistes sans consistance, entre un toit et un mur de grès.

Du côté du Devey, la faille est mieux déterminée; une coupe (fig. 32) faite suivant le travers-bancs de recherche de la cote 460 montre que son in-

Fig. 32.

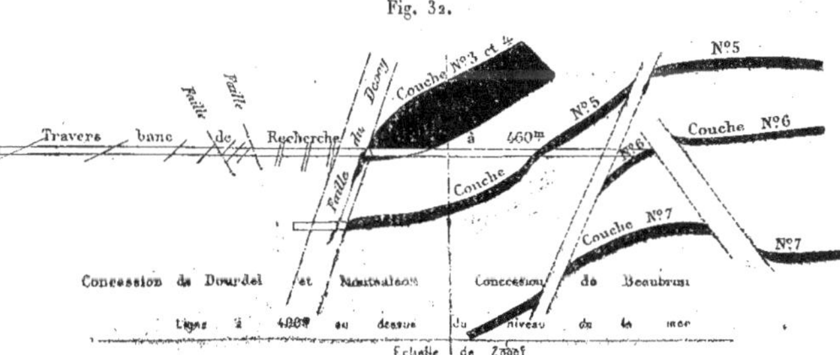

clinaison est très forte en ce point; elle coupe nettement la 3ᵉ et la 5ᵉ; on a pourtant encore pu suivre dans le plan de l'accident des entraînements de charbon assez importants. Au toit de la faille, les terrains sont réguliers; ils plongent d'abord très fortement vers le Nord; mais leur inclinaison diminue peu à peu à mesure qu'on s'avance vers le puits Montsalson II. Le travers-bancs de 460 mesure une longueur totale de 150 mètres; il n'a recoupé aucun filet de houille, et les bancs de grès fins et de schistes qu'il a traversés n'ont pas permis de déterminer quel est en ce point l'importance du rejet de la faille du Devey.

Plus au Sud encore, la faille du Devey a été reconnue en 3ᵉ, et probablement aussi par une remonte au rocher partant de 7ᵉ (voir la coupe par les puits de Beaubrun de la planche XII). Cette remonte a traversé un premier rejet, presque vertical, au toit duquel on a trouvé la 6ᵉ et la 5ᵉ en face de la 7ᵉ; puis elle a atteint à la cote 452 un second accident paraissant correspondre à celui qui limite vers le Nord les travaux de 3ᵉ. Comme au travers-bancs de 460, on n'a pas encore pu déterminer quelle est l'importance de la faille du Devey en ce point; on ignore également quelle est son action sur la faille de Malacussy.

ÉTAGE SUPÉRIEUR DE SAINT-ÉTIENNE.

L'étage supérieur de Saint-Étienne affleure dans la partie orientale de la concession de Beaubrun, c'est-à-dire dans la zone où toutes les couches sont dirigées N.-S. et plongent à l'Est. Les grès micacés à galets de quartz du sommet de la colline Sainte-Barbe appartiennent à la partie supérieure de cet étage; ils recouvrent les affleurements de quelques veines de charbon cru, dont une seule a été exploitée dans la première moitié de ce siècle par le puits Ranchon. Sa puissance varie entre 1 m. 50 et 2 m. 50; elle plonge vers l'Est avec une pente de 45 à 50 degrés, et elle a été reconnue en direction sur près de 500 mètres. La couche est divisée en plusieurs bancs par de minces lits de schistes noirs terreux, dont les débris salissent beaucoup le charbon. La houille est dure, terne, assez cendreuse; elle appartient à la catégorie des houilles à gaz et donne, déduction faite des cendres, 38 p. 100 de matières volatiles.

Au mur de la couche du puits Ranchon, on connaît encore les affleurements de quelques veines de houille de faible épaisseur; l'une d'elles notamment a été coupée par le puits Saint-Benoît à près de 60 mètres du jour; mais sa position dans le tube de ce puits est trop incertaine pour que j'aie pu la figurer sur la coupe de la planche XII.

ÉTAGE MOYEN DE SAINT-ÉTIENNE.

Le *faisceau des Rochettes* est bien représenté dans toute la partie orientale de la concession de Beaubrun, c'est-à-dire dans la zone où les couches sont dirigées du Nord au Sud et plongent vers l'Est sous la colline Sainte-Barbe. Dans la partie occidentale de cette concession, et surtout dans la concession de Dourdel et Montsalson, on ne connaît au contraire au toit de la troisième aucune couche appartenant à ce faisceau.

A Beaubrun, comme d'ailleurs à Villebœuf, la couche des Rochettes, si épaisse à Monthieux, à Côte-Thiollière et à Terrenoire, est remplacée par une série de couches minces ne donnant que des charbons de qualité fort secondaire. Une seule de ces couches a été autrefois exploitée par le puits des Noyers, et on désigne souvent à Beaubrun les couches de l'étage des Rochettes sous le nom de « Couches du puits des Noyers ».

Les affleurements des couches du puits des Noyers sont visibles sur les deux versants de la crête qui sépare le puits Montmartre du puits Saint-Benoît, et on les suit aisément de la rue du Puy au puits Montmartre I. Une de ces couches notamment, celle qui à la Béraudière est désignée sous le nom de « première Crue des Littes », est particulièrement aisée à reconnaître ; elle repose sur une épaisse formation de schistes noirâtres plus ou moins charbonneux, et est recouverte par un banc de gore blanc très caractéristique de 3 à 4 mètres de puissance. Elle est aujourd'hui connue depuis l'intersection des rues du Puy et Montmartre au Nord, jusqu'au puits Montmartre I au Sud ; elle doit être coupée par la faille de Malacussy à peu de distance au Sud-Est de ce puits. Au mur de cette couche, on ne trouve dans le plâtre du puits Montmartre que des grès et des schistes ; au toit du gore blanc au contraire, dans la tranchée du chemin de fer entre le puits Charles et le puits des Noyers, on voit des grattes grossières plus ou moins micacées, verdâtres et grisâtres, qui caractérisent à Beaubrun et à la Béraudière la partie supérieure de l'Étage des Rochettes.

La couche exploitée au puits des Noyers est une des Crues de la couche des Littes de la Béraudière. Elle mesure 2 mètres à 2 m. 50 d'épaisseur ; on l'a explorée sur près de 500 mètres en direction et sur 200 mètres environ de hauteur verticale. Il n'a pour ainsi dire pas été fait de travaux dans les couches inférieures. On a pourtant exploré en 1892, aux abords du puits

Montmartre, une petite couche affleurant dans le plâtre de ce puits : ce doit être la couche des Littes. On ne la connaît pas dans le tube du puits Montmartre I. Près du jour, elle est divisée en trois bancs de 1 mètre, o m. 3o et o m. 20 au mur, séparés par deux nerfs schisteux de o m. 30 chacun.

Le faisceau des couches des Rochettes a été recoupé par le puits Saint-Benoît à l'aval du puits des Noyers. Toutes les couches supérieures à la couche des Littes paraissent diminuer d'importance en profondeur; le puits Saint-Benoît n'a, en effet, trouvé au-dessous des terrains micacés qui séparent les étages supérieurs et moyens de Saint-Étienne, que quelques minces veines de houille crue paraissant inexploitables. Le travers-bancs reliant les puits Saint-Benoît et Montmartre à la cote 237.50 a traversé au voisinage de la recette de Saint-Benoît une couche de meilleure qualité, se renflant en un point et ayant alors près de 6 à 7 mètres de puissance utile : c'est vraisemblablement la couche des Rochettes. La reconnaissance de cette couche a été arrêtée à quelques mètres du travers-bancs du puits Saint-Benoît, de sorte qu'on manque à peu près complètement de données sur son sujet.

Si les couches des Rochettes sont mal connues à Beaubrun, et si depuis de longues années on a cessé d'exploiter et même de reconnaître ce faisceau, cela tient à ce qu'on a reporté tous les travaux dans le groupe des couches 1 à 7, dont l'exploitation était tout particulièrement avantageuse à Beaubrun, grâce à l'épaisseur et à la qualité exceptionnelle de la 3ᵉ.

Couches 1 à 3. — La partie inférieure de l'étage moyen de Saint-Étienne débute à Beaubrun par une puissante formation charbonneuse qui correspond aux couches 1, 2 et 3 de Saint-Étienne. On peut encore, en certains points et notamment au voisinage immédiat du puits des Basses-Villes, distinguer et séparer ces trois couches; mais la plupart du temps, elles ne forment qu'une couche unique de grande épaisseur, subissant par places des renflements importants et se présentant souvent sous la forme d'amas ou de lentilles nettement séparées les unes des autres. On verra plus loin que les couches 1 à 3 se présentent sous cet aspect, dans toute l'étendue de la concession de la Béraudière.

Lorsque ces trois couches sont séparées les unes des autres, les deux premières ne donnent en général que des charbons crus; elles sont de faible épaisseur. La 3ᵉ est la plus puissante de tout le faisceau; elle donne surtout des charbons de forge de première qualité (charbons Grangettes), très réputés dans tout le bassin de la Loire. Là, au contraire, où les trois couches sont réunies, la nature du charbon varie constamment d'un point à un autre. Cela a lieu dans tout le champ d'exploitation des puits Montmartre.

Les affleurements des couches 1 à 3, ou pour simplifier de la 3ᵉ couche, traversent de l'Est à l'Ouest la concession de Beaubrun et passent entre le puits des Basses-Villes et le puits Culate I; ils contournent le coteau sur lequel s'élèvent les maisons des Brunandières et sont aisés à reconnaître de ce côté, grâce à l'aspect rougeâtre et porcelanisé des roches qui les recouvrent. On peut ensuite les suivre à mi-côte du Montsalson, au Sud de la route de Saint-Étienne à Saint-Genest-Lerpt; ils passent à une vingtaine de mètres au Nord du puits Montsalson I et disparaissent à l'Ouest de ce puits avant d'atteindre le hameau de Montsalson.

Dans la région des puits Thiollière, Basses-Villes et Montsalson, la 3ᵉ couche se présente sous la forme d'amas dont l'épaisseur atteint par place 8 et 10 mètres. En d'autres points, au contraire, la 3ᵉ n'est plus représentée que par un filet de charbon de quelques centimètres. La houille est en général tendre, menue et souvent absolument moureuse; elle est toujours très propre et toujours très riche en matières volatiles (houille à gaz). Le mur de la couche est formé par un épais banc de grès très dur; le toit par des schistes en bancs de faible épaisseur, se divisant facilement en petits parallélépipèdes. On trouve en général dans la 3ᵉ et à 1 ou 2 mètres du mur de la couche un nerf de grès dur appelé le « gore des veines ». Au-dessus de la 3ᵉ, il existe en certains points des lentilles irrégulières de charbon cru et de mauvaise qualité : elles représentent les couches 1 et 2.

Entre les puits Thiollière et Charles, les travaux de 3ᵉ ont été arrêtés aux premiers gradins de la faille de 30 mètres qui coupent la couche au voisinage de la cote 440. Vers l'Ouest, ils ont permis de reconnaître l'extrémité Nord de la faille du Devey (cote 460). Au Nord de ce point, cet accident ne présente plus aucune importance dans les travaux compris entre le puits des Basses-Villes et le puits Montsalson I.

A l'aval du puits Montsalson I, la 3ᵉ a été exploitée jusqu'à la cote 550; elle est coupée à ce niveau et à moitié distance des puits Montsalson I et II par des accidents mal étudiés, au delà desquels on a recherché la couche par le puits Montsalson II. Ce puits mesure 320 mètres de profondeur; il n'a donné aucun résultat. Il a pénétré à 180 mètres du jour dans des terrains brouillés et il est resté dans ces terrains jusqu'à la profondeur de 230 mètres.

A 250 mètres du jour, il a recoupé une petite couche de 1 m. 50 de puissance. Les travaux effectués par le puits Montsalson II n'ont pas encore permis de la classer avec certitude. C'est probablement une des couches 5 à 7. Quant à la 3ᵉ, si tant est qu'elle existe ici, on a dû la manquer grâce à la faille reconnue entre les profondeurs de 160 et de 230 mètres.

Dans la région de Montmartre, on donne le nom de 3ᵉ à un énorme amas de charbon, qui s'étend de la faille du Devey à l'Ouest, à la faille de 30 mètres à l'Est. Vers le Sud, il se prolonge dans la concession de Dourdel jusqu'à la faille de Malacussy. Dans la concession de Beaubrun, il n'atteint pas cet accident; il s'amincit peu à peu et finit par disparaître le long d'une ligne orientée N. E. - S. O., passant à une trentaine de mètres au Nord du puits Montmartre II.

Cet amas mesure par place 10 et même 15 mètres de puissance; il est formé par du charbon extrêmement pur donnant souvent, après simple triage à la main, des tout venants à 4 ou 5 p. 100 de cendres. C'est du charbon à gaz contenant 32 à 33 p. 100 de matières volatiles (cendres déduites). On trouve toujours dans la 3ᵉ, et au voisinage du mur, un nerf de grès (gore des veines). Près du toit, la nature du charbon se modifie un peu : il devient plus dur et plus cendreux.

Lorsque la 3ᵉ est épaisse, elle est toujours recouverte par un épais toit de schistes en petits bancs se divisant en fragments parallélépipédiques. Du côté des puits Montmartre, au contraire, c'est-à-dire du côté où la couche s'amincit, elle est directement recouverte par un épais banc de grès fin.

On a recherché pendant de longues années le prolongement de la 3ᵉ au Sud et à l'Est du puits Montmartre. Du côté du Sud, toutes les tentatives ont échoué; vers l'Est, du côté du puits Charles, on a, au contraire, pu suivre sur une certaine étendue la 3ᵉ couche étirée et entraînée le long de la faille de 30 mètres (voir fig. 30). Elle ne mesure ici que 2 à 3 mètres de puissance et donne des charbons tendres et moureux comme dans la région des Basses-Villes.

Lorsque la 3ᵉ est puissante, les couches supérieures se réduisent à de petits amas de charbon de 1 à 2 mètres d'épaisseur, isolés les uns des autres, et souvent absolument inexploitables. Le charbon en est dur et cru. C'est sous cette forme que les couches 1 et 2 se présentent à l'Ouest des puits Rochefort et Camille dans les concessions de Dourdel et de Beaubrun. Au Sud des puits Camille et Montmartre, au contraire, l'épaisseur de la 2ᵉ augmente à mesure que celle de la 3ᵉ diminue, et les couches 1, 2 et 3 ne sont plus représentées à l'aval du puits Montmartre que par une couche épaisse, qui porte à Beaubrun le nom de 2ᵉ couche. Sa composition est extrêmement variable. Tantôt elle donne des charbons brillants et propres analogues à ceux de la 3ᵉ, tantôt, au contraire, de la houille crue ou moureuse. En certains points, enfin, il se forme au milieu de la couche des lentilles de rocher très épaisses, et ces lentilles sont souvent en stratification absolument discordante avec la couche. La 2ᵉ est actuellement connue à l'aval de Montmartre jusqu'au niveau du travers-bancs de Saint-Benoît, cote 237.50. Du côté de la faille de Malacussy, la couche a la direction et la plongée de la faille ; à l'Est des puits Montmartre, sa direction est N.-S.

Les travaux de 2ᵉ de Montmartre se développent actuellement entre les cotes 300 et 350. La couche donne des charbons gras ordinaires contenant, déduction faite des cendres, 25 à 27 p. 100 de matières volatiles. La teneur en matières volatiles des charbons du groupe de la 3ᵉ couche diminue donc rapidement à mesure que la profondeur augmente [1].

Couches 4 à 7. — Dans le versant des Basses-Villes, les couches inférieures à la 3ᵉ ont les mêmes caractères que dans le pendage de Châtelus. Elles y ont été peu exploitées jusqu'à présent à cause des nombreux rejets qui découpent dans tous les sens le champ d'exploitation du puits des Basses-Villes.

On connaît également ces couches aux environs du puits Montsalson I, et

[1] J'ai fait analyser, en 1900, au laboratoire de l'École des mines quelques échantillons de charbon (morceaux choisis), provenant des diverses couches de Montmartre. Voici les résultats qui ont été obtenus.

	HUMIDITÉ à 105°, p. 100 de charbon brut.	CENDRES p. 100 de charbon brut.	MATIÈRES VOLATILES, p. 100 de charbon brut.	MATIÈRES VOLATILES, cendres et humidité déduites.	COULEUR des CENDRES.
Dure veine. Cote 370.............	1.643	6.666	28.274	30.8	Violet clair.
3ᵉ couche. — Devey. Cote 525......	0.795	0.951	32.555	33.1	Rose.
3ᵉ couche. — Région du P. Charles. Cote 410...................	0.754	1.483	25.198	25.8	Rouge brique clair.
3ᵉ couche. — (2ᵉ couche), près de la faille de Malacussy. Cote 350......	0.803	4.421	25.450	26.9	Blanc rosé.
4ᵉ couche. — Cote 355, près de la faille de Malacussy.............	0.675	6.810	23.988	25.8	Violet.
5ᵉ couche. — Devey. Cote 500......	0.993	2.158	30.272	31.2	Rose.
5ᵉ couche. — Cote 340............	0.768	8.134	22.771	25.0	Jaune clair.
7ᵉ couche. — Devey. Cote 450......	0.626	0.989	31.507	32.0	Jaune brique.

ici encore on n'y a fait que des travaux sans importance. Le faisceau des petites couches est pourtant complet et il a été entièrement recoupé par un travers-bancs partant du puits Montsalson I au voisinage de la cote 530. La 4ᵉ mesure 1 à 2 mètres; elle est recouverte par un banc de grès de 25 à 30 mètres de puissance. Elle donne des charbons schisteux et sales. La 5ᵉ, également recouverte par un banc de grès, mesure 1 m. 20 à 1 m. 50. Elle donne des charbons de qualité secondaire. La 6ᵉ est inexploitable. La 7ᵉᴮ mesure 1 mètre à 1 m. 50. Elle est recouverte par un toit de schistes et donne des charbons durs et crus. Les couches 8ᴮ et 9ᴮ sont représentées par de simples filets de houille. Puis vient la 10ᵉᴮ épaisse de 1 mètre à 1 m. 50. Comme au puits Rambaud, elle ne donne que des charbons assez cendreux. A 40 et à 95 mètres au-dessous de la 10ᵉᴮ, viennent la 11ᵉᴮ, mince et impure comme à Châtelus, puis la 12ᵉᴮ, dont la puissance totale aux puits Montsalson III et des Baraudes varie entre 2 et 3 mètres. Sa qualité et sa composition sont les mêmes qu'à Châtelus.

Dans la région des puits Montmartre, l'épaisseur des couches 4 à 7 augmente notablement; leur qualité s'améliore en même temps; aussi sont-elles toutes exploitées dans ce quartier.

La 4ᵉ est en général recouverte par un épais banc de grès. Elle repose sur des schistes plus ou moins charbonneux, gonflant rapidement sous l'action de l'air. Sa puissance varie entre 1 mètre et 2 m. 50. Elle donne parfois des charbons durs, bien planchés et très propres; parfois, au contraire, elle ne donne que des charbons tendres et schisteux.

Dans le quartier du Devey, le banc de grès situé entre la 3ᵉ et la 4ᵉ disparaît, et ces deux couches ne sont plus alors séparées que par un nerf dont l'épaisseur est comparable à celle du gore des veines; mais ce nerf est formé par des schistes et non par du grès.

La 5ᵉ est séparée de la 4ᵉ par de grosses planches de schistes durs. Sa puissance moyenne est de 2 m. 50 à 3 mètres; elle s'élève en certains points (au Devey notamment) à près de 4 mètres. Le charbon de la 5ᵉ est bien planché et donne une assez forte proportion de gros; il est souvent assez pur (au Devey) pour pouvoir être employé comme charbon de forge; mais il est en général utilisé comme charbon de chauffage domestique. Au toit de la 5ᵉ, on trouve en certains points une petite veine de houille de 0 m. 50 à 1 mètre, qui a pu être exploitée aux abords du puits Camille. On la désigne sous le nom de 5ᵉᴵ de Montmartre et on donne alors à la vraie 5ᵉ le nom de 5ᵉᴵᴵ.

La 6ᵉ couche de Montmartre est identique à la 6ᵉ de Châtelus; elle est toujours caractérisée par un nerf d'argile jaune. Elle repose sur un épais banc de grès qui forme le toit de la 7ᵉ.

La 7ᵉ est, après la 3ᵉ, la meilleure des couches de Montmartre. Elle donne des charbons de forge presque aussi purs que ceux de la 3ᵉ; mais son épaisseur est malheureusement très variable. Lorsque la 7ᵉ est régulière, sa puissance varie entre 3 et 4 mètres; mais elle se réduit souvent à moins de 1 mètre et la traversée de ces amincissements est toujours difficile, car le toit et le mur de la 7ᵉ sont formés par des grès massifs extrêmement durs. On trouve en certains points, à quelques mètres au toit et au mur de la 7ᵉ, deux petites veines de houille dont l'épaisseur atteint exceptionnellement 0 m. 80 ou 1 mètre. Ce sont les couches 7ᴵ et 7ᴵᴵᴵ, la vraie 7ᵉ portant alors le nº 7ᴵᴵ.

Les couches 4 à 7 sont actuellement connues dans le champ d'exploitation des puits Montmartre, jusqu'au niveau du travers-bancs Saint-Benoît Montmartre I (cote 237.50). Il suffit de se reporter à la coupe de la planche XII pour voir que l'épaisseur de ce faisceau est très variable. Elle augmente régulièrement de l'Ouest à l'Est.

Les couches 4 à 7 donnent des houilles grasses ordinaires. Leur teneur en matières volatiles paraît diminuer régulièrement à mesure qu'on les exploite à de plus grandes profondeurs. Dans la région du Devey, la 5ᵉ et la 7ᵉ donnent en effet des houilles contenant de 30 à 32 p. 100 de matières volatiles, tandis qu'au voisinage de la faille Malacussy et à la cote 360–350, la 4ᵉ et la 5ᵉ donnent des charbons ne contenant plus que 25 à 26 p. 100 de matières volatiles.

Le puits Montmartre a été foncé au mur de la 7ᵉ et a traversé, à 46 mètres du mur de la 7ᵉ, soit à quelques mètres au-dessous de la recette du travers-bancs de Saint-Benoît, une couche de 2 m. 50 de puissance; on n'y a encore fait aucun travail de reconnaissance. Ce doit être une des couches reconnues à Châtelus entre la 7ᵉ et la 8ᵉ; son épaisseur est seulement notablement plus grande ici qu'à Châtelus.

ÉTAGE INFÉRIEUR DE SAINT-ÉTIENNE.

On n'a encore exploité, dans l'étage inférieur de Saint-Étienne, que les affleurements de la 8ᵉ couche sur le versant Nord du Montsalson. On sait que la direction des bancs est ici sensiblement E.-O. et que les couches plongent vers le Sud. Vers l'Ouest, les travaux de la 8e sont limités par la faille du Cluzel, dont le passage exact est difficile à déterminer.

Dans le champ d'exploitation des puits Montsalson III, des Baraudes et Saint-Félix, l'épaisseur moyenne de la 8e est de 6 à 7 mètres, avec renflements locaux portant à 8 mètres et même à 10 mètres la puissance totale de la couche. La crue de la 8e paraît être toujours réunie à la vraie 8e, comme dans les travaux de Beaubrun. La couche est affectée par un assez grand nombre de petits accidents dirigés suivant la ligne de plus grande pente des bancs.

Le charbon de la 8e est moins pur que celui de la 3e : la couche est, en effet, toujours salie par de petits nerfs de schistes difficiles à trier du charbon. Près des affleurements tout au moins, la 8e donne des houilles à gaz (31 à 32 p. 100 de matières volatiles dans les travaux du puits Montsalson III). Il y a tout lieu de supposer que cette teneur diminue en profondeur, comme dans la concession de Beaubrun.

TRAVAUX DE LA BÉRAUDIÈRE AU TOIT DE LA FAILLE DE MALACUSSY.

(Planches XI et XII.)

On a vu que dans la concession de Beaubrun, au Sud du puits des Basses-Villes, les bancs commencent à former un anticlinal dont l'axe est dirigé N.-S. Ce plissement est d'abord peu accentué; mais, à mesure qu'on s'avance vers le Sud, il est de plus en plus marqué : sur le versant Est notamment, la pente des bancs augmente rapidement et elle est en moyenne de 45 degrés dans les travaux du puits des Noyers et du puits Ranchon. Dans chaque banc, la crête de l'anticlinal s'élève peu à peu en allant du Nord au Sud. La faille de Malacussy ne modifie pas cette allure.

Dans la partie Nord de la concession de la Béraudière, en effet, il existe deux pendages, l'un vers l'Est, l'autre vers l'Ouest; d'autre part, dans l'axe du plissement, les couches de l'étage moyen de Saint-Étienne continuent à s'élever progressivement du Nord au Sud et elles finissent par atteindre le jour dans la vallée de la Ricamarie au Nord et au N. E. des hameaux du Brûlé et des Maures (voir fig. 29).

Dans le versant Est, la plongée des bancs, déjà assez forte au toit de la faille de Malacussy, augmente à mesure qu'on se rapproche de la limite Sud du bassin houiller : les couches deviennent verticales en face des puits Dyèvre et

Saint-Dominique. Elles se renversent même au Sud de ces puits. Mais, au voisinage immédiat des micaschistes, elles se contournent brusquement vers l'Est et prennent la direction S. O.-N. E., c'est-à-dire la direction même de la limite Sud du bassin houiller de la Loire. Elles plongent alors vers le N. O. avec une pente moyenne de 45 degrés. Cette allure est très nettement marquée par les courbes de niveau de la couche des Littes (planche XI). On voit qu'il existe à l'Est de la Béraudière et de Beaubrun une profonde cuvette; elle doit être coupée en deux parties égales par la faille de Malacussy et doit s'étendre vers l'Est jusqu'à la faille du Furens.

Du côté de la faille des Maures, la pente des couches est toujours faible, comme dans la concession de Beaubrun; elle est pourtant bien indiquée, soit par l'allure des affleurements, soit par les courbes de niveau de la 2ᵉ et de la 3ᵉ Brûlante.

Dans tout le champ d'exploitation de la Béraudière, les accidents sont relativement assez rares : les plus importants sont la *faille du Crêt-de-Mars* et la *faille du Brûlé,* dont l'allure et l'importance sont indiquées par la coupe du puits Saint-Pierre au puits Ferrouillat (planche XII). Je ne m'y arrêterai donc pas ici. Vers le Nord, les travaux de la Béraudière sont limités à un accident (*faille Nord*) dont j'ai déjà parlé; son rôle, par rapport aux travaux de la Béraudière, est tout à fait analogue à celui de la faille du Devey, par rapport aux travaux de Beaubrun. Je reviendrai sur cet accident en décrivant le faisceau des Brûlantes.

Quant à la *faille des Maures,* elle est surtout connue par les recherches effectuées par les puits de Montrambert. J'y reviendrai plus tard en m'occupant de ces travaux.

On connaît à la Béraudière les étages supérieurs et moyens de Saint-Étienne. L'étage supérieur (couches dites *de la Chauvetière*) n'affleure que dans la partie orientale de la concession de la Béraudière; il a été exploré et partiellement exploité par les puits de la Chauvetière, du Mont et de Bellevue. L'étage moyen de Saint-Étienne, comprenant le faisceau des Littes (couches des Rochettes) et le faisceau de la Grande Couche (couches 1 à 7), recouvre toute la partie centrale de la concession. C'est dans cet étage que se développent actuellement tous les travaux de la Béraudière. Il se peut enfin que la partie supérieure de l'étage inférieur de Saint-Étienne affleure dans la concession de la Béraudière, le long de la limite même du bassin houiller, sous le village de la Ricamarie.

ÉTAGE SUPÉRIEUR DE SAINT-ÉTIENNE.

A l'Est du puits Ferrouillat, les couches de l'étage d'Avaize, ou couches de la Chauvetière, sont dirigées N.-S. et plongent à l'Est; plus au Sud, au voisinage même du terrain primitif, elles se contournent vers l'Est et prennent la direction S. O.-N. E. avec pendage au N. O. Le changement d'allure dans les couches de la Chauvetière est moins brusque que dans les couches de l'étage moyen de Saint-Étienne : nulle part, en effet, elles ne sont verticales ou renversées.

Dans toute la zone où elles sont aujourd'hui connues, les couches de la Chauvetière sont fort régulières. Leur inclinaison varie entre 60 et 70 degrés, et cette inclinaison est la même près du jour et à 380 mètres de profondeur dans les travaux du puits du Mont. Nulle part, on ne voit se dessiner le raplanissement des bancs qui doit annoncer le voisinage du fond de la cuvette houillère, et par suite on est en droit de s'attendre à ne retrouver l'étage moyen de Saint-Étienne qu'à de très grandes profondeurs sous le sommet de la Chauvetière.

Les travaux du puits du Mont montrent que l'épaisseur normale du faisceau des couches d'Avaize est beaucoup plus considérable à la Béraudière que dans la colline d'Avaize. Malheureusement les couches de houille sont en général minces à la Béraudière, et elles ne donnent guère que des charbons assez cendreux; aussi sont-elles pour la plupart encore entièrement vierges.

Dans la concession de Beaubrun et au toit même de la faille de Malacussy, on a exploité entre les cotes 400 et 340 une couche de 1 mètre à 1 m. 20 de puissance, la « Dure-Veine », qui parait être la couche inférieure du faisceau de la Chauvetière. Elle est composée de trois planches de charbon dur séparées par des lits de schistes de 0 m. 02 à 0 m. 04. Elle est comprise entre un toit et un mur de grès. Elle ne donne que des houilles à gaz de qualité secondaire, mais contenant une forte proportion de gros.

Les affleurements de la « Couche mouillée » ont été mis à découvert dans la gare de la Béraudière, depuis le puits Ferrouillat jusqu'à l'entrée du tunnel de Montmartre (point 605.50). Cette couche a près de 2 mètres de puissance et elle a été exploitée dans tout le pendage N.-S. de la Béraudière sur 150 mètres environ de hauteur verticale par le vieux puits de la Chauvetière. Au toit de la Couche mouillée, on connaît les affleurements de quatre petites veines de houille de moins de 1 mètre de puissance; puis ceux de la « couche de la Chauvetière », épaisse de 2 mètres environ. Elle a été exploitée autrefois, comme la Couche mouillée, sur près de 150 mètres de hauteur verticale. C'est la meilleure de toutes les couches du faisceau. Les charbons de la couche de la Chauvetière contiennent 36 à 38 p. 100 de matières volatiles (cendres déduites). Le puits du Mont a recoupé la couche de la Chauvetière à 280 mètres du jour; elle a été également reconnue par le travers-bancs de la cote 195, et explorée à ce niveau sur une centaine de mètres en direction. Son épaisseur moyenne est ici de 1 m. 80 à 2 mètres. Elle donne des charbons à 11-12 p. 100 de cendres après triage à la main.

Au toit de la couche de la Chauvetière, le travers-bancs de 195 mètres du puits du Mont a recoupé deux petits filets charbonneux sans importance, puis une couche de 4 m. 50 de puissance, qu'on a explorée en direction sur une centaine de mètres. Elle est de qualité médiocre. Au toit de cette couche, le travers-bancs a traversé deux filets charbonneux de faible épaisseur, une couche de mauvais charbon de 2 m. 50, puis un nouveau filet de charbon schisteux, et enfin il a été arrêté dans une couche de 2 m. 90 de puissance, formée également par du mauvais charbon. Tandis que la direction des premières couches reconnues par le travers-bancs du puits du Mont est N. O.-S. E., celle de la dernière est N.-S. On a donc traversé, à peu de distance du mur de cette veine, la ligne d'ennoyage du plissement des couches de la Chauvetière.

Le puits du Mont a recoupé à 20 mètres, à 55 mètres, à 100 mètres et à 150 mètres de profondeur un certain nombre de ces couches. On connaît, d'autre part, les affleurements de quelques-unes d'entre elles. Enfin, dans la grande tranchée du chemin de fer du puits Montmartre et au N. E. de « chez Perard », on connaît l'affleurement d'une dernière couche de 1 m. 40 de puissance, plongeant à l'Est avec une pente de 60 à 65 degrés. Elle est recouverte par un gore blanc analogue à celui de la première Crue des Littes. Au mur de cette couche, la tranchée du chemin de fer a surtout traversé des grattes très micacées, verdâtres ou grisâtres.

La partie supérieure du sommet de la Chauvetière est occupée par des grès rougeâtres avec gros galets de quartz blanc, qui diffèrent absolument des grattes toujours plus ou moins micacées reconnues soit dans l'étage moyen, soit dans l'étage supérieur de Saint-Étienne. Au milieu de ces grattes, on voit apparaître en certains points des bancs de schistes argileux rougeâtres (notamment dans les tranchées du chemin de fer du Puy, près de la bifurcation de la Béraudière).

Les grès rouges à galets de quartz appartiennent à l'étage stérile qui recouvre les couches d'Avaize. Ils sont surmontés, sur la rive droite du Furens, par les terrains rouges de la base de l'étage permien.

Le travers-bancs du puits du Mont a été prolongé au mur des couches de la Chauvetière jusqu'au puits de Bellevue (voir planche VII); on espérait recouper ainsi l'étage moyen de Saint-Étienne; mais malheureusement cette galerie de près de 600 mètres de longueur n'a traversé que des terrains stériles. L'étage moyen de Saint-Étienne n'existe pas dans cette zone. On verra plus loin que les diverses recherches entreprises pour le retrouver du côté de la Croix de l'Orme ont également donné des résultats négatifs.

Le puits de Bellevue a traversé, près de la surface, des terrains micacés dans lesquels les poudingues à galets de quartz et de micaschistes dominent surtout. Ils appartiennent vraisemblablement à l'étage stérile qui précède la 8e couche, et non à l'étage stérile qui surmonte l'étage moyen. Aussi les deux couches recoupées par le puits de Bellevue à 245 et à 278 mètres de profondeur paraissent-elles devoir être rattachées à l'étage inférieur de Saint-Étienne. Elles sont divisées en plusieurs bancs par des nerfs de schistes; dans chaque banc le charbon est extrêmement cendreux. Elles plongent vers le N. O., avec une pente moyenne de 60 à 70 degrés.

Le puits de Bellevue paraît avoir traversé de nombreux accidents en direction; il a été arrêté à 440 mètres de profondeur dans l'arkose qu'on retrouve tout le long de la bordure Sud du bassin de la Loire, immédiatement au-dessus des micaschistes.

Le travers-bancs de la cote 195 n'a pas retrouvé les couches de houille reconnues par le puits de Bellevue; mais il a traversé, à peu de distance de ce puits, un amas de charbon et de schistes charbonneux sans aucune valeur d'ailleurs. Les bancs de charbon et de schistes sont contournés et plissés dans tous les sens.

Je rappellerai enfin que le travers-bancs de la cote 370 du puits de Bellevue, dirigé vers la limite Sud du bassin houiller, a traversé d'abord des terrains plongeant au N. O., puis une zone de terrains verticaux et enfin des grattes rougeâtres très micacées plongeant au S. E. Il n'a d'ailleurs recoupé aucune couche de houille.

La partie supérieure de l'étage moyen de Saint-Étienne est occupée par le faisceau des Littes (couches des Rochettes). Il comprend six ou sept couches de houille, en général assez minces, dont une seule, la couche des Littes, la meilleure d'ailleurs de tout le faisceau, est exploitée dans le champ d'exploitation de la Béraudière. Les affleurements de cette couche sont visibles tout le long du flanc Ouest de la crête qui s'étend du puits du Crêt-de-Mars à la Croix-de-l'Orme. Près du jour, la couche plonge vers l'Est avec une pente assez faible; mais l'inclinaison des bancs augmente rapidement en profondeur. Au puits Ferrouillat, à 327 mètres de profondeur, la pente de la couche des Littes atteint déjà 50 degrés. Plus au Sud, en face des puits Dyèvre et Saint-Dominique, la couche est verticale en aval de la cote 400; elle se renverse enfin près de l'extrémité Sud du champ d'exploitation de la Béraudière.

En amont de la cote 500, la couche disparaît à 150 mètres environ au Nord du puits Courbon : les travaux se sont arrêtés ici à des amincissements ou à des accidents précurseurs de la limite Sud du bassin houiller de la Loire. En profondeur, au contraire, la couche des Littes se contourne brusquement avant d'atteindre cette limite; elle prend la direction E.-O. et plonge vers le Nord avec une pente moyenne de 45 degrés. Mais à 300 ou 350 mètres à l'Est du point où sa direction change, la couche des Littes s'amincit peu à peu, devient de plus en plus irrégulière, se schistifie et finit par être absolument inexploitable. On n'a encore fait aucune recherche importante en vue de retrouver la couche au delà de ce brouillage; il se peut d'ailleurs qu'elle n'existe pas au delà, car on sait qu'on n'en retrouve aucune trace au puits de Bellevue.

Au mur de la faille du Crêt-de-Mars, la couche des Littes a été retrouvée et on l'a exploitée entre les cotes 550 et 400, sans toutefois pouvoir atteindre vers le Nord la faille de Malacussy, qui coupe la couche des Littes dans la concession de Beaubrun. Vers l'Ouest, les travaux ont été arrêtés par un accident qu'on ne paraît pas avoir essayé de traverser. La couche des Littes existe pourtant au delà dans la zone où les couches plongent légèrement vers la faille des Maures. On connaît en effet ses affleurements et ceux de ses « Crues » le long du chemin qui va du Brûlé à la Beaurie : leur direction est N. E.-S. O. et on les suit aisément jusqu'à la crête qui sépare le ravin des Maures du ravin du puits Abraham. On a autrefois fouillé par de petites fendues les affleurements de la couche des Littes et de ses deux premières crues tout au moins; ici, comme partout ailleurs, c'est la couche des Littes qui donne toujours les charbons les meilleurs. La présence d'un « gore blanc » entre la 1re et la 2e crue permet aisément de reconnaître le faisceau de la couche des Littes dans la zone dont je viens de parler. L'affleurement de la couche des Littes dans le chemin du Brûlé à la Beaurie se trouve à la cote 625, soit à plus de 200 mètres au toit des travaux de 3e Brûlante à l'aplomb de ce point.

L'épaisseur de la couche des Littes est variable. Elle ne dépasse guère 1 m. 30 à 1 m. 50 au Nord du puits Ferrouillat; elle est souvent inférieure à 0 m. 50 entre les puits Ferrouillat et Dyèvre; au Sud de ce dernier puits, elle augmente de nouveau et atteint 3 m. 50 à 4 mètres au point de contournement des bancs. Dans le quartier Sud enfin, elle varie entre 1 m. 50 et 2 mètres. Le charbon de cette couche est bien planché, en général assez tendre. Il est brillant, propre, donne une forte proportion de grélage. C'est du charbon à gaz.

Le toit de la couche des Littes est formé, dans le quartier Sud, par des schistes durs en grosses planches. Au Nord du puits Ferrouillat, au contraire, la couche est recouverte par un épais banc de grès.

Les carrières à remblais et le tunnel de la Béraudière ont permis de reconnaître, au-dessus de la couche des Littes, quatre petites veines de charbon cru. Ce sont les quatre « Crues » de la couche des Littes. Leur épaisseur près du jour ne dépasse que rarement 1 mètre; elle oscille en général entre 0 m. 70 et 0 m. 90. La première crue repose sur des schistes noirs plus ou moins charbonneux; elle est recouverte par un banc de schistes feldspathiques blancs (gore blanc) se divisant en plaques minces polyédriques et se délitant rapidement à l'air. Le gore blanc est toujours facile à reconnaître et il est actuellement bien visible dans les carrières à remblais qui entourent le puits du Crêt-de-Mars. Au-dessus de la 2e crue, on ne trouve plus de grès fins ou de schistes argileux. Ils sont remplacés par des schistes très micacés et des grattes verdâtres ou grisâtres contenant des galets de quartz. L'aspect de ces roches est très caractéristique. La composition de la partie supérieure de l'étage moyen de Saint-Étienne est donc la même à la Béraudière et à Beaubrun.

Les Crues des Littes ont été recoupées par le puits Ferrouillat; leur épaisseur varie dans le tube de ce puits entre 1 mètre et 2 mètres; elles ne donnent toujours que des charbons très cendreux, et on les considère pour le moment comme inexploitables. Le puits Ferrouillat les a traversées aux profondeurs suivantes : 138 mètres (couche de 2 mètres d'épaisseur), 161 mètres (couche de 1 mètre), 223 mètres (couche de 2 mètres), 267 mètres (couche de 2 mètres); il a enfin traversé à 334 mètres de profondeur, soit à 25 mètres de la couche des Littes, deux bancs de charbon de 0 m. 80 chacun. L'intervalle compris entre la dernière Crue et la Couche mouillée est, au puits Ferrouillat, de 130 à 140 mètres (distance normale). Entre ces deux couches, le puits Ferrouillat n'a trouvé que deux filets de charbon insignifiants.

Le travers-bancs de 420 mètres du puits Camille a également recoupé le faisceau des Littes au voisinage de la faille Malacussy. Il a notamment reconnu l'existence de quatre couches de 1 à 2 mètres de puissance, situées respectivement à 360 mètres (Serrurière?), 395 mètres (couche des Littes), 450 et 465 mètres du puits Camille. Entre la dernière de ces couches et la Dure-Veine (distance horizontale, 230 mètres), il a seulement trouvé cinq filets de charbon insignifiants (épaisseur, 0 m. 25 à 0 m. 60). On n'a encore fait dans ces diverses couches aucune recherche sérieuse.

La couche des Littes repose sur un banc de grès de 20 mètres de puissance; elle en est séparée en certains points par un faux mur de schistes d'épaisseur très variable. Sous le banc de grès on trouve la *Serrurière*, couche de 1 m. 30 à 1 m. 40. Elle donne des charbons un peu inférieurs comme qualité à ceux de la couche des Littes et n'a été exploitée qu'au voisinage de la surface. Puis à une quinzaine de mètres de la Serrurière vient la *couche des Trois Gores*, composée par trois ou quatre bancs de charbon séparés par autant de filets schisteux. Sa puissance utile atteint 2 mètres à 2 m. 50; mais le charbon en est de qualité médiocre et les nerfs de la couche en rendent l'exploitation difficile. Aussi est-elle encore presque vierge. Au-dessous de la couche des Trois Gores, on trouve en général un massif stérile de 50 à 70 mètres, contenant un épais banc de grès exploité en bien des points pour pierres de taille, puis un massif de schistes de 20 à 30 mètres de puissance, qui forme le toit de la Grande Couche. A l'Est du puits Saint-Joseph, on trouve par place, au toit de la couche des Trois Gores, un banc de houille de 1 à 2 mètres, d'allure fort irrégulière et ne donnant que des charbons sales (*couche nouvelle*).

La partie inférieure de l'étage moyen de Saint-Étienne (groupe des couches 1 à 7) comprend la Grande Couche et les trois Brûlantes de la Béraudière. L'analogie qui existe entre ces couches et celles qui sont exploitées dans la concession de Beaubrun, au mur de la faille de Malacussy, est trop évidente pour qu'il y ait lieu d'y insister longuement. La Grande Couche, si variable et comme épaisseur et comme qualité, correspond à la 2ᵉ et à la 3ᵉ de Beaubrun; quant aux trois Brûlantes, elles portent, dans le champ d'exploitation des puits Montmartre, les numéros 4, 5" et 7.

Grande Couche. — L'affleurement de la Grande Couche longe du Nord au Sud le pied occidental du coteau de la Béraudière; au Sud, il se replie de l'Est à l'Ouest, puis se perd près de la grande route du Puy avant d'atteindre les premières maisons de la Ricamarie. Du côté Nord, il s'infléchit aussi brusquement vers l'Ouest entre les puits du Brûlé et du Crêt-de-Mars, et disparaît avant d'atteindre le hameau des Maures. De ce côté, la couche est peu inclinée, et elle est détruite depuis longtemps par le feu au voisinage de la surface; aussi les schistes du toit sont-ils partiellement scorifiés et porcelanisés, ce qui a fait donner le nom du Brûlé au hameau voisin.

La faille du Crêt-de-Mars divise le champ d'exploitation de la Grande Couche en deux quartiers bien distincts. Au Sud de cet accident, la pente de la Grande Couche est d'abord faible près des affleurements; elle augmente graduellement en profondeur et atteint 45 à 50 degrés, en face du puits Ferrouillat à la cote 200. Plus au Sud, la couche est verticale; en face du puits Saint-Joseph, elle se renverse complètement. En même temps, entre les niveaux 320 et 280, elle prend à l'Est de ce puits la direction E.-O. Aussi le puits Saint-Joseph, creusé au mur de la Grande Couche, l'a-t-il traversée du mur au toit entre les cotes 279 et 267. Par suite de ce renversement, le champ d'exploitation de la Grande Couche au Sud du puits Dyèvre diminue très rapidement en profondeur.

L'allure de la Grande Couche est donc la même que celle de la couche des Littes. On était par suite en droit d'espérer qu'après s'être infléchie vers l'Ouest, la Grande Couche, comme la couche des Littes, prendrait la direction O.-E. avec pendage au Nord. Ce changement d'allure paraissait bien se dessiner à l'étage de 289 mètres de profondeur (voir fig. 33). La trace de la Grande Couche avait pu en effet être suivie sur une grande longueur au Sud du puits Saint-Joseph, et, d'autre part, le travers-bancs du puits Courbon avait traversé à 75 mètres de ce puits un entraînement charbonneux assez important dirigé E.-O.; il paraissait bien correspondre à la Grande Couche. Malheureusement, à l'étage de 339 mètres de profondeur, le travers-bancs du puits Courbon n'a retrouvé, à la place qu'aurait dû occuper la Grande Couche, que des schistes charbonneux, plongeant d'abord au Nord avec une pente de 30 degrés, puis devenant presque verticaux ; sous ces schistes, il a atteint des grattes verdâtres, irrégulières, à gros éléments. Le puits Courbon est entré dans ces grattes à la cote 336, soit à quelques mètres au-dessus de la recette de 289 mètres de profondeur ; on a arrêté le fonçage de ce puits à la cote 280, sans être sorti de cette formation.

Les grattes du puits Courbon ont été retrouvées par le puits Saint-Joseph. On sait que ce puits a traversé la Grande Couche renversée entre les cotes 279 et 267, soit à 4 mètres et à 16 mètres en contre-bas de la recette de 339 mètres de profondeur. Il est entré ensuite dans les schistes du toit de la Grande Couche, schistes dans lesquels on trouve ici un filet charbonneux (cote 258) ; puis au niveau même de la recette de 389 (cote + 233), il a atteint les grattes vertes.

La Grande Couche a également été recherchée au mur de la couche des Littes par deux travers-bancs attaqués aux étages de 289 mètres et de 389 mètres de profondeur, dans la zone où les bancs sont dirigés E.-O. et plongent au Nord. Le travers-bancs supérieur a traversé sur 120 à 130 mètres de longueur des terrains très réguliers. Il a reconnu l'existence de la Serrurière et de la couche des Trois Gores ; mais au point où il auraitdû rencontrer la Grande Couche, il n'a trouvé que des schistes charbonneux grisouteux, reposant presque directement sur des grattes vertes plongeant au Nord avec une pente de 50 degrés. Le travers-bancs inférieur n'a pas été plus heureux. On sait que les recherches du puits de Bellevue n'ont également donné aucun résultat.

Il faut conclure de ces recherches infructueuses, ou bien que les dépôts ayant donné naissance à la Grande Couche ne se sont pas étendus vers l'Est au delà de la Croix-de-l'Orme, ou bien que le prolongement de la Grande Couche et des Brûlantes a été emporté par une faille longeant la limite Sud du bassin de la Loire. On a souvent désigné cet accident sous le nom de « faille de la Croix-de-l'Orme ».

L'épaisseur de la Grande Couche est très variable au Sud de la faille du Crêt-de-Mars. Elle est en moyenne de 30 ou 40 mètres aux environs du puits Saint-Joseph, mais se réduit à 6 ou 8 mètres et parfois même à beaucoup moins entre les puits Dyèvre et du Crêt-de-Mars. De ce côté, le charbon est bien planché, dur, mais souvent un peu cru. Il est, au contraire, très propre dans la zone Sud ; mais il ne donne pour ainsi dire pas de grêlages, même là

Figure
P. St Joseph
P. Courbon
N.V
TRAVAUX DE LA GRANDE COUCHE
ET DE LA COUCHE DES LITTES
DANS LA RÉGION DU P. COURBON
Échelle 1/2.000
Grande Couche à 380
Grande Couche à 380
339ᵐ
161
Nouvelle couche
Serrurière
Charbon
Travers banc à 289
Grande verte
Schistes charbonneux
Filets de schistes et charbon
Travers banc à 289
Filets charbon
Travers bancs
Recherche
Recherche

Fig. 34.

QUARTIER NORD DE LA GRANDE COUCHE DE LA BÉRAUDIÈRE

Échelle $\frac{1}{3.000}$

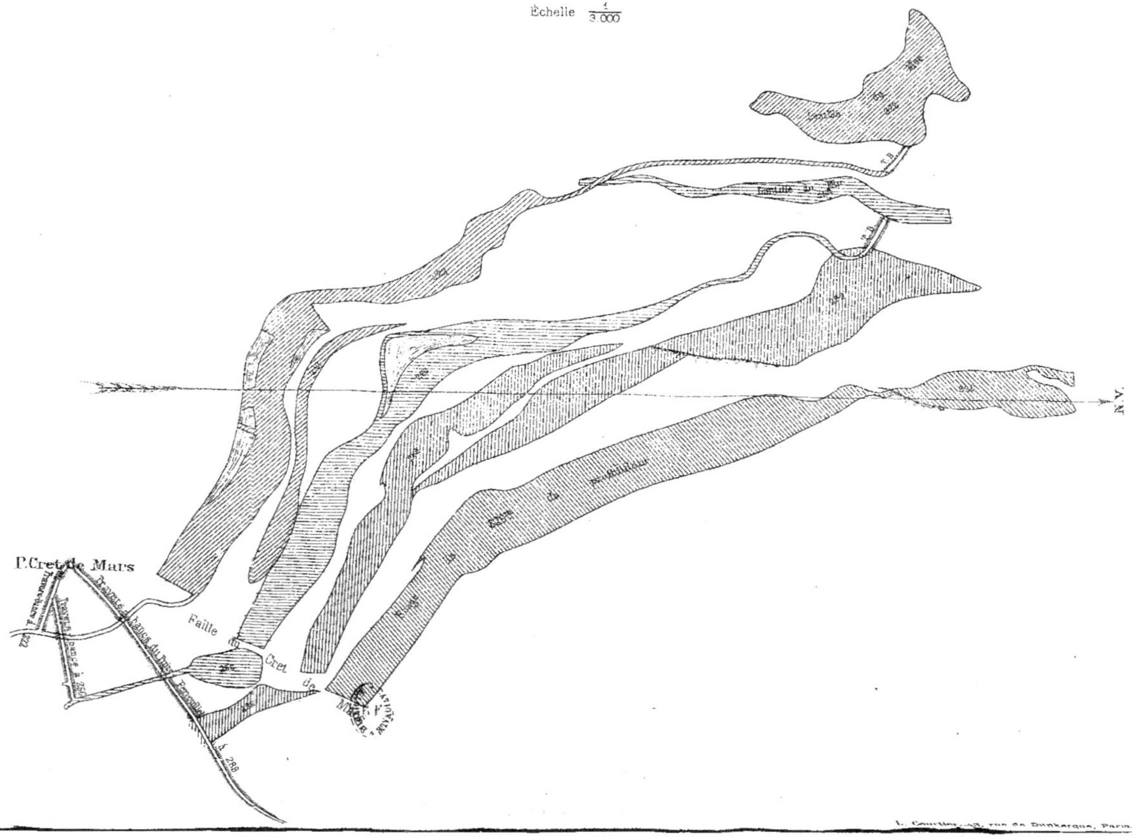

où il est particulièrement dur. Il est froissé et clivé dans tous les sens et paraît avoir été soumis à des efforts de refoulement considérables.

Au Nord de la faille du Crêt-de-Mars, la Grande Couche n'a pas été exploitée jusqu'à son intersection avec la faille des Maures. Près du jour, les travaux n'ont guère dépassé vers l'Ouest le hameau du Brûlé; et en profondeur, on a été arrêté par un accident ou un amincissement qui ne peut correspondre à la faille des Maures. On ne paraît d'ailleurs avoir fait aucune tentative sérieuse pour le traverser. Les travaux se sont par suite surtout développés dans la zone où les couches plongent vers l'Est; leur pente en amont de la cote 280 est en général faible : elle ne dépasse 30 degrés que tout à fait exceptionnellement.

La Grande Couche se présente souvent au Nord de la faille du Crêt-de-Mars sous la forme d'amas. Ils sont parfois nettement séparés les uns des autres. C'est notamment ce qui a lieu pour la lentille exploitée entre les cotes 440 et 360 au-dessous de la Beaurie, près de la limite de concession de Beaubrun. D'autres fois, au contraire, on passe d'un amas dans l'autre en traversant des accidents dont le pendage et l'amplitude varient très rapidement : le rejet qui est figuré sur la planche XI comme coupant la Grande Couche entre les cotes 360 et 280, plonge nettement à l'Est du côté du Crêt-de-Mars, et à l'Ouest près de la limite de Beaubrun.

La traversée de la couche est en même temps extrêmement variable d'un point à un autre. Elle atteint souvent 30 et 40 mètres, mais se réduit par places à 5 ou 6 mètres et parfois même à moins. La figure 34 montre bien les variations d'épaisseur constantes de la Grande Couche dans le quartier Nord de la Béraudière et l'allure de la lentille du mur.

Au voisinage immédiat de la faille du Crêt-de-Mars et dans les étages actuellement en exploitation, le charbon de la Grande Couche est extrêmement pur; il est absolument comparable au charbon de la 3ᵉ du puits Montmartre. Mais à mesure qu'on s'avance vers le Nord, la composition de la couche varie. Il s'y forme d'abord de gros nerfs de grès ou de schistes (voir fig. 34); puis, au delà de l'accident à pendages variables dont j'ai parlé, le charbon devient tendre et terne; il est souvent cru ou moureux et ressemble alors complètement au charbon de la 2ᵉ couche de Beaubrun.

Les travaux de la Grande Couche ont été arrêtés vers le Nord à la limite de la concession de la Béraudière. La couche se prolonge au delà dans la concession de Beaubrun jusqu'à la faille de Malacussy et jusqu'à la faille Nord de la Béraudière.

Les Brûlantes. — La 1re Brûlante est séparée de la Grande-Couche par un épais banc de grès; sa puissance dépasse rarement 1 m. 50 ou 1 m. 60; par places, notamment entre le puits Dyèvre et le puits du Crêt-de-Mars, elle se réduit à quelques centimètres. J'ai déjà dit que dans la même zone la couche des Littes et la Grande Couche sont très souvent amincies.

La 1re Brûlante donne du charbon un peu cru et souvent assez dur; c'est la moins bonne de toutes les couches exploitées à la Béraudière. Elle repose sur un mur formé de grosses planches de schistes, séparées par de petits filets de charbon. Elle a donc tous les caractères de la 4e couche du puits Montmartre, que l'on trouve dans la concession de Beaubrun directement au mur de la 2e ou de la 3e.

La 2e Brûlante est séparée de la première par un massif de schistes qui se réduit à rien au voisinage du puits Saint-Joseph et qui mesure 50 et 55 mètres, normalement aux bancs, près de la limite de concession de Beaubrun. Il existe au milieu de ces schistes, du côté de Beaubrun, quelques filets de charbon et notamment une petite couche de 1 mètre à 1 m. 50, qu'on a quelquefois confondue avec la 1re Brûlante : c'est la couche 5^1 de Beaubrun. L'épaisseur de la 2e Brûlante varie entre 2 mètres et 4 ou 5 mètres. Elle donne des charbons en général tendres, de qualité ordinaire. La couche est parfois salie par un gros nerf se formant sous le toit; au-dessus de ce nerf, il y a en général un banc de charbon de 0 m. 10 à 1 mètre. Ce nerf est surtout important près de la limite Nord de la concession de la Béraudière.

La 3e Brûlante est située à une cinquantaine de mètres au mur de la 2e. C'est, après la Grande Couche, la meilleure de celles que l'on exploite à la Béraudière. Son épaisseur varie de 3 m. 50 à 6 mètres. Elle donne du charbon bien planché, assez dur et très pur. Dans le quartier Sud et à 1 mètre du vrai toit de la couche, on trouve en général dans la 3e Brûlante un nerf de schistes argileux jaunes, de 0 m. 30 à 0 m. 80, très caractéristique. Il est moins net et disparaît même souvent du côté de Beaubrun; par contre, il existe alors près du mur de la couche un certain nombre de nerfs de grès. On connaît en certains points, à quelques mètres au toit de la 3e Brûlante, une petite veine de houille de moins de 1 mètre de puissance. C'est la 7^1 de Beaubrun. Le toit et le mur de la 3e Brûlante sont en général formés par du grès dur. Cette couche a donc tous les caractères de la 7e de Montmartre.

Près de la limite de concession de Beaubrun, la 3e Brûlante s'amincit régulièrement vers le Nord entre les cotes 310 et 290, et les travaux se sont arrêtés à peu près à l'extrémité du travers-bancs de Beaubrun. Au delà d'un petit accident, la 3ᵉ Brûlante se reforme brusquement avec une grande épaisseur (courbes 290 à 315); mais elle s'amincit ensuite de nouveau et disparaît totalement avant d'atteindre la faille Nord. Elle forme ainsi au voisinage de la limite de Beaubrun un véritable amas, qui, en certains points tout au moins, est en partie recouvert par la partie amincie de la même couche dont j'ai déjà parlé.

Dans le quartier Sud, l'allure des Brûlantes est la même que celle de la Grande Couche. Le pendage, faible aux affleurements, augmente en profondeur, et au Sud du puits Abraham les couches se renversent. Elles s'amincissent et disparaissent complètement avant d'atteindre la limite Sud du bassin. Dans tout ce quartier, les intervalles qui séparent les Brûlantes diminuent progressivement du Nord au Sud, et la 1ʳᵉ et la 2ᵉ Brûlante se réunissent au voisinage du puits Saint-Joseph.

Au Nord du puits du Crêt-de-Mars et au mur des failles du Crêt-de-Mars et du Brûlé (voir la coupe de la planche XII), se trouve un premier panneau dont l'allure est aujourd'hui bien connue par les travaux de la 3ᵉ Brûlante entre les cotes 480 et 240. Près de la surface, les bancs sont dirigés du N. O. au S. E. et ils plongent vers le N. E.; mais en profondeur leur direction générale est N.-S. et leur pendage à l'Est, sauf au voisinage immédiat de la limite de concession de Beaubrun, où ils se contournent vers l'Ouest pour devenir ensuite parallèles à la faille des Maures (courbes 340 et 290 de 2ᵉ Brûlante). La faille du Brûlé, qui limite ce quartier vers l'Ouest, est fort nette en 3ᵉ Brûlante jusqu'à la cote 380. En aval de ce point, les dépilages se sont arrêtés en 2ᵉ et en 3ᵉ Brûlantes à des amincissements et à des brouillages, puis du côté de Beaubrun à un accident important plongeant au N.-O., que j'ai déjà désigné sous le nom de « faille Nord de la Béraudière ».

Au toit de la faille du Brûlé et près des affleurements, les travaux se sont développés dans les Brûlantes, jusqu'à la faille des Maures. Le long de cet accident, la 3ᵉ Brûlante est très nettement étirée et laminée sur une assez grande étendue. En profondeur, les dépilages ont été arrêtés à des amincissements complets, rencontrés en 3ᵉ Brûlante au voisinage de la cote 380; on n'a fait encore aucune tentative sérieuse pour les traverser.

La faille Nord a été explorée à l'étage de 339 mètres de profondeur (cote 290 environ) par un grand travers-bancs dit *de Beaubrun*, dirigé suivant la ligne E.-O. On est parti de la 1ʳᵉ Brûlante, on a traversé la 2ᵉ, puis la 3ᵉ Brûlante plongeant régulièrement à l'Est; on est entré au mur de ces couches dans des terrains dont la direction est devenue peu à peu E.-O. avec plongée au Nord, puis N. E.-S. O. avec plongée au N. O. On a trouvé dans ce nouveau pendage et au voisinage de la faille Nord, un lambeau de couche plus ou moins entraîné le long de cet accident. C'est probablement un lambeau de 2e Brûlante ou peut-être même de 3e Brûlante. Le travers-bancs de Beaubrun a été prolongé au toit de cette couche; il a d'abord traversé des terrains extrêmement brouillés, puis est entré dans des terrains à peu près horizontaux. Sur les derniers mètres notamment, il a longé un petit banc de charbon cru dirigé E.-O. et plongeant faiblement au Sud. Ce pendage correspond assez bien à celui qui a été reconnu par les travaux de Beaubrun, au toit de la faille Malacussy, par le travers-bancs de la cote 545. (Voir page 153.)

Les terrains reconnus par l'extrémité Ouest du travers-bancs de Beaubrun sont surtout formés par des grattes grisâtres et verdâtres à gros galets de quartz, tout à fait comparables à celles qui caractérisent à la Béraudière la partie supérieure du faisceau des Crues des Littes. On y a également rencontré un banc de gore blanc analogue à celui de la première Crue. Il semble donc que la faille Nord de la Béraudière mette en face les unes des autres la 3e Brûlante et les Crues des Littes : son rejet serait donc de près de 300 mètres.

Ce que l'on sait de la faille des Maures par les travaux de Montrambert ne permet pas de supposer que la faille Nord est la faille des Maures. On peut la considérer comme un gradin de cet accident; mais entre ce gradin et la faille des Maures elle-même, il existe certainement un lambeau de terrain houiller fort important, qui est encore entièrement vierge.

Terrains situés au mur de la 3e Brûlante. — Les terrains situés au mur de la 3e Brûlante n'ont encore été explorés que par divers travers-bancs partant du puits Abraham et par les puits Quantin et Saint-Pierre.

A 228 mètres de profondeur, soit à 55 mètres au-dessous du mur de la 3e Brûlante, le puits Abraham a traversé une couche de 2 m. 70 de puissance totale, formée par deux bancs de charbon séparés par un nerf de 0 m. 40, et mesurant, l'un 2 mètres et l'autre 0 m. 75. On désigne cette couche sous le nom de 4e Brûlante. Elle n'a encore été l'objet d'aucune exploration. Le travers-bancs de l'étage 339 du puits Abraham a recoupé à 40 mètres du puits, soit à 160 mètres de la 3e Brûlante suivant l'horizontale, une petite couche de 1 m. 40 d'épaisseur, formée par une série de bancs de houille de qualité fort médiocre en général; puis à 115 mètres du puits il est entré dans des grattes vertes fort analogues à celles du puits Courbon. A l'étage inférieur, soit à 389 mètres de profondeur, on retrouve ces grattes au voisinage même de la recette du puits Abraham, et le travers-bancs reliant ce puits au puits Dyèvre n'a traversé, au mur de la 3ᵉ Brûlante, que deux filets de charbon sans aucune importance : les deux couches reconnues par le puits Abraham semblent donc disparaître en profondeur.

Le puits Quantin a été ouvert au mur des affleurements de la 3ᵉ Brûlante ; sa profondeur totale est de 210 mètres, et on a effectué au fond de ce puits un sondage de 33 mètres de longueur. On a ainsi reconnu trois petites veines de houille de 1 m. 50, 0 m. 80 et 1 m. 20 de puissance, situées respectivement à 45 mètres, 114 mètres et 140 mètres du jour. Si la 8ᵉ existe dans cette zone, elle doit donc se trouver à plus de 250 mètres du mur de la 3ᵉ Brûlante.

Le puits Saint-Pierre a également servi à explorer les terrains situés au mur de la 3ᵉ Brûlante de la Béraudière. Il a en effet traversé la faille des Maures au voisinage de la cote 300, ainsi que le montre la coupe de la planche XII. Son fonçage est arrêté pour le moment à la cote + 100. Entre les cotes 300 et 100, les terrains sont absolument stériles. Ils sont presque horizontaux et plongent légèrement vers le N. O. comme aux puits Quantin et du Brûlé. Entre les cotes 250 et 200, et 150 et 100, le puits Saint-Pierre a recoupé quelques bancs de schistes renfermant de petits filets assez irréguliers de charbon à gaz (30 à 35 p. 100 de matières volatiles). Mais ni dans le tube du puits, ni dans les travers-bancs aboutissant à ce puits aux cotes 100, 150 et 200, aucun de ces filets ne paraît prendre de l'importance. Le massif stérile situé au mur de la 3ᵉ Brûlante paraît donc être extrêmement épais dans la concession de la Béraudière. Au jour on ne connaît d'ailleurs aucun affleurement de couche de houille entre le Brûlé et la Ricamarie, et ce n'est que dans la grande rue de ce dernier village, entre l'église et la mairie, qu'on voit affleurer une couche de houille assez épaisse ; elle est située, sans aucun doute, au mur de la 3ᵉ Brûlante et au mur de la faille des Maures. Elle doit vraisemblablement appartenir à l'étage inférieur de Saint-Étienne ; on manque malheureusement de données précises à son sujet ; on sait seulement qu'elle a été le siège d'une petite exploitation au début du siècle. Ses affleurements ont été remis à découvert il y a quelques années, lorsqu'on a établi un égout dans le village de la Ricamarie.

Nature des charbons. — Toutes les couches exploitées à la Béraudière donnent des houilles à gaz contenant de 33 à 35 p. 100 de matières volatiles,

23.

cendres déduites, dans les étages actuellement en exploitation, c'est-à-dire entre 350 et 400 mètres de profondeur. La teneur en matières volatiles paraît être la même à une cote donnée dans toute l'étendue du champ d'exploitation, ou du moins elle n'y est soumise qu'à des variations à peu près insensibles. Elle paraît diminuer légèrement en profondeur : d'après d'anciennes analyses, les charbons de la Béraudière contenaient, dans les étages supérieurs, 36 à 37 p. 100 de matières volatiles. Les charbons de la couche des Littes, de la Grande Couche et de la 3ᵉ Brûlante sont en général propres; ils donnent facilement, après simple triage à la main, des tout-venants à 7-8 p. 100 de cendres.

Voici, d'ailleurs, les résultats d'un certain nombre d'analyses faites en 1899 à la Béraudière sur des échantillons de charbon pris dans les bennes [1] :

NOMS DES COUCHES[1].		NOMBRE D'ESSAIS.	MOYENNES DES TENEURS	
			en CENDRES.	en MATIÈRES VOLATILES. (Cendres déduites.)
Littes	Nord	//	//	//
	Centre	4	4.38	35.5
	Sud	8	6.80	33.4
		8	12.81	35.0
		12	6.38	33.2
Grande Couche.	Nord	4	15.37	34.1
	Centre	8	6.18	32.4
		4	15.00	34.7
	Sud	8	5.25	33.7
		4	12.00	34.4

[1] On a distingué les essais faits sur les charbons de première qualité contenant moins de 8-9 p. 100 de cendres de ceux qui ont été faits sur les charbons de deuxième qualité contenant 15 p. 100 de cendres en moyenne

[1] J'ai fait analyser en fin 1899, au laboratoire de l'École des mines de Saint-Étienne, un certain nombre d'échantillons choisis de charbons de la Béraudière; ils proviennent tous de l'étage 339-389 (cotes 275 à 225). Voici les résultats qui ont été obtenus :

	HUMIDITÉ à 105°, p. 100 de charbon brut.	CENDRES p. 100 de charbon brut.	MATIÈRES VOLATILES, p. 100 de charbon brut.	MATIÈRES VOLATILES, cendres et humidité déduites.
C. des Littes au nord du P. Ferrouillat	0.58	5.10	31.61	33.4
Grande Couche au Nord du P. du Crêt-de-Mars	0.37	3.69	34.49	35.9
1ʳᵉ Brûlante au Nord du T. B. de Beaubrun	0.54	7.72	29.79	32.4
3ᵉ Brûlante au Nord du T. B. de Beaubrun	0.45	6.96	28.69	31.0

NOMS DES COUCHES.	NOMBRE D'ESSAIS.	MOYENNES DES TENEURS	
		en CENDRES.	en MATIÈRES VOLATILES. (Cendres déduites.)
1re Brûlante.... { Nord......	2	6.25	34.1
	3	18.34	34.9
{ Centre......	4	14.5o	33.6
2e Brûlante.... Nord......	1 2	15.13	34.6
	8	6.o6	34.5
3e Brûlante.... { Nord......	8	12.81	35.o
	8	4.oo	33.3
{ Centre......	8	14.5o	35.o
	8	5.91	34.5
{ Sud......	8	13.75	35.o

IV. — PARTIE OCCIDENTALE DU BASSIN DE SAINT-ÉTIENNE

(AU TOIT DES FAILLES DES MAURES ET DU CLUZEL).

1° TRAVAUX DE MONTRAMBERT.

Les puits Devillaine et Marseille de la concession de Montrambert servent à exploiter, au toit de la faille des Maures, les étages supérieurs et moyens de Saint-Étienne. Les travaux s'étendent vers l'Est jusqu'au toit de la faille des Maures. Vers l'Ouest, et en profondeur tout au moins, ils ont été arrêtés à une limite purement conventionnelle.

La *faille des Maures* est aujourd'hui connue dans tout l'étage moyen de Saint-Étienne, entre le jour et la cote + 100, soit sur près de 5oo mètres de hauteur verticale. Sa direction, dans les travaux de Montrambert, c'est-à-dire dans une zone de plus d'un kilomètre, est presque exactement N.-S. Elle plonge vers l'Ouest avec une pente régulière d'environ 33 degrés. A son voisinage immédiat, les couches de Montrambert, dont la direction générale est N. E.-S. O., s'infléchissent vers le Nord; elles sont en général très nettement coupées par cet accident. Près du jour, le rejet de la faille des Maures est considérable. Au voisinage du hameau du Brûlé, les affleurements de la 1re et de la 2e Brûlante de la Béraudière et ceux de la couche des Littes de

Montrambert sont en effet en face l'un de l'autre, au mur et au toit de cet accident. Son importance augmente d'ailleurs en profondeur, puisque dans les travaux de la Béraudière les bancs plongent vers le N.-O. avec une pente très faible, tandis qu'à Montrambert leur pente moyenne est de 45 degrés. Mais, en même temps, la faille des Maures paraît se diviser en plusieurs gradins. L'un de ceux-ci, la faille Nord de la Béraudière, s'arrête contre la faille de Malacussy. La faille du Devey est probablement un autre gradin de la faille des Maures; on sait qu'elle disparaît dans la concession de Dourdel. Aussi la faille du Cluzel, qui paraît être le dernier gradin de la faille des Maures, ne mesure-t-elle plus de 300 mètres environ au voisinage du hameau de Dourdel. (Voir page 199.)

On n'a fait encore aucune recherche sérieuse dans la faille des Maures en partant des travaux de la couche des Littes ou des couches 1 à 7 de Montrambert; mais, ainsi que je l'ai déjà dit, cet accident a été traversé par le puits Saint-Pierre (cote 300) et par divers travers-bancs aboutissant à ce puits. Je ne reviendrai pas ici sur les résultats donnés par ces travaux.

Si l'on tient compte de la direction de la faille des Maures et de son inclinaison, on doit en conclure que les puits de l'Ondaine et Devillaine ont également atteint cet accident au voisinage de la recette de 406 mètres de profondeur. La nature des terrains recoupés par ces deux puits, en aval de cette recette, paraît d'ailleurs confirmer cette opinion. Malheureusement les terrains situés au mur de la 3ᵉ Brûlante sont, en général, très irréguliers, et il n'a pas été possible de déterminer le passage exact de la faille des Maures.

Au mur de la 3ᵉ Brûlante, le puits de l'Ondaine a traversé des terrains brouillés et irréguliers, formés en majeure partie par des grattes à gros éléments plongeant au N.O. A la recette de 406 mètres de profondeur, la nature des terrains se modifie brusquement; on trouve d'abord un épais banc de grès massif; puis, à 14 mètres de la recette de 406, une petite couche de charbon schisteux de 0 m. 40 à 0 m. 50 d'épaisseur; elle a été suivie à l'étage de 406 dans la galerie allant du puits de l'Ondaine au travers-bancs des puits Devillaine et elle disparaît dans un brouillage important au voisinage immédiat de ce travers-bancs. Tandis que les terrains de Montrambert plongent, en général, vers le N.O., cette petite couche plonge vers le S.E. avec une faible pente. Elle repose sur des schistes d'abord bien stratifiés, puis sur des grattes irrégulières dont le pendage se modifie peu à peu. Au voisinage de la recette de 456, ces grattes plongent de nouveau vers le N. O. et leur pente est de 45 degrés.

A 456 mètres de profondeur, l'axe du puits de l'Ondaine a atteint une roche verdâtre, dure et compacte. C'est le banc d'arkose qui existe, ainsi que je l'ai déjà dit, tout le long de la bordure Sud du bassin de la Loire, entre les micaschistes et le terrain houiller proprement dit. Le puits de l'Ondaine a atteint les micaschistes à la profondeur de 525 mètres.

Les puits Devillaine ont atteint l'arkose verte un peu au-dessus de la recette de 456 mètres de profondeur, et ils ont trouvé les micaschistes au voisinage de la recette de 516. Ces micaschistes contiennent beaucoup de mica blanc; ils sont très feuilletés et n'ont pas beaucoup de consistance; l'arkose qui les recouvre est au contraire très dure. La surface de séparation de ces deux roches est très nette. Sa direction est N. 63° E. et elle plonge avec une pente de 37 degrés vers le N. O.; on ne voit aucune trace de faille au contact des micaschistes et de l'arkose.

Le travers-bancs de 516 a entièrement recoupé le banc d'arkose; sa traversée horizontale est de 70 mètres. La surface de contact de cette roche et du houiller proprement dit est des plus nettes; sa direction est N. 59° E., et dans le travers-bancs de 516 elle plonge vers le N. O. avec une pente de 57 degrés. Au travers-banc de 456 et dans les puits Devillaine, cette plongée n'était que de 30 degrés. Elle est en moyenne de 45 degrés sur 60 mètres de hauteur verticale.

Les bancs d'arkose paraissent presque horizontaux dans le travers-bancs de 516; ils ne plongent fortement vers le N. O. qu'au voisinage des micaschistes et du terrain houiller. Au contact de l'arkose, le houiller est formé par des bancs de schistes noirs avec filets charbonneux intercalés, plongeant au N. O. avec une pente de 57 degrés. Un échantillon de charbon provenant de ce point a donné 5,9 p. 100 de cendres et 28 p. 100 de matières volatiles (cendres déduites). On a donc affaire ici, non à des houilles à gaz, mais à des houilles grasses ordinaires.

Faille de Barlet. — On a pu suivre les affleurements des couches de Montrambert dans la vallée de l'Ondaine, depuis la faille des Maures jusqu'au voisinage du puits Marseille. A l'Ouest de ce puits, ces couches n'arrivent plus au jour, bien qu'elles se prolongent en profondeuravec une grande régularité, jusqu'au puits Sainte-Marie tout au moins. Le puits du Chambon, qui mesure 225 mètres de profondeur, ne les a pas retrouvées; il a été arrêté dans des poudingues grossiers rougeâtres, analogues à ceux que l'on voit affleurer dans la vallée du Cottatay au voisinage du terrain primitif. D'après les débris de végétaux trouvés au puits du Chambon au toit de ces poudingues, on paraît avoir ouvert ce puits dans les terrains appartenant à la partie inférieure de l'étage inférieur de Saint-Étienne. Les couches de l'étage moyen de Saint-Étienne sont donc coupées, au Sud du puits Marseille, par un accident important auquel on a donné le nom de *faille de Barlet*. Ses affleurements ne sont pas visibles; ils doivent passer entre le puits du Chambon et le puits Sainte-Marie et à peu de distance au Sud du puits Marseille. En profondeur, on a reconnu cet accident par un travers-bancs partant du puits Marseille à 200 mètres du jour et se dirigeant vers Trémolin. A 140 mètres au mur de la 3ᵉ Brûlante, il a atteint une zone de roches broyées occupant une longueur totale de 90 mètres; il a ensuite pénétré dans des grès micacés rougeâtres passant par places aux poudingues, ne plongeant plus vers le N. O., mais bien vers le S. E., c'est-à-dire plongeant du côté du terrain primitif. La nature et la plongée de ces bancs sont les mêmes que celles des roches qui affleurent sur la rive droite du ruisseau du Cottatay, entre la route nationale nᵒ 88 et le terrain primitif. On a considéré la zone des roches broyées dans le travers-bancs du puits Marseille comme correspondant au passage de la faille de Barlet.

Cet accident a également été reconnu par le travers-bancs de 256 mètres de profondeur du puits Rolland. On a d'abord traversé, en partant de la 3ᵉ Brûlante, une masse de 20 mètres d'épaisseur environ de terrains brouillés contenant des boules de grès et de schistes prises dans une pâte charbonneuse; puis des schistes et des grès brouillés (20 mètres); au delà, on est entré dans une roche verdâtre très dure contenant de nombreux filets de carbonate de chaux. Ici encore on a admis que la zone des terrains brouillés correspondait à la faille de Barlet. Quant à la roche verte trouvée au mur de cet accident, il semble, d'après sa description, que ce soit l'arkose de base qu'on connaît au fond du bassin houiller, au voisinage immédiat des micaschistes.

La faille de Barlet n'a pas encore été trouvée au puits Rolland. Elle est, en effet, presque verticale dans le travers-bancs de 256; aussi, au fond du puits Rolland, à la cote + 100, soit à 456 mètres de profondeur, est-on encore

dans les grès et les schistes houillers plongeant vers le Nord avec une pente de
80 degrés. Ainsi que le montre le croquis ci-joint (fig. 35), les bancs prennent

Fig. 35.

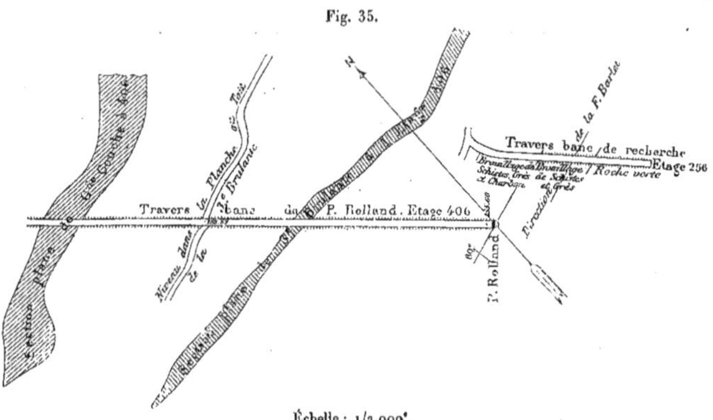

seulement la direction de la faille de Barlet (N. 70° à 75°E.), tandis que dans
tout le champ d'exploitation de Montrambert leur direction est N. 45°E.

ÉTAGE MOYEN DE SAINT-ÉTIENNE.

L'étage moyen de Saint-Étienne comprend à Montrambert, comme à la
Béraudière, le faisceau de la couche des Littes (couches des Rochettes) au
toit, et le faisceau de la Grande Couche (couches 1 à 7) au mur. Les affleurements de ces diverses couches sont plus ou moins visibles au fond de la vallée
de l'Ondaine, depuis la Ricamarie à l'Est jusqu'au puits Marseille à l'Ouest.
Au delà de ce puits, ces couches sont coupées par la faille de Barlet avant
d'arriver au jour. Au voisinage de la surface, les travaux du puits Marseille
ont été limités vers l'Ouest, dans les couches 1 à 7 tout au moins, par la faille
de Barlet elle-même. En profondeur, au contraire, ils ont été arrêtés par un
accident insignifiant; de ce côté, la limite du champ d'exploitation de ce puits
est donc purement conventionnelle.

Dans tout le champ d'exploitation des puits Devillaine et Marseille, les
couches sont dans leur ensemble très régulières. Leur direction générale est

N. E.-S. O. Elles plongent vers le N. O., et sur 450 mètres de hauteur verticale leur pente moyenne est de 45 degrés[1]. A l'Ouest du puits Rolland, le voisinage de la faille de Barlet modifie légèrement la direction des bancs; d'autre part, leur plongée diminue au puits Sainte-Marie (voir fig. 38).

Toutes les couches de l'étage moyen de Saint-Étienne donnent à Montrambert des houilles à gaz contenant, dans les étages actuellement en exploitation, soit entre 400 et 450 mètres de profondeur, 34 à 36 p. 100 de matières volatiles. Les charbons de certaines couches sont souvent très propres et donnent facilement des tout venants à 8-9 p. 100 de cendres au maximum après simple triage à la main. On trouvera dans le tableau suivant les résultats des analyses d'un certain nombre d'échantillons de charbons des diverses couches de Montrambert, analyses faites à Montrambert en 1899. Elles montrent que les teneurs en matières volatiles sont constantes, à la profondeur actuelle tout au moins, dans toute l'étendue du champ d'exploitation des puits Devillaine et Marseille.

			NOMS DES COUCHES.	NOMBRE D'ESSAIS.	MOYENNES DES TENEURS	
					en CENDRES.	en MATIÈRES VOLATILES. (Cendres déduites.)
Couche des Littes	Est			13	7.40	34.2
	Ouest			2	5.00	34.2
Planche au toit de Grande Couche				16	8.52	34.8
Grande Couche.	Devillaine	Est		2	6.25	34.1
		Ouest		9	5.65	34.1
	Marseille	Est		4	5.50	35.1
		Ouest		4	3.63	34.5
2e Brûlante	Banc du toit			4	29.37	35.7
	Banc du mur			4	4.25	34.4
3e Brûlante	Devillaine			8	3.78	34.9
	Marseille	Toit		4	7.50	34.8
		Mur		4	7.00	33.3

Grande Couche. — La Grande Couche de Montrambert (couches 1, 2 et 3 de Saint-Étienne) est la plus importante de ce district. Elle est actuellement

[1] Le travers-bancs de 516 mètres de profondeur (cote + 37) vient de recouper le faisceau de la Grande Couche; sa pente est toujours en moyenne de 45 degrés entre les travers-bancs de 456 et de 516.

Fig. 36.

SECTIONS HORIZONTALES DE LA GRANDE COUCHE

Échelle $\frac{1}{5.000}$

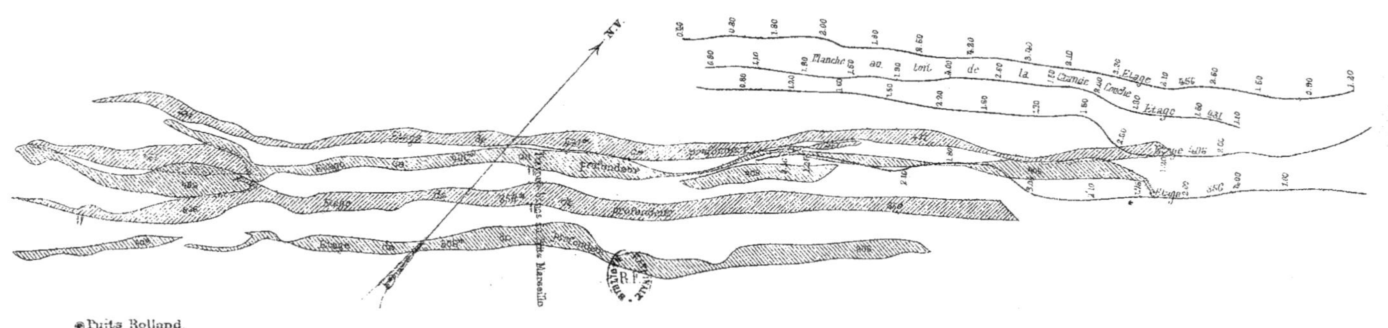

connue dans le champ d'exploitation des puits Devillaine et Marseille sur près de 2 kilomètres en direction, depuis les affleurements jusqu'à la cote 100. Les courbes de niveau (tracées au toit de la couche) des planches XI et XII montrent que, dans son ensemble, elle est extrêmement régulière. Son intersection avec la faille des Maures est très nette vers l'Est; du côté du puits Rolland, les travaux se sont arrêtés vers l'amont et à l'Est de ce puits à la faille de Barlet, ou tout au moins à un accident précurseur de cette faille. Vers l'aval et à partir de la cote 200, on a limité le champ d'exploitation du puits Marseille à un accident sans importance.

Près du jour et jusqu'à la cote 350, la Grande Couche donne bien l'impression d'une véritable couche; au-dessous de cette cote, elle affecte par places la forme lenticulaire et se divise en plusieurs bancs chevauchant les uns sur les autres. On peut alors y distinguer, comme on le fait à Saint-Étienne et surtout à Beaubrun, les couches 1, 2 et 3. Ces différents bancs n'ont peut-être pas été explorés d'une manière complète dans les étages supérieurs, notamment au Nord des puits Devillaine entre les niveaux de 350 et de 250 : c'est là peut-être ce qui explique l'existence de la bande stérile figurée sur les plans à l'aplomb de la ferme de la Roa.

Les coupes de la figure 36, faites aux étages de 306, 356, 406 et 456 mètres de profondeur, soit aux cotes 250, 200, 150 et 100 mètres, montrent bien l'allure de la Grande Couche dans la zone actuellement en exploitation.

La grande lentille, située en face du puits Rolland, a par places une traversée horizontale de 30 à 35 mètres. Le charbon y est grenu, de très belle qualité; il correspond tout à fait à celui de la lentille de 3e exploitée à Montmartre dans la concession de Beaubrun. Il n'existe dans cette lentille qu'un petit nerf de grès blanchâtre peu dur, situé à 1 m. 50 environ du mur.

En face du travers-bancs du puits Marseille, la traversée horizontale de la couche mesure de 10 à 20 mètres; sa composition est extrêmement variable; entre des planches de belle houille s'intercalent des bancs de charbons crus, ou même des bancs de schistes parfois épais de près de 1 mètre. L'importance de ces intercalations stériles augmente en général à mesure qu'on s'avance vers l'Ouest.

Au-dessus de 350 mètres, le banc de Grande Couche, recoupé par le travers-bancs Marseille, se perd en s'approchant de la lentille de Rolland; il n'en est séparé que par un nerf de faible épaisseur. Il s'en éloigne, au contraire, en profondeur et se prolonge alors au toit de la grande lentille. Ce banc, de composition si irrégulière, correspond exactement à la 2ᵉ couche de Beaubrun.

Du côté des puits Devillaine, la Grande Couche forme par places une série de lentilles se suivant les unes les autres et chevauchant en certains points les unes sur les autres; leur épaisseur paraît seulement diminuer en s'approchant de la faille des Maures; le charbon y est en général comparable à celui de la lentille de Rolland.

Aux niveaux de 200 mètres et de 150 mètres (étages de 356 et de 406 mètres de profondeur), au point même où s'arrêtent vers l'Est les dépilages de la Grande Couche, le toit de cette couche est formé sur une dizaine de mètres d'épaisseur par une série de planches de charbon plus ou moins cru, au-dessus desquelles on trouve un banc de bon charbon (planche du toit de la Grande Couche). A mesure qu'on s'avance vers l'Ouest, cette planche de charbon s'éloigne de la Grande Couche, et les bancs de charbon cru sur lesquels elle repose se transforment en bancs de schistes. Au toit de la Grande Couche on ne trouve plus alors qu'une petite planche de charbon cru de 0 m. 40 à 0 m. 50 d'épaisseur. Elle est recouverte par des schistes en petits bancs se divisant aisément en fragments parallélépipédiques; tout l'intervalle compris entre la Grande Couche et la planche du toit est alors occupé par ces schistes.

La *planche du toit* a été suivie entre les cotes 200 et 100, depuis la faille des Maures jusqu'aux abords du travers-bancs du puits Marseille; son épaisseur varie entre 3 et 4 mètres en face des travers-bancs des puits Devillaine ; elle diminue peu à peu de puissance vers l'Est et vers l'Ouest. Elle ne mesure guère plus de 0 m. 80 à 1 mètre au voisinage de la faille des Maures et disparaît à 150 mètres à l'Est du travers-bancs du puits Marseille. J'ai indiqué sur la figure 36 la puissance de cette couche en différents points. Elle donne des charbons tout à fait comparables à ceux de la Grande Couche; toutefois, au voisinage de la faille des Maures, elle est salie par plusieurs nerfs de schistes. En amont du niveau 200, elle se rapproche beaucoup de la Grande Couche et elle doit vraisemblablement se réunir à cette dernière à un niveau plus élevé. Cette planche n'a pas été recherchée avec autant de soin du côté de Marseille. Le travers-bancs de la cote 250 de ce puits (306 mètres de profondeur) a pourtant recoupé un banc de charbon de 1 mètre d'épaisseur, à 75 mètres environ au toit de la Grande Couche. Dans le travers-bancs de la cote 100 (456 mètres de profondeur), la place de ce banc n'est occupée que par des schistes charbonneux.

Le toit de la planche au toit de la Grande Couche est formé par des schistes durs en gros bancs.

Le champ d'exploitation de la Grande Couche est limité à l'Ouest et aux affleurements par la faille de Barlet. En profondeur, les travaux ont été arrêtés à des étranglements mal définis, dans lesquels on n'a fait qu'une recherche sérieuse aux environs de la cote 150. Après avoir traversé sur près de 100 mètres une serrée à peu près complète, on a retrouvé la Grande Couche d'abord un peu accidentée, puis très régulière et très pure avec une traversée horizontale d'une quinzaine de mètres. Ces travaux de reconnaissance ont été arrêtés en plein charbon à 300 mètres à l'Est du puits Sainte-Marie.

Le puits Sainte-Marie a recoupé la Grande Couche à l'extrémité Ouest de la concession de Montrambert entre 609 et 616 mètres de profondeur; ici encore elle donne des charbons à gaz de 1re qualité. Tandis qu'à l'Est du puits Rolland et à la cote 150, la Grande Couche plonge vers le N. O. avec une pente de près de 45 degrés, elle est beaucoup plus plate au puits Sainte-Marie à 616 mètres du jour. Dans la traversée de ce puits, son inclinaison varie en effet entre 30 et 35 degrés seulement.

Le puits du Chambon avait été creusé dans le but de retrouver la Grande Couche; la faille de Barlet la lui a fait manquer et il a été arrêté à 235 mètres du jour dans les poudingues rougeâtres.

1re Brûlante. — Le mur de la Grande Couche est formé par des schistes durs auxquels succède, dans la partie supérieure des travaux, un banc de grès qui forme le toit de la 1re Brûlante. Ce banc de grès disparaît en profondeur, et aux étages actuels l'intervalle de la Grande Couche à la 1re Brûlante est uniquement occupé par des schistes. L'épaisseur de la 1re Brûlante n'atteint que très rarement 2 mètres. Cette couche n'a guère été exploitée qu'à l'Est des puits Devillaine, le long de la faille des Maures, où son épaisseur oscille entre 1 m. 50 et 2 mètres. Elle donne de ce côté des charbons de qualité ordinaire, parfois un peu cendreux; son exploitation est rendue difficile par la présence d'un mauvais toit et d'un mauvais mur. A l'Ouest des puits Devillaine, on n'a pas cherché à utiliser cette couche. En face du puits Marseille, elle n'a en général qu'une épaisseur insignifiante (0 m. 30 à 0 m. 40

dans les T. B. des étages de 406 et de 456 mètres de profondeur); elle ne paraît pas exister en face du puits Rolland.

Le mur de la 1re Brûlante est formé par des schistes friables auxquels succède, en général, un banc de grès massif qui forme le toit de la 2e Brûlante.

2e Brûlante. — La 2e Brûlante est divisée en deux bancs, l'un de charbon schisteux de 0 m. 50 à 1 mètre d'épaisseur au toit, l'autre de 4 mètres d'épaisseur au mur; ces deux bancs sont séparés par un nerf mesurant quelques centimètres seulement du côté du puits Marseille, mais dont la traversée horizontale atteint 1 4 mètres en face des puits Devillaine, à la cote 100. L'épaisseur du banc du toit augmente aussi de ce côté : elle s'élève jusqu'à près de 2 mètres; mais le charbon de cette couche est toujours de qualité médiocre. Le charbon du banc du mur de la 2e Brûlante est, en général, menu et souvent moureux. Il est propre et donne après lavage du bon charbon de forge.

Vers l'Est, la 2e Brûlante a été exploitée jusqu'à la faille des Maures. Le long de cet accident, elle se rapproche beaucoup de la 1re Brûlante. Vers l'Ouest, la couche doit être limitée près des affleurements par la faille de Barlet; elle disparaît en profondeur avant d'atteindre cet accident et ne dépasse guère vers l'Ouest et aux étages actuels le puits Rolland. Entre les cotes 200 et 100, elle n'est exploitable que jusqu'à 300 mètres à l'Ouest des travers-bancs du puits Marseille; puis elle s'amincit, devient entièrement moureuse, et dans les travers-bancs de 200 et de 150 mètres du puits Rolland (étages 356 et 406 mètres de profondeur) son épaisseur se réduit à 1 m. 10 et 0 m. 90. Elle disparaît même à l'Ouest de ces travers-bancs.

3e Brûlante. — On doit rattacher à la 3e Brûlante de Montrambert une série de couches nettement séparées les unes des autres. Ce sont d'abord deux couches minces fort régulières dans tout ce quartier : la *planche du toit de la 3e Brûlante* et la *couche de la manne jaune.* L'épaisseur de la planche du toit oscille entre 1 mètre et 1 m. 50; elle a un bon toit et un bon mur de schistes en bancs épais et elle est en général très régulière. Pourtant, à l'Ouest du puits Marseille, elle a subi des plissements importants dont la figure 37 donne une idée. Entre la faille des Maures et le puits Rolland, le charbon y est dur, bien planché, et donne en général une forte proportion de gros.

A 3 ou 4 mètres au mur de la planche du toit, on trouve un banc de charbon de 0 m. 70 à 0 m. 80 d'épaisseur, surmonté par une couche de

manne (schistes argileux) jaune, analogue à celui qui caractérise la 6ᵉ couche
de Beaubrun. Cette planche est nettement séparée de la précédente, sauf du
côté du puits Rolland, où le banc de schistes qui sépare ces deux petites
couches diminue d'épaisseur. A la cote 150, la planche du toit de 3ᵉ Brûlante et la couche de la manne jaune se réunissent même à l'Ouest du puits
Rolland; elles s'amincissent en même temps de ce côté et se réduisent à un
simple filet de charbon. Tandis que l'intervalle compris entre ces couches et

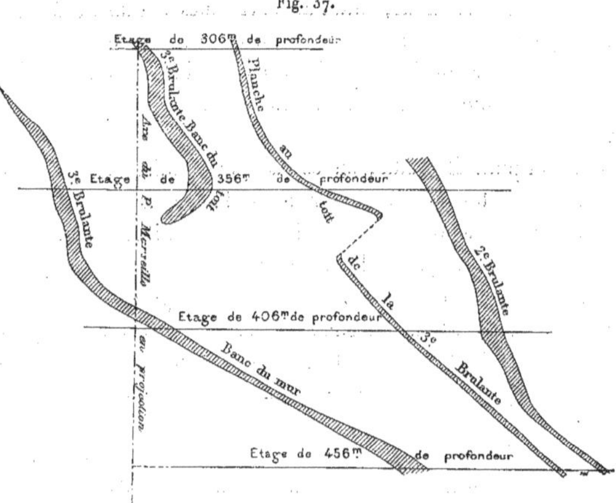

Coupe parallèle aux travers-bancs du puits Marseille faite à 100 mètres au S.-O. de ce puits.

(Échelle au 1/2.000ᵉ.)

la Grande Couche de Montrambert est en majeure partie formé par des schistes
dans tout le champ d'exploitation des puits Marseille et Devillaine, on ne
trouve plus qu'un épais banc de grès entre la couche de la Manne jaune et la
Grande Couche à l'Ouest du puits Rolland; l'intervalle qui les sépare diminue
d'ailleurs beaucoup de ce côté : il ne mesure plus suivant l'horizontale que
50 mètres environ (voir fig. 35), tandis qu'il est de près de 200 mètres en
face du puits Marseille.

La couche de la manne jaune repose sur un mur de schistes peu épais,
auquel succède un gros banc de grès qui forme le toit de la 3ᵉ Brûlante.

Comme à la Béraudière, cette couche est, après la Grande Couche, la meilleure de tout le district, aussi bien au point de vue de l'épaisseur qu'au point de vue de la qualité; le charbon y est en général dur, bien planché et fournit une forte proportion de grêlages; il est presque toujours très propre; mais par places la couche est salie par un assez grand nombre de nerfs d'allure fort irrégulière.

Si les petites couches du toit de la 3ᵉ Brûlante sont très régulières, il n'en est pas de même de la *planche principale de la 3ᵉ Brûlante*. Elle se compose tantôt d'un seul banc, tantôt de deux bancs se substituant par places l'un à l'autre, sujets tous deux à des renflements et à des amincissements constants; leur pente est aussi très variable d'un point à l'autre : c'est ce que montrent bien les courbes de niveau et les coupes des feuilles XI et XII et la figure 37.

A l'Ouest du puits Marseille, on connaît un premier banc régulièrement exploité entre les cotes 400 et 150, limité à l'Est par un étranglement complet, et à l'Ouest, à l'amont tout au moins, par un amincissement précurseur de la faille de Barlet. En profondeur, cet amincissement est sans importance; il disparaît à la cote 150 et la couche a pu être régulièrement suivie à ce niveau au delà du puits Rolland; elle prend seulement la direction E.-O. sous l'influence de la faille de Barlet, et se rapproche par suite beaucoup de la Grande Couche. L'intervalle entre les deux couches est occupé par des bancs de grès, au milieu desquels, ainsi que cela a été dit plus haut, on ne retrouve plus que la trace de la planche du toit de la 3ᵉ Brûlante : la 1ʳᵉ et la 2ᵉ Brûlante ont entièrement disparu. Le banc de la 3ᵉ Brûlante, dont il est ici question, est presque vertical à l'étage de 356 mètres de profondeur; sa pente diminue beaucoup vers l'aval, sa traversée horizontale est d'une dizaine de mètres en moyenne. Le mur de la couche est formé par des schistes sur 0 m. 50 à 1 mètre d'épaisseur, puis vient une petite planche de charbon mesurant au plus 1 mètre. Elle est exploitable par places avec la 3ᵉ Brûlante. Le vrai mur de la couche est formé par un épais banc de gratto très caractéristique.

Le second banc de la 3ᵉ Brûlante chevauche en partie sous le premier dans la région du puits Marseille, et est fort régulier de ce côté. Il se prolonge vers l'Est jusqu'à la faille des Maures; mais son allure, son épaisseur et sa qualité varient ici constamment. En face du puits Lyon et entre les cotes 300 et 150., il n'existe qu'à l'état de lambeaux ou de lentilles à peu près inexploitables, et il ne reprend de la régularité qu'au voisinage de la faille des Maures.

Son épaisseur diminue d'ailleurs de ce côté; à l'étage de 100 mètres (456 m. de profondeur), sa traversée horizontale en face des puits Devillaine se réduit à 6 mètres, dont 2 m. 50 seulement de charbon; le reste est formé de schistes charbonneux. Cette altération est telle que, dans le quartier Est, ce banc de la 3ᵉ Brûlante n'a plus été exploité en aval de la cote 350. Au mur de cette planche, on retrouve également un banc de grosse gratte.

Le fonçage du puits Sainte-Marie a été arrêté à 690 mètres du jour sans avoir permis de reconnaître d'une façon certaine tout le faisceau des Brûlantes.

Ce puits a recoupé, à 10 mètres au-dessous du mur de la Grande Couche et au milieu de bancs de schistes, une petite couche de charbon schisteux; puis, à 25 mètres plus bas, une couche de 2 mètres à 2 m. 50 d'épaisseur. Elle donne des charbons de bonne qualité; elle est recouverte par un épais banc de grès. Vers 670 mètres de profondeur, le puits Sainte-Marie a traversé près de 3 mètres de schistes charbonneux et il a été arrêté à 690 m. 90 du jour dans des schistes à peu près horizontaux. On ne saurait encore affirmer que le faisceau des Brûlantes a été entièrement traversé; mais, dans tous les cas, ce faisceau paraît être plus riche au puits Sainte-Marie qu'au voisinage du puits Rolland (fig. 38).

Terrains du mur de la 3ᵉ Brûlante. — Les terrains situés au mur de la 3ᵉ Brûlante ont été reconnus à l'Est par les puits de l'Ondaine et Devillaine et par les travers-bancs d'exploitation de ces puits, à l'Ouest par les travaux des puits Marseille et Rolland.

On n'a encore trouvé au mur de la 3ᵉ Brûlante que des terrains irréguliers. Les bancs de grès et de schistes fins y sont rares, et on a surtout affaire à des schistes très micacés, contenant des lentilles de grattes grisâtres ou verdâtres à gros galets. Bien qu'elle ait déjà été traversée sur une épaisseur normale de 150 mètres, on n'a encore reconnu dans cette formation aucune

Fig. 38.

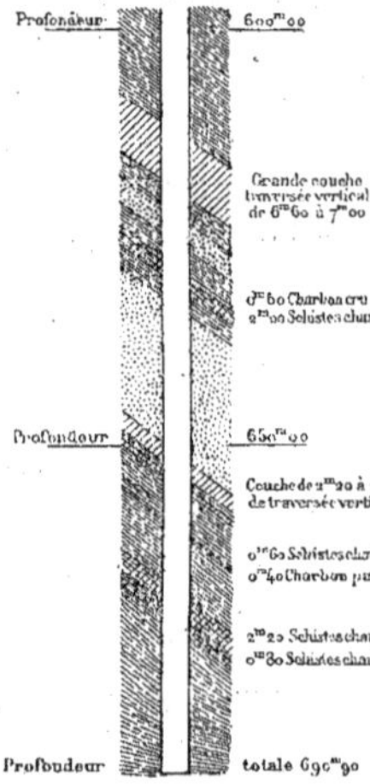

Puits Sainte-Marie.
Échelle au 1/1.000ᵉ.

couche de houille; les schistes charbonneux ou les filets de charbon y sont même très rares.

Faisceau des Rochettes. — Le faisceau des couches des Rochettes est beaucoup moins riche à Montrambert qu'à la Béraudière. Il ne comprend en réalité que trois couches : la *couche des Trois-Gores*, la *Serrurière* et la *couche des Littes*. Quant aux Crues des Littes, on les connaît encore au voisinage immédiat de la faille des Maures; mais elles disparaissent rapidement à mesure qu'on s'avance vers l'Ouest.

La couche des Trois-Gores, ou couche Inconnue, paraît inexploitable à Montrambert; elle est en général comprise, dans les étages supérieurs tout au moins, entre deux bancs de grès; son épaisseur atteint parfois 3 mètres. La couche est crue, entremêlée de schistes et elle se divise par places en plusieurs bancs nettement séparés. C'est notamment ce qui arrive en profondeur, ainsi que le montre la figure 39.

La Serrurière n'a guère été exploitée à Montrambert; sa puissance varie entre 1 m. 30 et 1 m. 50; elle est toujours formée par une série de planches de charbon séparées par des bancs de schistes. Dans les étages supérieurs, les seuls où elle ait encore été exploitée, elle donnait après lavage des charbons assez purs. Comme la couche des Trois-Gores, elle semble disparaître du côté du puits Marseille [1].

Dans tout le champ d'exploitation de Montrambert, la *couche des Littes* est extrêmement régulière depuis la faille des Maures à l'Est, jusqu'à l'aplomb du puits Marseille à l'Ouest; elle est seulement affectée en quelques points par des amincissements ou des étranglements complets. C'est ce qui a lieu notamment entre les cotes 200 et 100, aux points où elle est recoupée par les travers-bancs des puits Devillaine. Vers l'Ouest, les dépilages ont été arrêtés entre les affleurements et la cote 150 à une serrée qui paraît plus importante que les autres, mais qui peut pourtant ne pas correspondre à la limite réelle de la partie exploitable de la couche. Dans cette serrée, on n'a fait jusqu'ici que des recherches peut-être insuffisantes, et le seul travers-bancs du puits Rolland (travers-bancs de la cote 150) qui ait été poussé au toit de la Grande Couche et qui ne paraît pas d'ailleurs avoir recoupé la couche des Littes, peut fort bien avoir été arrêté à peu de distance du mur de cette couche.

---

[1] L'exploitation de la Serrurière a été reprise en 1899-1900 à l'étage 406-456.

Fig. 39.

COUCHES DU FAISCEAU DES ROCHETTES.

Échelle des longueurs 1/1.000ᵉ.

Travers-bancs de 456 mètres de profondeur du puits Devillaine.

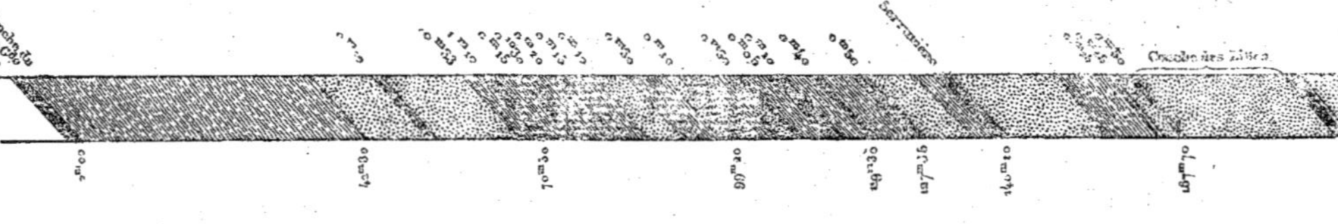

Travers-bancs Est dans le faisceau des Combes.

Au-dessus du niveau de 3oo mètres, la couche des Littes avait une épaisseur de 2 mètres à 2 m. 20; elle atteignait même par places 2 m. 5o. Au-dessous de ce niveau, cette couche se divise à l'Est du travers-bancs Devillaine en deux bancs; le banc du mur mesure o m. 80 à o m. 90, et le banc du toit 1 mètre à 1 m. 5o; ils sont séparés par un massif de grès dont la traversée horizontale atteint par places 25 à 3o mètres. Vers l'Est, la planche du toit s'amincit, et au voisinage de la faille des Maures elle ne mesure plus que o m. 90 à 1 mètre; elle est salie de ce côté par une série de petits nerfs dont l'importance augmente à mesure qu'on s'avance vers l'Est. Le toit de la couche, formé en général et sur une faible épaisseur par des schistes durs, devient également plus friable de ce côté; quant au vrai toit, il est formé par un épais banc de grès. A l'Ouest du travers-bancs Devillaine, la couche des Littes est constituée par un seul banc de houille dont l'épaisseur varie entre 1 m. 5o et 2 mètres; le toit et le mur de la couche sont formés par des schistes sur quelques mètres d'épaisseur, puis par du grès. J'ai déjà dit qu'au toit de la couche des Littes on ne retrouve plus, comme à la Béraudière, les Crues des Littes; on pénètre directement dans un épais massif stérile formé par du grès de plus en plus grossier, et finalement par des poudingues à galets de quartz blanc, qui caractérisent bien la base du faisceau des couches d'Avaize.

Le faisceau des couches des Rochettes a été entièrement traversé par le puits Sainte-Marie. Il est ici encore moins riche qu'à Montrambert; on n'y connaît, en dehors de quelques filets charbonneux absolument insignifiants, qu'une couche de charbon cru de 1 m. 4o d'épaisseur, recoupée à 470 mètres de profondeur. C'est vraisemblablement une des Crues des Littes. On n'a pas retrouvé la couche des Littes qu'on aurait dû traverser à peu de distance de cette Crue. Il se peut que le puits Sainte-Marie l'ait manquée grâce à un petit ccident.

Faisceau des couches des Combes (Couches d'Avaize). — Le massif stérile qui sépare la couche des Littes du faisceau des couches des Combes a une épaisseur normale de près de 25o mètres en face des puits Devillaine. Il est constitué au toit de la couche des Littes par des grès fins, puis par des grès à grains grossiers et enfin par des poudingues quartzo-micacés. On atteint ensuite l'étage des couches des Combes où l'on retrouve, au milieu de grès fins et de schistes, trois ou quatre petites couches de houille dont une seule, la couche des Combes, a été exploitée sur près de 200 mètres de hauteur verticale au voisinage de la ferme de Montrambert. Dans cette zone, limitée à l'Est et à l'Ouest par deux accidents sans grande importance, la couche des Combes mesure 2 mètres à 2 m. 50 de puissance; elle est divisée en deux bancs par un nerf peu important. Le charbon (houille à longue flamme) y est dur et assez cendreux. Au toit de la couche des Combes, on connaît deux petites planches de houille, la Manouse et l'Italienne, qui n'ont encore été le siège d'aucune exploitation. Elles disparaissent vers l'Ouest, et en face du puits Rolland l'étage supérieur ne comprend plus qu'une couche de 1 m. 10 à 1 m. 30 d'épaisseur; le charbon y est toujours dur et cendreux.

Du côté de la faille des Maures, le faisceau des couches des Combes a été exploré par deux niveaux tracés au voisinage de la cote 380, d'abord dans la Manouse, puis probablement dans l'Italienne. Les terrains sont toujours fort réguliers et ne sont affectés que par quelques rejets peu importants, qui ont permis aux galeries de recherche de passer d'une des couches dans l'autre. A 40 mètres au S. O. du point où ces niveaux ont passé au-dessous du ruisseau des Combes, on a recoupé tout le faisceau par un travers-bancs. (Voir fig. 39.) La couche du mur (couche des Combes?) n'est formée que par des schistes charbonneux; la Manouse mesure 1 m. 20 à 1 m. 30; l'Italienne, 2 à 3 mètres, avec un nerf de 0 m. 20, situé à 0 m. 60 environ du mur; enfin la couche du toit comprend deux bancs de 1 mètre et de 1 m. 50. Le charbon de ces couches est schisteux et assez sale, et en 1873, époque où ces travaux ont été achevés, on a admis que ces diverses couches n'étaient pas exploitables.

Le faisceau des couches des Combes est surmonté par un épais massif de poudingues quartzo-micacés au milieu desquels on a reconnu, près de la limite des concessions de Montrambert et de Roche-la-Molière, les affleurements d'une petite couche de houille; sa direction et son pendage sont les mêmes que ceux des couches de Montrambert.

2° TRAVAUX DE ROCHE-LA-MOLIÈRE.

Les travaux de Roche-la-Molière s'étendent aux environs du village de ce nom sur les deux versants de l'anticlinal de Dourdel. Les travaux des puits Grüner, Dolomieu[1] et du Sagnat (division de Roche) se sont surtout développés

---

[1] Contrairement à ce qui est indiqué sur la planche XIII, l'orifice du puits Dolomieu est à la cote 516.50. La recette à charbon est à la cote 528.80.

jusqu'à présent sur le versant Nord de ce plissement. Les couches sont toutes ici remarquablement régulières, et elles sont relativement minces. Au Sud du plissement de Dourdel au contraire, dans les travaux de la division des Granges desservie par les puits des Granges et Combes, on a plutôt affaire à des couches épaisses, en général assez irrégulières.

DIVISION DE ROCHE-LA-MOLIÈRE.

(Pl. IX, XIII et XVI.)

Dans le champ d'exploitation de Roche, la direction générale des bancs est N.O.-S. E. Les couches plongent vers le N. E. et leur pente, très faible près de la surface, surtout à l'aplomb du village de Roche-la-Molière, augmente régulièrement en profondeur; elle est en moyenne de 25 degrés à 220 mètres au-dessus du niveau de la mer; cette cote correspond au niveau de roulage actuel des puits Grüner et du Sagnat. Au Sud de Roche-la-Molière et de la Côte-du-Rieu, les travaux des puits du Sagnat et Dolomieu ont atteint dans toutes les couches du faisceau de Roche la crête de l'anticlinal de Dourdel, et ont commencé à se développer dans le pendage Sud de ce plissement. Les terrains sont ici dirigés E.-O.; ils plongent vers le Sud. Les courbes de niveau de la Grille et du Petit Moulin (planches IX et XIII) montrent bien ce changement d'allure.

Vers l'Est, les travaux de la division de Roche doivent être limités par la *faille du Cluzel,* c'est-à-dire par le prolongement Nord de la faille des Maures. Cet accident est malheureusement très mal connu de ce côté, et on ne peut faire, par suite, que des hypothèses sur l'importance réelle du champ d'exploitation de Roche-la-Molière.

Les affleurements de la faille du Cluzel ne sont pas visibles sur le flanc Est de la colline de Saint-Genest-Lerpt. On sait seulement que dans la tranchée du chemin de fer de Roche à la Niaret aboutissant à la tête Est du tunnel de Dourdel, et à peu de distance de cette entrée, on a reconnu, lors de la construction de la ligne, le passage d'un accident qu'on a cru pouvoir considérer comme étant la faille du Cluzel.

Les travaux souterrains n'ont encore permis d'étudier cet accident qu'au S. E. du hameau de Dourdel.

Les anciennes exploitations de troisième couche du puits des Plattières et de huitième couche du puits Saint-Félix, ont en effet été limitées les unes au toit, les autres au mur de la faille de Cluzel. Au voisinage même du puits Saint-Félix, ces deux couches sont situées au même niveau. Le rejet de la faille du Cluzel est donc égal à l'intervalle qui les sépare normalement; il mesure près de 250 mètres, si l'on admet que la distance de la troisième à la huitième est, ici encore, ce qu'elle est au puits des Roziers. Les travaux des puits Saint-Félix et des Plattières sont malheureusement trop anciens et ont été faits d'une façon trop irrégulière, pour qu'on ait pu déterminer avec précision les intersections de la troisième et de la huitième avec la faille du Cluzel.

Entre le puits Saint-Félix et la fendue des Champonnières, les travaux de 3ᵉ couche ont permis de reconnaître l'existence d'une série de gradins de la faille du Cluzel; ils plongent tous vers l'Ouest ou le S. O. L'importance totale du grand accident qui sépare les travaux de Roche-la-Molière de ceux du Quartier Gaillard est donc supérieure à celle de la faille reconnue en 3ᵉ et en 8ᵉ, au voisinage immédiat du puits Saint-Félix.

Dans ces derniers temps, on a reconnu par la couche de la Grille, au Nord de Villebœuf et au niveau 220, un accident dirigé presque exactement N.-S. et plongeant à l'Ouest. Son intersection avec la Grille, figurée sur la planche XIII, est dirigée N.O.-S.E. Au mur de cet cacident, les terrains sont assez plats et plongent légèrement vers l'Ouest. Les travaux effectués dans les autres couches de Roche ont été arrêtés à l'Est du travers-bancs du puits du Sagnat (la ligne de coupe du puits du Sagnat au puits Saint-Jean suit presque exactement ce travers-bancs), à des dérangements qui peuvent correspondre à l'accident reconnu par la couche de la Grille. On n'a pas encore essayé de les traverser. Il se peut que l'on ait rencontré en ce point la faille du Cluzel ou, tout au moins, un des gradins de cet accident connus en troisième entre la fendue des Champonnières et le puits Saint-Félix. Si l'accident reconnu par la Grille est la faille du Cluzel, sa pente à l'aplomb du tunnel de Dourdel est assez faible (20 degrés environ). On sait par les travaux de Montrambert que la faille des Maures, dirigée N.-S., plonge vers l'Ouest avec une pente moyenne de près de 30 degrés.

On a admis que les travaux de Roche-la-Molière étaient limités vers le Nord par un accident important, *la faille de Landuzière,* dirigée E.-O. et plongeant au Sud, et que cet accident mettait en face l'un de l'autre l'étage inférieur de Saint-Étienne (couches 8 à 15 exploitées à Roche) et les poudingues ou les grattes sur lesquels repose l'étage de Saint-Étienne. Les travaux souterrains n'ont pas encore permis de reconnaître cet accident. Les traçages Nord, effectués dans les couches du Sagnat et Frécon, sont arrêtés en plein charbon à la cote 250, à 150 ou 200 mètres au Sud de Belun, et rien ne fait encore prévoir ici le voisinage d'un accident important. Les couches sont, en effet, extrêmement régulières de ce côté; elles diminuent seulement peu à peu d'épaisseur à mesure qu'on s'avance vers le Nord.

Près des affleurements, la direction des bancs se modifie légèrement au Nord des Rieux. Les couches passent de la direction N.O.-S.E. à la direction N.-S., puis à la direction N. E.-S.O.; leur inclinaison augmente en même temps et atteint 45 à 50 degrés au Sud de la route de Roche-la-Molière à la Chéronnière. Entre cette route et le Liseron, on voit affleurer un certain nombre de bancs de grès, fortement redressés, dont la direction se rapproche de plus en plus de la direction N. E.-S.O. à mesure qu'on s'éloigne du Liseron. Quant aux couches de houille, elles disparaissent avant d'atteindre la route. Plus au Nord, la direction des bancs est impossible à déterminer; les grès fins et les schistes argileux qui séparent en général les couches du faisceau de Roche sont remplacés par des poudingues et des grattes à très gros éléments (près de la Treyve notamment). Les couches de Roche sont-elles limitées de ce côté à un accident important, ou y a-t-il simplement passage latéral d'un terrain à éléments fins à un terrain stérile à très gros éléments? C'est ce qu'on ne peut encore savoir. Dans tous les cas, il paraît difficile d'admettre que l'affleurement de la faille de Landuzière passe à 400 mètres au Nord des Rieux et à 150 mètres au Nord de Belun, comme le montre la planche XVI de l'atlas de la topographie souterraine de la Loire. Cette faille, si elle existe, paraît devoir être reportée sensiblement plus au Nord.

Dans tout le champ d'exploitation de Roche, les accidents sont relativement rares; ils n'ont en général que peu d'importance. Je ne m'y arrêterai donc pas longtemps.

Au Sud du hameau de Buat, la Grille et la couche du Sagnat sont affectées par une série de petits rejets insignifiants; ils se réunissent peu à peu les uns aux autres à mesure qu'on les suit vers le Nord, et forment la *faille Buat*. A 100 mètres au Nord du hameau de Buat, cet accident déplace de 25 mètres la couche du Sagnat.

La faille Buat plonge vers l'Ouest et sépare nettement des travaux proprement dits de Roche les lambeaux de couches qui affleurent près de la ferme des Rieux. Au mur de cet accident, les couches prennent peu à peu la direction N.-S. Au toit, au contraire, elles conservent encore leur ancienne allure jusqu'aux abords du Liseron. Au toit de la faille Buat, on connaît quelques accidents insignifiants plongeant vers l'Est. Le plus important porte le nom de *faille Thibaut.*

Je n'insisterai pas sur la *faille du Marais,* qui n'a aucune importance.

La direction de la *faille du Buisson* est presque exactement N.-S. Cet accident plonge vers l'Est; il est souvent presque vertical. Il déplace toutes les couches de 30 à 40 mètres entre les puits du Sagnat et Neyron. Son importance diminue vers le Nord. Dans la couche Siméon notamment, le niveau 490 ne l'a pas rencontré. Au toit de la faille du Buisson, dans la région dite « rejetée », on connaît un certain nombre de petits accidents, tels que la *faille Vacher,* plongeant tous vers le N. O.

A l'aplomb de la Piotonnière et de l'Essartery, les travaux ont été arrêtés dans les couches du Petit Moulin, du Peyron et du Sagnat, à des parties brouillées et étranglées. On a admis qu'on avait atteint en ce point la *faille du Midi,* accident dirigé E.-O., plongeant au Sud et séparant les travaux de Roche de ceux des Granges. On a fait dans ces derniers temps diverses recherches dans cette zone; aucune n'a encore permis d'atteindre la faille du Midi. C'est ainsi qu'au Sud de Villebœuf et en partant du Petit Moulin à la cote 380, on a retrouvé la couche du Sagnat relevée à la cote 355 par des accidents plongeant au Nord. C'est ainsi encore qu'on a pu explorer la Grille jusqu'à la cote 250 au Sud de l'Essartery, sans avoir trouvé aucun accident plongeant au Sud. Si la faille du Midi existe, il résulte de ces divers travaux qu'elle plonge vers le Sud avec une pente très faible. (Voir figure 40.)

Près de l'Essartery, l'intervalle qui sépare la Grille de la couche Siméon se réduit à 220 mètres environ, tandis qu'aux abords des puits Grüner et du Sagnat il est de 350 mètres. (Voir les coupes des planches X et XVI.) Il me paraît seulement difficile de se baser sur ce fait pour prouver l'existence de la faille du Midi et surtout pour attribuer à cette faille un rejet de plus de 100 mètres. On sait, en effet, que dans le bassin de la Loire l'intervalle normal des diverses couches est loin d'être constant.

Dans tout le pendage N. E. de la division de Roche-la-Molière, l'épaisseur des couches de houille diminue régulièrement à mesure qu'on s'avance du

S. O. vers le N. E. Au contraire, les nerfs de ces couches, et notamment ceux de la Grille, du Sagnat et du Petit Moulin, augmentent de puissance dans la même direction. Aussi presque toutes les couches de Roche se divisent-elles vers le N. E. en une série de petites veines de houille qu'on peut souvent exploiter séparément. J'ai indiqué sur la planche XIII la ligne suivant laquelle la Grille et le Petit Moulin se divisent en deux bancs.

A mesure que les couches de Roche diminuent d'épaisseur, leur teneur en cendres augmente; par contre, leur teneur en matières volatiles (cendres déduites) diminue. Aussi, dans chaque couche, les lignes d'égale teneur en cendres et en matières volatiles sont-elles parallèles aux lignes d'égale épaisseur des couches et de leurs nerfs. Au Nord des puits Grüner et Derhins, les charbons de Roche ne sont plus susceptibles de s'agglomérer seuls. Au Sud de la faille du Buisson, les mêmes couches donnent toutes des houilles grasses maréchales et des charbons à coke. Dans la division des Granges enfin, elles donnent des charbons à longue flamme et des houilles à gaz.

Les analyses ci-jointes (p. 203), faites en novembre 1899 au laboratoire de l'École des mines de Saint-Étienne, montrent bien quelle est la nature des charbons exploités à Roche-la-Molière.

ÉTAGE MOYEN DE SAINT-ÉTIENNE.

Sur le versant Nord de l'anticlinal de Dourdel, on ne connaît au toit de la faille du Cluzel que les couches 10^B et 12^B. La première ne mesure près du jour que 1 m. 20 à 1 m. 30. Elle donne des charbons durs et pierreux et ne paraît avoir été encore le siège d'aucune exploitation. Elle n'est représentée dans le tunnel de Dourdel que par quelques filets charbonneux sans aucune importance.

La couche 12^B est recouverte, au voisinage du village de Dourdel, par un épais banc de grès. Elle a été autrefois exploitée en ce point par des fendues, bien qu'elle ne donne que des charbons durs et pierreux. Dans le tunnel de Dourdel, on l'a explorée sur quelques mètres à la cote 525.50. Sa puissance varie entre 1 m. 20 et 1 m. 30; la couche est divisée en deux bancs, l'un de 0 m. 50 à 0 m. 60 au toit, l'autre de 0 m. 70 à 0 m. 80 au mur, séparés par un nerf de schistes de 0 m. 40 à 0 m. 50. Elle plonge vers le N. E. avec une pente moyenne de 24 degrés. Son épaisseur paraît diminuer du côté de Saint-Genest-Lerpt.

PROVENANCE DES ÉCHANTILLONS.	HUMIDITÉ à 105°, p. 100 de charbon brut.	CENDRES p. 100 de charbon brut.	MATIÈRES VOLATILES p. 100 de charbon brut.	MATIÈRES VOLATILES, cendres et humidité déduites.	COULEUR des CENDRES.
DIVISION DE ROCHE.					
Couche Siméon, Cote 420. — A 100 mètres au Nord du puits du Crêt	0.43	11.21	19.44	22.0	Beige.
A 150 mètres au Nord du puits du Crêt	0.60	10.02	19.37	21.6	Jaune sable.
Petit-Moulin. — Cote 300, à l'aplomb du T. B. du puits du Sagnat	0.38	14.69	19.60	23.0	Gris jaunâtre.
Entre les cotes 375 et 340 au Sud et au voisinage de la faille du Buisson. Banc du toit	0.62	16.78	18.91	22.9	Jaune sable.
	0.73	17.07	18.06	22.0	Jaune sable.
Cote 300, au Nord et au voisinage de la faille du Buisson	0.26	7.11	16.91	18.2	Gris jaunâtre.
Sagnat. — Cote 250, ligne Grüner-Dolomieu (analyse donnée par M. Grüner)	»	3.5	'	17.0	
Cote 490, près de la fendue Pinton	0.62	8.69	15.71	17.3	Jaune grisâtre.
Cote 330, au mur de la faille Buat, à 900 mètres au Nord du puits Dolomieu	0.38	10.70	16.16	18.1	Jaune sable.
Cote 390, à 80 mètres au Sud du puits Dolomieu	1.06	8.58	19.76	21.8	Jaune brique.
Peyron. — Cote 300, au Sud et au voisinage de la faille du Buisson	0.37	9.53	18.47	20.5	Jaune sable.
	0.26	9.28	18.40	20.3	Idem.
Cote 240, à 350 mètres au Nord de la faille du Buisson	0.43	11.61	16.27	20.1	Jaune.
A l'aplomb de Villebœuf et de la Piotonnière	0.21	1.96	21.29	21.7	Jaune brique.
	0.79	2.64	20.90	21.6	Rose.
Cote 455, à l'Ouest du puits Derhins	0.23	7.07	19.16	20.6	Jaune sable.
Grille. — Cote 330, à 370 mètres au Nord du puits Dolomieu	0.38	5.32	19.62	20.8	Blanc jaunâtre.
Cote 220, ligne Grüner-Dolomieu (analyse donnée par la Compagnie de Firminy)	»	3.30	»	17.6	
Cote 240, à 200 mètres au Nord de la ligne Grüner-Dolomieu (couche Frécon)	0.44	3.48	13.26	15.9	Gris jaunâtre.
Cote 300, à 900 mètres au Nord du puits Dolomieu (couche Frécon)	0.39	7.85	14.66	15.9	Beige.
Grille n° 2. — Cote 415, entre la faille du Buisson et le puits Noyron	0.36	20.56	17.45	22.0	Gris jaunâtre.
Cote 350, au Nord et auprès de la faille du Buisson	0.45	17.58	15.04	18.3	Gris clair.
DIVISION DES GRANGES.					
La Varenne. — Puits des Granges, au toit de l'accident et à l'Ouest du puits	0.82	14.18	25.89	30.4	Blanc jaunâtre.
Puits des Granges, au mur de l'accident et à l'Est du puits	0.57	20.39	25.50	32.2	Blanc rosé.
Puits Combes, Étage de 110-220 mètres à l'Est du T. B.	0.69	7.03	30.92	33.5	Blanc légèrem' grisâtre.
Puits Combes, Étage de 110-220 mètres à l'Ouest du T. B.	0.70	10.23	30.61	34.4	Idem.
Petit-Moulin. — Entre les puits des Granges I et II	0.85	17.17	26.11	31.6	Gris jaunâtre.
Roare. — Entre les puits des Granges et Combes	0.27	11.42	27.47	31.1	Idem.
Peyron. — Travers banc Ouest du puits des Granges	0.11	10.71	26.79	30.0	Blanc rosé.

Sur le versant Sud du plissement de Dourdel, la partie inférieure de l'étage moyen de Saint-Étienne, couches 3 à 7, est entièrement représentée ; mais les travaux ne se sont encore développés ici que dans la 3ᵉ couche, et la présence des couches inférieures (couches 4 à 7) n'a été reconnue que par la longue galerie ouverte à la cote 544 et aboutissant au puits Baude.

On connaît les affleurements de la 3ᵉ au Sud du village de Dourdel et au Nord du puits des Plattières ; on les retrouve ensuite sur les deux rives du ravin de la Pommaraise, puis au Sud de Villebœuf jusqu'au voisinage de la Grange-Neuve. Dans toute cette zone, la 3ᵉ est divisée par de nombreux accidents en une série de petits massifs indépendants les uns des autres. Ceux de ces rejets qui ont été reconnus par les travaux des Plattières et de la fendue des Champonnières, plongent tous à l'Ouest ; ce ne sont, à proprement parler, que des gradins de la faille du Cluzel. Quant aux failles qui ont limité de toutes parts le champ d'exploitation du puits Baude, elles sont très peu nettes et n'ont guère été étudiées.

Aux puits des Plattières et Sainte-Barbe, la 3ᵉ mesure en moyenne 6 à 7 mètres de puissance ; en certains points, son épaisseur s'élève à 8 et même à 10 mètres. Elle est toujours divisée en deux bancs par un nerf de grès (gore des veines), situé à 2 mètres du mur de la couche. Elle donne, en général, du charbon tendre, pur et brillant, très riche en matières volatiles (houille à gaz) ; mais, parfois aussi, le charbon est mat et moureux comme aux Basses-Villes. La composition de la couche est la même dans les travaux de la fendue des Champonnières. La 3ᵉ donne en ce point des charbons très propres à 5-7 p. 100 de cendres et à 32-34 p. 100 de matières volatiles, cendres déduites. Il suffit de se reporter à la planche IX pour voir qu'on n'a encore exploité dans cette région que quelques lambeaux de la 3ᵉ. Il doit encore y exister des réserves considérables de charbon de bonne qualité.

Au puits Baude, les travaux se sont développés dans un lambeau de 3ᵉ couche entre le jour et la cote 440. La direction générale des bancs est N. E. - S. O. ; ils plongent vers le S. E. L'épaisseur de la couche est fort irrégulière ; elle s'élève en certains points jusqu'à 5 et 6 mètres. Le charbon est pur et tendre comme dans la concession de Dourdel. On n'a fait encore aucune recherche pour savoir ce que devient la 3ᵉ du côté de la Grange-Neuve, et pour étudier de quelle façon elle se raccorde avec la 3ᵉ couche de la division des Granges, et notamment avec le lambeau qui affleure au Bouchage. On n'a également fait aucun travail pour explorer la couche en profondeur. On n'a, par suite, aucune donnée sur la nature de la 3ᵉ dans le fond de la cuvette qui sépare les travaux de Montrambert de ceux du puits Baude.

La galerie reliant à la cote 544 le puits Baude au plâtre du puits du Sagnat a permis de reconnaître l'existence des couches 4 à 7. Celles-ci n'ont encore été l'objet d'aucun travail de reconnaissance. Près de son orifice, cette galerie (voir fig. 40) a recoupé deux bancs presque horizontaux. Ils semblent correspondre aux deux bancs d'une seule et même couche, la 12ᴮ, dont les affleurements sont visibles près du village de Villebœuf. Le charbon en est cru et dur. Le banc supérieur de la couche est en général accompagné de nodules

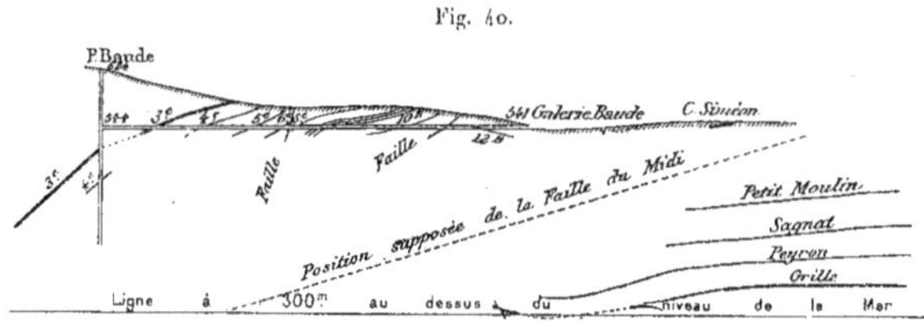

Fig. 40.

Coupe par le puits Baude et la galerie du puits Baude.

Échelle au 1/10.000ᵉ.

de minerai de fer. A 280 mètres du jour, la galerie a recoupé quelques filets charbonneux qui peuvent représenter la 10ᴮ, puis, à 320 mètres, une couche de houille de 1 m. 50 d'épaisseur donnant des charbons à gaz très propres; cette couche est doublée par un accident et on la rencontre de nouveau à 340 mètres. A 380 mètres, la galerie a traversé une couche de charbon tendre (1 m. 80 à 3 mètres d'épaisseur), recouverte par un épais banc de grès : ce doit être la 5ᵉ. Enfin à 450 mètres, elle a trouvé une couche de 1 m. 70 formée par du charbon pierreux et schisteux et correspondant exactement comme nature à celui de la 4ᵉ couche du bassin de la Loire. L'étage moyen de Saint-Étienne est donc entièrement représenté dans cette zone; les couches qu'il contient sont toutefois sensiblement moins épaisses qu'à Montrambert. On verra plus loin que le faisceau des couches 4 à 7 doit rapidement disparaître à l'Est du puits Baude, car on n'en retrouve plus aucune trace dans les travaux du puits Combes et du puits de Troussieux. (Voir les coupes de la planche XVI.)

ÉTAGE INFÉRIEUR DE SAINT-ÉTIENNE.

Les travaux de la division de Roche se sont surtout développés dans l'étage inférieur de Saint-Étienne et en particulier dans deux couches de cet étage qui portent ici les noms de couche du Sagnat et de couche de la Grille. Leur exploitation est particulièrement facile et elles donnent des charbons d'excellente qualité. Les autres couches du faisceau de Roche, notamment la 8ᵉ (couche Siméon) et la 15ᵉ (couches de la Neyrette), sont encore presque vierges.

Couche Siméon (8ᵉ couche). — Les affleurements de la couche Siméon sont aisés à suivre dans tout le district de Roche, grâce aux nombreuses fendues qui ont servi à les exploiter au début de ce siècle. Ils longent le pied de la colline du Crêt, dessinent autour du puits du Sagnat un cercle presque complet; on les retrouve enfin au Sud de ce puits, à mi-côte du bois de la Garde, jusqu'au voisinage de la Piottière. Les roches qui recouvrent la 8ᵉ sont faciles à étudier dans les tranchées de la route qui descend de Dourdel à la Côte-du-Rieu; elles contiennent en certains points de nombreux nodules de minerai de fer qui ont été exploités vers 1825, aux environs de Villebœuf, pour les hauts fourneaux de Terrenoire.

La couche Siméon est la moins bonne des couches de Roche-la-Molière; aussi, malgré son épaisseur souvent assez considérable, n'a-t-elle guère été utilisée jusqu'à présent. Au voisinage du puits du Crêt, dans la seule zone où on l'ait encore exploitée, sa puissance varie entre 3 mètres et 3 m. 50. Elle donne en général du charbon tendre et menu toujours assez terne; il est sali par quelques nerfs et par les schistes du toit qui n'ont en général que peu de consistance. Aussi la couche Siméon ne donne-t-elle que des charbons de deuxième qualité contenant de 15 à 16 p. 100 de cendres en moyenne; ils sont assez gras et renferment, près du puits du Crêt, 22 p. 100 de matières volatiles environ.

Du côté Nord, la couche paraît diminuer d'épaisseur et sa qualité semble s'altérer. On n'a d'ailleurs que peu de données sur sa valeur au point où elle a été recoupée par le grand travers-bancs Nord du puits Dolomieu.

Vers le Sud, la couche Siméon a déjà été explorée sur une assez grande étendue par un niveau à la cote 490. Elle paraît être assez irrégulière comme épaisseur et comme qualité. Elle se bifurque en certains points, ainsi que le montre la figure 41. Tantôt elle donne des charbons de bonne qualité, tantôt, au contraire, des charbons crus et médiocres. Le puits de la Girardière, creusé en 1899 au Sud de la ferme de la Girardière, à 429 mètres du puits du Sagnat et à 784 m. 50 du puits Dolomieu, a atteint le mur de la 8ᵉ à la cote 489. La figure 42

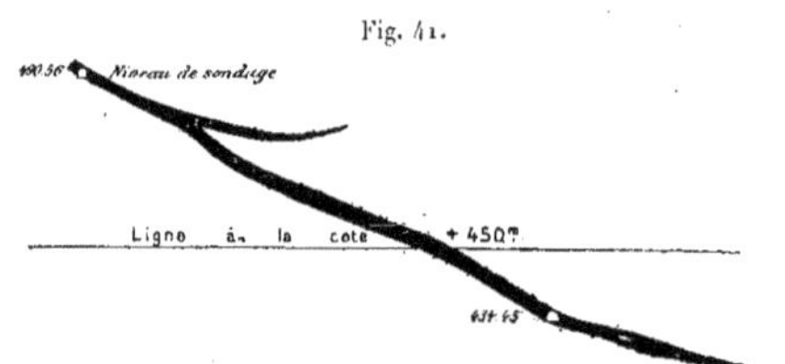

Fig. 41.

Coupe de la couche Siméon, suivant la descente de reconnaissance tracée à partir du niveau 490 et à 355 mètres au Sud du puits Grangette.

Échelle : 1/2,000ᵉ.

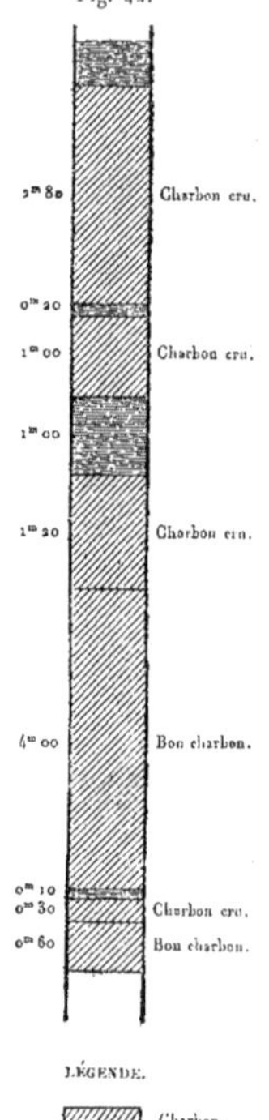

Fig. 42.

Coupe de la couche Siméon, suivant l'axe du puits de la Girardière.

Échelle : 1/100ᵉ.

indique la composition de la 8ᵉ en ce point. Le banc supérieur paraît inexploitable. Il contient près de 25 p. 100 de cendres en moyenne. Dans le banc inférieur, la partie centrale de la couche, épaisse de 4 mètres, donne seule des charbons propres à moins de 10 p. 100 de cendres. Le mur de la 8ᵉ est formé par du grès, le toit par 30 mètres de schistes durs, puis par des grès blancs; au milieu de ces schistes, et à 18 mètres du toit de la 8ᵉ, on trouve une veine de houille de 0 m. 70. Les grès du toit et du mur de la 8ᵉ sont exploités dans les carrières des environs de la Côte-du-Rieu.

Plus au Sud encore, la 8ᵉ a été traversée par le tunnel de Dourdel et on l'a explorée au niveau 530 à l'Est et à l'Ouest de ce souterrain. Elle est formée de deux bancs de charbon; le banc du toit est schisteux et mesure 1 m. 60 à 1 m. 80; il est séparé du banc du mur par un entre-deux de schistes de 4 à 5 mètres d'épaisseur. Quant au banc du mur, épais de 3 à 4 mètres, il

donne des charbons de qualité ordinaire. A mesure qu'on s'avance vers le
S. E., la houille de la 8ᵉ devient de plus en plus grasse, et dans le tunnel de
Dourdel elle contient en moyenne 31 à 33 p. 100 de matières volatiles.
On n'a encore aucune donnée précise sur la valeur de la 8ᵉ dans le versant
Sud de Roche. Ses affleurements sont toutefois connus depuis la Piotonnière
jusqu'à la Piottière.

Le Petit-Moulin. — L'intervalle qui sépare la couche Siméon de la couche
du Petit-Moulin mesure près de 200 mètres au puits Grüner et au puits du
Sagnat. Il est en général absolument stérile. Seul le travers-bancs du Cluzel
a trouvé entre ces deux couches quelques filets de charbon insignifiants. (Voir
planche XVI la coupe par les puits de Roche, Dolomieu et Grüner.)

Au toit de la faille du Buisson, dans la seule zone où on a encore exploité
le Petit-Moulin, son épaisseur est en moyenne de 1 m. 80 à 2 mètres; elle
s'élève par places à 2 m. 50. La couche donne au Sud du puits du Sagnat des
charbons propres et brillants, souvent assez tendres; elle ne contient dans
cette zone que des nerfs insignifiants, faciles à trier au chantier. A mesure
qu'on s'avance vers le Nord, ces nerfs augmentent d'épaisseur. Ainsi, au voisinage de la cote 270, dans le percement récemment effectué à peu près à
l'aplomb du travers-bancs du puits du Sagnat, entre les niveaux de roulage
des puits du Sagnat et Dolomieu, la couche comprend, en allant du toit au
mur, un banc de charbon de 0 m. 80 à 1 mètre, un nerf de schistes de
0 m. 45 à 0 m. 50, un second banc de charbon de 0 m. 90 à 1 mètre, un
second nerf de 0 m. 15 à 0 m. 20, enfin un 3ᵉ banc de charbon de
0 m. 30 à 0 m. 50. La houille provenant de chaque banc est assez propre;
mais les nerfs qui divisent la couche n'ont en général que peu de consistance;
aussi le Petit-Moulin ne donne-t-il dans cette zone que des charbons de
2ᵉ qualité (14-15 p. 100 de cendres). Plus au Nord, le nerf supérieur augmente encore d'importance et c'est un banc de grès de 15 à 20 mètres de
puissance normale qui sépare alors les deux bancs du Petit-Moulin (voir fig. 43).
J'ai indiqué sur la planche XIII la ligne suivant laquelle le Petit-Moulin se
divise ainsi en deux veines séparément exploitables.

Le second nerf du Petit-Moulin augmente également d'épaisseur à mesure
qu'on s'avance vers le Nord et, au niveau 380, au voisinage même de la faille
du Buisson, il mesure en certains points 0 m. 70. La puissance utile du banc
du mur du Petit-Moulin se réduit alors à 1 m. 20 ou 1 m. 30.

Le banc du toit du Petit-Moulin, en amont de la cote 330 tout au moins (c'est dans cette zone seule qu'il a été encore exploité), mesure en moyenne 1 mètre à 1 m. 10 de puissance. Il ne donne que des charbons très crus contenant, près de la faille du Buisson, 20 à 25 p. 100 de cendres. Il est sur-

Fig. 43.

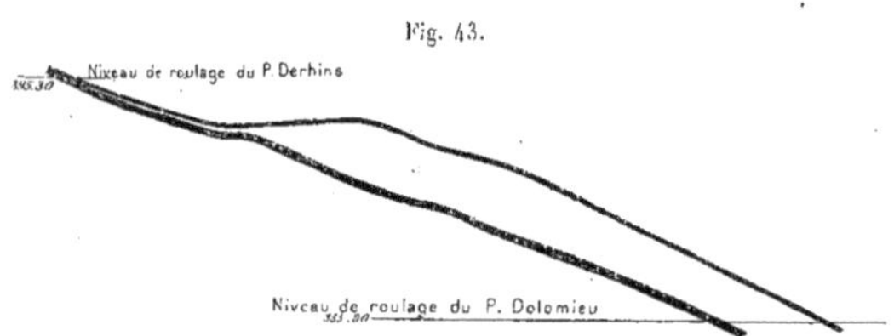

Coupe de la couche du Petit-Moulin à l'aplomb du plan de la Faille.

Échelle : 1/2,000°.

monté par le faux toit schisteux qui recouvre toujours la couche du Petit-Moulin. Au-dessus de ce faux toit, dont l'épaisseur atteint souvent plusieurs mètres, on trouve un épais banc de grès fin (voir la coupe par le puits du Sagnat, planche X).

Au Nord de la faille du Buisson, on a reconnu l'existence du Petit-Moulin par le travers-bancs du Cluzel (cote 387), le travers-bancs du puits Grüner (cote 222) et enfin par le travers-bancs Nord orienté E.-O. et tracé à l'étage Dolomieu (cote 340) à 930 mètres au Nord de ce puits. Dans tout ce vaste champ d'exploitation, la couche est divisée en une série de petites planches de houille et elle ne donne que des charbons de mauvaise qualité; aussi n'a-t-elle pas été exploitée. Au puits Dolomieu, le Petit-Moulin est divisé en deux bancs, mesurant l'un 1 mètre à 1 m. 40, l'autre 0 m. 85, séparés par un nerf de 6 à 7 mètres. Dans le travers-bancs du Cluzel, le banc du toit est divisé en deux planches de 0 m. 90 et de 1 m. 30 d'épaisseur normale, séparées par un nerf de 0 m. 40; le banc du mur est formé par deux planches de houille de 1 mètre et de 0 m. 50, séparées par un nerf de 0 m. 50. Quant aux deux bancs de la couche, ils sont à 10 mètres (distance normale) l'un de l'autre. Dans le travers-bancs du puits Grüner, le Petit-Moulin est représenté par une série de petites planches de charbon schisteux et sale, dont la plus épaisse mesure 1 m. 10 de puissance. La composition du Petit-Moulin est à peu près la même dans le grand travers-bancs Nord.

Couche du Sagnat. — La couche du Sagnat est la meilleure des couches de Roche. Elle donne dans presque tout ce district des charbons de forge d'excellente qualité ; son exploitation est, d'autre part, facilitée par les épais bancs de grès qui l'entourent de toutes parts. Aussi les travaux se sont-ils très rapidement développés dans cette couche.

L'épaisseur du Sagnat ne dépasse que rarement 1 m. 30 à 1 m. 40 et elle se réduit souvent à 1 mètre ; le toit de grès qui recouvre la couche paraît l'avoir ravinée en bien des points. A l'Ouest du puits Dolomieu et dans presque toute la région « rejetée », la couche ne contient aucun nerf ; mais, près de la faille du Buisson et au voisinage de la cote 340, un petit nerf de grès se forme à o m. 30 ou o m. 40 du mur de la couche. La ligne de formation de ce nerf est à peu près parallèle à la ligne de bifurcation du Petit-Moulin et elle se trouve légèrement au Nord de cette ligne. Vers le N. E., le nerf du Sagnat augmente rapidement d'épaisseur ; il mesure bientôt 1 mètre ; seul le banc du toit du Sagnat est alors exploitable. Le banc du mur conserve son épaisseur de o m. 30 à o m. 40. Dans le travers-bancs du puits Grüner, il se trouve à 7 mètres (distance mesurée horizontalement) du banc du toit. On le connaît aussi dans le grand travers-bancs Nord. Il mesure en ce point o m. 20 à o m. 25. Le banc supérieur du Sagnat mesure 1 mètre à 1 m. 10 près de la faille du Buisson. Il diminue régulièrement d'épaisseur à mesure qu'on s'avance vers le Nord. Au delà du ruisseau de Pirafoy, c'est-à-dire au point où les travaux du Sagnat ont été arrêtés, l'épaisseur de la couche se réduit à o m. 60.

Dans tout ce quartier, les charbons de la couche du Sagnat sont très purs. Ils donnent aisément, après simple triage à la main, des tout-venants à 8-10 p. 100 de cendres.

Au toit de la faille Buat, dans la zone desservie par les fendues du Grand-Garrèt, le nerf du Sagnat disparaît. Il mesure encore o m. 20 à o m. 30 en aval du niveau 400, le long de la faille Thibaut ; mais il s'amincit peu à peu vers le Nord, et le Sagnat est alors formé par un seul banc de charbon de 1 m. 40 à 1 m. 50 d'épaisseur. La couche s'amincit un peu vers le Nord et au niveau 340, près de l'extrémité Nord des dépilages de la Fendue du Grand-Garrèt, elle ne mesure plus que 1 m. 20 ou 1 m. 25. La couche est un peu moins pure dans ce quartier que dans les travaux du puits du Sagnat ; elle contient un assez grand nombre de « chiens ». Néanmoins elle donne, après simple triage à la main, des tout-venants à 12-13 p. 100 de cendres.

L'existence de la couche du Sagnat dans le versant Sud de l'anticlinal de

Dourdel a déjà été reconnue en deux points ; au Sud de Villebœuf, la couche a été retrouvée à la cote 355 et suivie en direction sur près de 60 mètres ; elle mesure 1 m. 10 et paraît assez régulière. D'autre part, au Sud du village de Roche, un travers-bancs partant de la Grille a recoupé à la cote 435 une couche qui présente tous les caractères du Sagnat.

Avant de terminer ce qui est relatif à la couche du Sagnat, je dois dire que le travers-bancs du Cluzel et les puits Dolomieu et du Sagnat ont traversé, entre le Sagnat et le Petit-Moulin, une petite veine de 0 m. 60 à 0 m. 70

Couche du Peyron. — Entre le Sagnat et le Peyron, on connaît dans les divers puits de Roche un certain nombre de petites veines de houille ; par suite de leur faible épaisseur, elles ont été négligées jusqu'à présent.

La couche du Peyron est la plus mince de toutes les couches de Roche. Si en amont du puits Dolomieu son épaisseur atteint encore en quelques points 1 m. 20 ou 1 m. 30, elle se réduit à 0 m. 90 ou 1 mètre dans tout le champ d'exploitation du puits Grüner et du puits du Sagnat. Le charbon du Peyron est tendre et propre ; sa qualité est pourtant un peu inférieure à celle du Sagnat. Il y a souvent au milieu de la couche une coupe moureuse. Le Peyron n'a pas de nerfs réguliers, mais on trouve parfois au milieu du charbon des « chiens » ; ils sont particulièrement nombreux au toit de la faille Buat et salissent assez le Peyron pour qu'on ait hésité jusqu'ici à l'exploiter dans le quartier des Rieux. A l'étage du puits Dolomieu et au mur de la faille Buat, la couche donne, au contraire, des charbons à 10-12 p. 100 de cendres. A l'étage du Sagnat et dans la région rejetée, elle donne des charbons encore plus propres à 9 p. 100 de cendres. Cette couche est presque vierge à l'étage Grüner. Le toit et le mur du Peyron sont formés par des schistes durs en grosses planches, puis par d'épais bancs de grès.

Couche de la Grille. — La Grille donne, après le Sagnat, les charbons les plus propres de Roche ; son épaisseur est souvent assez considérable ; son exploitation est aisée, grâce aux épais bancs de grès qui en forment le toit et le mur. Aussi les travaux se sont-ils développés très rapidement dans cette couche ; aujourd'hui la Grille est déjà presque complètement exploitée dans le pendage de Roche en amont de la cote 220.

Près des affleurements et à l'Ouest des puits Dolomieu et Derhins, la Grille mesure 3 m. 50 à 4 mètres de puissance. Au toit, le charbon est divisé en petits bancs; il est souvent un peu schisteux. Près du mur, au contraire, la Grille est formée par d'épaisses planches de charbon dur et pur. Les deux bancs de la couche sont séparés par un nerf souvent absolument insignifiant. En profondeur, ce nerf se renfle brusquement (fig. 44), et la Grille est alors divisée en deux couches séparément exploitables. Le banc du toit porte le nom de *couche Thibaut;* le banc du mur, le nom de *couche Frécon.* La ligne suivant laquelle le nerf de la Grille s'épaissit a une direction N. O.-S. E. (voir planche XIII). Au voisinage immédiat de sa bifurcation, la Grille est souvent très renflée; son épaisseur atteint parfois 5 mètres et même 5 m. 5o. Par contre, la couche Frécon est en général irrégulière près de son point de formation; elle est sujette à de nombreux amincissements, se divise en plusieurs bancs chevauchant les uns sur les autres, et ce n'est souvent qu'à 3o ou 4o mètres en aval de son point réel de formation qu'elle commence à être exploitable.

La couche Thibaut mesure en moyenne 2 mètres de puissance à l'Ouest du puits Grüner; vers le Nord, son épaisseur diminue; en même temps, le charbon devient schisteux et il est sali par des nerfs, surtout au voisinage du toit. Au point où les travaux ont été arrêtés vers le Nord, à 8oo mètres du puits Dolomieu, la couche Thibaut ne mesure plus que o m. 9o à 1 mètre de puissance. Elle est recouverte par un faux toit de schistes de o m. 3o à o m. 4o, surmonté par une planche de charbon cru et inexploitable de o m. 2o.

La couche Frécon est toujours formée par du charbon dur et propre. Son épaisseur atteint rarement 1 m. 3o ou 1 m. 4o au puits Grüner; elle s'amincit régulièrement vers le Nord, et sous le ruisseau de Pirafoy, entre la faille Buat et le niveau 22o, elle se réduit à o m. 75 ou o m. 8o. Le toit et le mur de la couche sont formés de ce côté par des schistes durs en gros bancs.

Au toit de la faille Buat, l'épaisseur du nerf qui sépare les deux bancs de la Grille diminue peu à peu et les couches Thibaut et Frécon finissent par se réunir de nouveau. J'ai déjà dit qu'il en est de même des deux bancs de la couche du Sagnat. A l'aplomb de la ferme des Rieux, la Grille mesure 3 m. 5o à 4 mètres de puissance; la partie supérieure de la couche (couche Thibaut) est formée par du charbon de plus en plus sale à mesure qu'on s'avance vers le Nord; la partie inférieure, au contraire (couche Frécon), donne toujours des charbons de bonne qualité. Les travaux ne se sont encore guère développés dans cette zone. Le faux toit de la couche en rend l'exploitation difficile; d'autre part, la couche devient de plus en plus maigre à mesure qu'on s'avance vers le Nord.

Fig. 44.

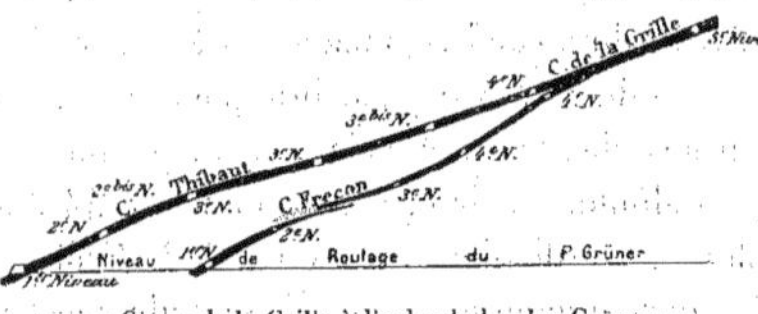

Coupe de la Grille à l'aplomb du plan Grüner.
Échelle : 1/2,000°

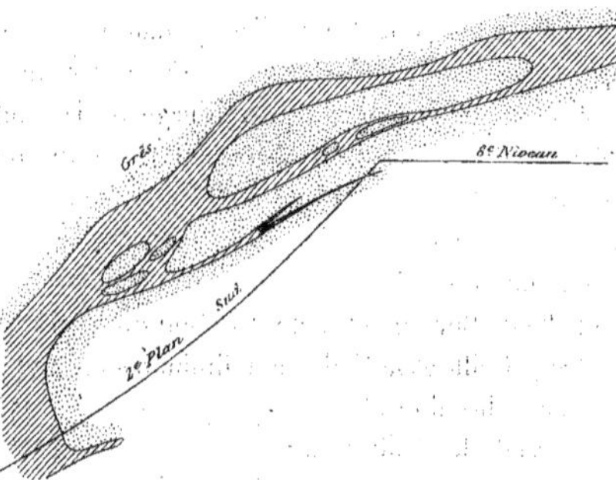

Parement S. E. du 2ᵉ plan Sud, près du 8ᵉ niveau.
Échelle : 1/100ᵉ.

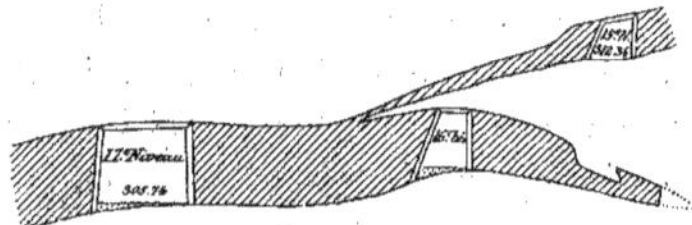

Bifurcation de la Grille au 16ᵉ niveau.
Échelle : 0.0025 par mètre.

Au toit de la faille du Buisson, l'épaisseur de la Grille ne dépasse que rarement 3 mètres. Dans son ensemble, la couche est très régulière et permet de bien étudier le plissement de Dourdel; mais elle est sujette à de petits accidents de détail sur lesquels je dois insister. Quand on suit la Grille sur une certaine étendue, on voit subitement se former dans la couche, soit contre le toit, soit contre le mur, un nerf de grès qui la divise en deux bancs. Ils sont parfois simultanément exploitables; mais en général l'un d'eux disparaît rapidement, l'épaisseur du second augmente peu à peu, et la Grille reprend son épaisseur moyenne de 2 m. 50; puis, brusquement, la couche se divise de nouveau. On trouve de plus en certains points, au milieu de la couche, des lentilles de grès absolument irrégulières. La figure 44 donne un certain nombre d'exemples de ces divisions successives de la Grille.

La Grille est toujours accompagnée par une seconde couche, *la Crue* ou *la Grille n° 2*, formée par une succession de bancs de charbon dur et assez cendreux, séparés par des nerfs de schistes. Un de ces nerfs tout au moins est en général formé par des schistes tendres argileux jaunâtres (gore chocolat). L'intervalle qui sépare la Grille de la Crue mesure 25 mètres aux puits Dolomieu et Grüner. Il est de 28 à 30 mètres au voisinage de la fendue Frécon. Il diminue sensiblement du côté du puits de Roche. On trouve toujours entre la Grille et la Grille n° 2, et à égale distance des deux couches, un petit banc de charbon. Il mesure 0 m. 80 au voisinage du puits Dolomieu. Son épaisseur diminue régulièrement vers le Nord.

Au Sud de la faille du Buisson, et surtout au Sud du puits du Sagnat, l'intervalle compris entre la Grille et la Grille n° 2 diminue souvent beaucoup, et ces deux couches ne sont plus alors séparées que par un nerf dont l'épaisseur est comparable aux nerfs de la Grille n° 2.

La composition de la Grille n° 2 est fort variable ainsi que le montrent les coupes de la figure 45. L'épaisseur des bancs de charbon et des nerfs qui les séparent se modifie constamment d'un point à un autre; en certains points même, la couche se schistifie entièrement et cesse d'être exploitable. Cette couche ne donne que des charbons de deuxième qualité à 16-17 p. 100 de cendres; mais comme les planches de charbon qui la constituent sont assez dures, elle donne une forte proportion de grêlages.

Les terrains situés au mur de la Grille n° 2 n'ont encore été explorés que par le puits Neyron, dont le fonçage a été arrêté à 165 mètres du mur de la Grille n° 2 (profondeur totale du puits, 292 mètres). Sur toute cette hauteur, on n'a traversé que des grès plus ou moins grossiers alternant avec des schistes. Deux petites veines de houille sans aucune valeur ont été trouvées à

102 mètres et à 154 mètres de la Grille n° 2. Ni l'une ni l'autre ne paraît pouvoir correspondre aux couches de la Neyrette.

Au mur de la Grille n° 2 on connaît, dans le ravin de Drillant, les affleurements de deux couches assez épaisses que les puits de Roche n'ont pas encore atteintes : ce sont les *couches de la Neyrette*. La couche supérieure mesure

Fig. 45.

COUPES DE LA GRILLE N° 2 ET DU PETIT MOULIN.

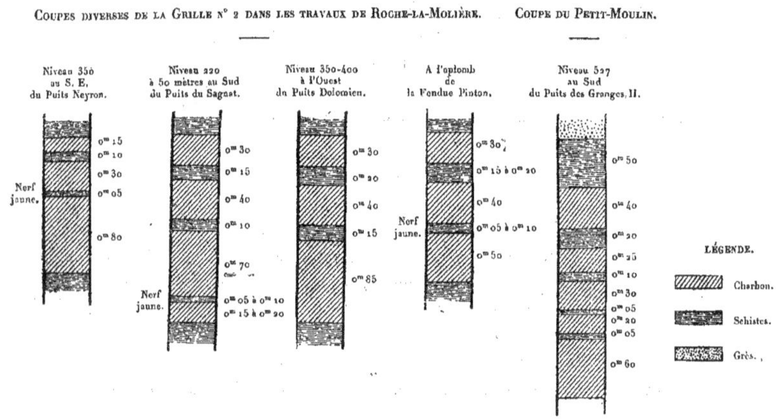

1 m. 20 à 1 m. 30, la couche inférieure 2 mètres à 2 m. 50. Ces couches sont de médiocre qualité au voisinage de la surface et elles ne paraissent pas avoir été bien sérieusement exploitées, même au début de ce siècle. On retrouve leurs affleurements au Nord du Liseron et au S.E. de la Cereyne; elles portent ici le nom de *couches de Chaignet*.

Au mur des couches de la Neyrette, le terrain houiller est encore formé par des schistes et des grès assez fins jusqu'à la limite même du terrain houiller. Nulle part, du côté de la Chéronnière, de Chichivieux et du Berlan, on ne retrouve, à la base du bassin, des grattes à gros éléments analogues à celles de Landuzière ou de la Fouillouse. En certains points, les grès et les schistes sont entièrement silicifiés comme au mont Reynaud et à Saint-Priest, et on les exploite alors pour matériaux d'empierrement. C'est ce qui a lieu à la Croix des Saignes et à l'Est de Chichivieux (point coté 616). Plus au Sud, on retrouve le long de la limite du bassin houiller et à l'Est de Bichizieux, des poudingues à éléments de grosseur moyenne; mais ce ne doit être encore là qu'une formation tout à fait locale, car dans la vallée de l'Egotay et au voisinage immédiat des terrains anciens, on voit affleurer de nouveau des grès fins.

Je n'ai pas besoin d'insister sur les caractères communs des faisceaux de Roche-la-Molière et du puits Rambaud. On sait depuis longtemps que la couche Siméon est la 8ᵉ du bassin de la Loire. Au mur de cette formation, on trouve aux puits Grüner et du Sagnat, comme au puits Rambaud, un massif stérile fort épais, puis une couche de charbon de seconde qualité, coupée par un certain nombre de nerfs. C'est au puits du Sagnat la couche du Petit-Moulin et au puits Rambaud la couche reconnue au voisinage de la cote 172. Au mur du Petit-Moulin, on exploite à Roche un faisceau de couches minces et propres avec bon toit et bon mur; ce sont les couches du Sagnat, du Peyron, de la Grille, Frécon, enfin la Grille nᵒ 2 bien caractérisée par ses nombreux nerfs et surtout par son nerf de schistes argileux jaunâtres. Les mêmes couches se retrouvent au puits Rambaud avec des caractères identiques; on les désigne dans la concession du Cluzel par les nᵒˢ 10, 10 *bis*, 11, 11 *bis* et 12. Entre la 11ᵉ *bis* et la 12ᵉ de Rambaud, on retrouve même, comme au puits Dolomieu, un filet de charbon. Au-dessous de la Grille nᵒ 2, le puits Neyron de Roche-la-Molière a pénétré dans un massif stérile fort puissant. Il a été entièrement traversé par le puits Saint-Jean du Cluzel; il mesure ici près de 180 mètres d'épaisseur normale. Il surmonte à Roche les couches de la Neyrette et de Chaignet et au puits Saint-Jean la 15ᵉ couche du bassin de la Loire. Le Petit-Moulin, le Sagnat et le Peyron représentent donc les couches 9 à 12 du bassin de la Loire, la Grille (Grille proprement dite et Grille nᵒ 2) correspond à la 13ᵉ, et les couches de la Neyrette à la 15ᵉ.

DIVISION DES GRANGES.

(Voir planches XIV et XVI.)

Les travaux de la division des Granges se développent au Sud du plissement de Dourdel, sur le versant N. O. de la cuvette de Saint-Étienne. Ils font donc face aux travaux de Montrambert. Mais tandis qu'à Montrambert on n'a encore exploité que les couches des étages moyen et supérieur de Saint-Étienne, les travaux des Granges ont surtout porté jusqu'à présent sur la 8e couche et sur les couches inférieures. Comme à Montrambert, on est loin d'avoir atteint aux Granges le fond de la cuvette de Saint-Étienne. Cette cuvette est d'ailleurs ici fort large. Les puits Combes et Marseille sont distants de plus de 3,500 mètres ; l'intervalle qui sépare les puits Sainte-Marie et de Troussieux mesure plus de 2,500 mètres, et les terrains compris entre les puits de Montrambert et des Granges sont encore vierges en majeure partie. Les études superficielles ne permettent d'ailleurs pas de déterminer le passage du thalweg de la cuvette de Saint-Étienne entre les travaux de Montrambert et des Granges ; on ne voit affleurer, en effet, dans la concession de Roche-la-Molière et Firminy, au toit de la 3e, que des grès dont la stratification est en général très peu nette, et au milieu de ces grès on ne trouve aucun point de repère qui permette de déterminer le niveau auquel ils appartiennent.

On sait qu'au Sud de Roche-la-Molière, sur le versant Sud du plissement de Dourdel, les couches sont dirigées de l'Est à l'Ouest et qu'elles plongent vers le Sud. Au S. O. de Roche, elles reprennent peu à peu leur orientation normale. Entre les puits des Granges n° 1 et n° 2, leur direction est tout d'abord N.–S. ; mais elle s'infléchit peu à peu vers l'Ouest. Dans la vallée de l'Égotay, près du Pontin, les bancs plongent au S. E. ; puis, près du tunnel de Briasson et près du Grand Beraud, ils plongent franchement vers le Sud.

On voit affleurer entre Roche et le Pontin un assez grand nombre de couches de houille ; on les exploite depuis une vingtaine d'années par le puits des Granges n° 1 et depuis 1893 par le puits Combes. Les travaux de ces puits s'étendent aujourd'hui sur près d'un kilomètre en direction et ne sont arrêtés vers le Nord et vers le Sud que par des limites conventionnelles. Ils se sont surtout développés jusqu'à présent dans la 8e couche, qui porte ici le nom de *couche de la Varenne*. Au S. O. du puits Combes, le faisceau des couches des Granges a été exploré il y a une quinzaine d'années par le puits de Troussieux et par deux grands travers-bancs partant de ce puits à la cote 402 et dirigés l'un du côté du toit, l'autre du côté du mur.

Les affleurements de la couche de la Varenne sont faciles à reconnaître dans les carrières à remblais des puits des Granges et Combes : ils sont toujours recouverts par des schistes durs, rubannés et en petits bancs. Le mur de la couche est, au contraire, constitué par d'épais bancs de grès fin. Au puits des Granges, la 8e plonge vers l'Est avec une pente assez faible. Au puits Combes, au contraire, l'inclinaison moyenne de la couche est de près de 45 degrés.

Près du puits des Granges n° 1, la couche de la Varenne est coupée par un accident assez important, plongeant à l'Ouest et divisé en plusieurs gradins; il est aujourd'hui connu sur 200 mètres de hauteur verticale ; en face du puits des Granges, il déplace la 8e de près de 40 mètres. On a retrouvé deux lambeaux de charbon entre les gradins de cette faille : l'un, au Nord du puits des Granges, s'étend entre le jour et la cote 515; le second, situé au Sud de ce puits, est fort irrégulier; j'ai représenté sur la planche XIV sa section plane au niveau 480.

Au mur de cet accident, la 8e a déjà été reconnue entre les cotes 535 et 450. Au niveau 450, en se dirigeant vers le Nord, on a suivi la 8e jusqu'au point où sa direction devient O.–E., c'est-à-dire jusqu'au point où on passe du pendage des Granges au pendage Sud de la division de Roche-la-Molière. Avant d'atteindre ce contournement des bancs, le niveau 450 a suivi sur une assez grande longueur un accident presque vertical et plongeant vers l'Est ; on a probablement retrouvé en ce point le prolongement Sud de la faille du Buisson.

Le champ d'exploitation des puits des Granges et Combes est sillonné par un très grand nombre de petits accidents. Ils n'ont en général qu'une très faible importance et ne présentent pas d'inconvénients bien sérieux pour l'exploitation de la 8e, qui est une couche épaisse. Il n'en est malheureusement pas de même pour l'exploitation des couches inférieures, qui sont en général assez minces.

En face du puits Combes, la 8e mesure 5 à 6 mètres de puissance normale ; elle est formée par un seul banc de charbon, en général assez tendre, mais très propre; elle donne, après simple triage à la main, des tout-venants à 8–10 p. 100 de cendres. On ne trouve au milieu de la couche qu'un ou deux petits nerfs de grès dur, d'allure assez irrégulière. Les travers-bancs du puits Combes ont traversé, à une trentaine ou une quarantaine de mètres du mur de la 8ᵉ, une petite veine de houille beaucoup trop mince et trop irrégulière pour pouvoir être exploitée.

A 100 ou 150 mètres au Nord du 2ᵉ plan, un des nerfs de la 8ᵉ augmente brusquement d'épaisseur; comme le montre la figure 46, la 8ᵉ est alors divisée en deux bancs par un entre-deux de schistes durs, dont l'épaisseur moyenne à

Fig. 46.

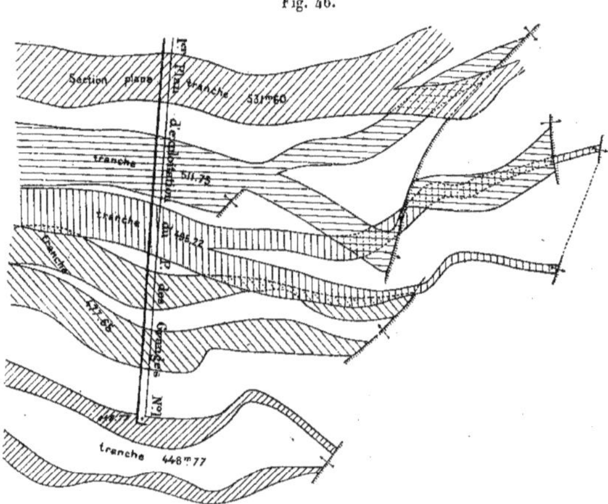

Division en deux bancs de la couche de la Varenne.
(Échelle : 1/2,000ᵉ.)

l'aplomb du travers-bancs Ouest du puits des Granges (voir la coupe de la planche XVI) est d'une dizaine de mètres [1]. En même temps, la qualité de la couche s'altère, les nerfs sont plus nombreux et la houille, surtout celle du banc du toit, est plus dure et plus cendreuse. Au mur de l'accident du puits des Granges nº 1, la couche est formée par un seul banc de charbon; elle est d'assez bonne qualité au niveau 450; vers l'amont, elle se schistifie peu à peu; elle s'épaissit en même temps. Aux environs de la cote 520, son épaisseur

[1] Cette division est d'ailleurs purement locale, car au Nord du Puits des Granges la couche de la Varenne est formée par un seul banc de charbon.

28.

normale atteint 7 et 8 mètres ; mais la 8ᵉ ne donne ici que des charbons à 20 et 25 p. 100 de cendres, et elle est recouverte sur une assez grande épaisseur par des schistes plus ou moins charbonneux. Le lambeau reconnu entre les gradins de la faille du puits des Granges a une composition analogue ; les schistes y sont peut-être encore plus abondants en certains points et forment au milieu de la couche un véritable entre-deux. Il semble que l'on atteigne ici le point de séparation des deux bancs de la 8ᵉ.

Dans tout ce quartier, la couche de la Varenne donne des charbons à gaz contenant, cendres déduites, de 31 à 34 p. 100 de matières volatiles. Entre le jour et la cote 350, cette teneur paraît indépendante de la profondeur.

On retrouve dans la division des Granges, au mur de la 8ᵉ, la plupart des couches de la division de Roche ; elles sont malheureusement beaucoup moins régulières qu'à Roche et elles disparaissent les unes après les autres à mesure qu'on s'avance vers le S. O. L'intervalle qui sépare les couches 8 à 13 diminue également dans cette direction. Il est encore de près de 300 mètres au puits des Granges ; il n'est que de 250 mètres au puits Combes et paraît être beaucoup moins important encore du côté de la Croix de Marlet.

On a effectué divers traçages dans le *Petit Moulin* entre les puits des Granges nᵒ 1 et nᵒ 2. Sa puissance s'élève en certains points jusqu'à 2 m. 50 et 3 mètres ; mais on a toujours hésité jusqu'à présent à exploiter cette couche, car elle est salie par un assez grand nombre de nerfs ; elle est de plus recouverte par un faux toit de schistes assez mauvais (voir fig. 45). Les travers-bancs du puits Combes ont traversé au mur de la 8ᵉ quelques bancs de charbon schisteux sans grande valeur. Ils doivent correspondre au Petit Moulin et n'ont encore été l'objet d'aucune exploration.

La *couche de la Roare* est en général comprise entre un toit et un mur de grès. Son épaisseur varie entre 1 et 3 mètres. Elle donne des charbons assez durs, bien planchés, et fournissant par suite une assez forte proportion de grêlages. Ils sont un peu plus cendreux que ceux de la Varenne, mais presque aussi riches en matières volatiles. La couche de la Roare est déjà presque complètement exploitée entre le jour et la cote 450 au Nord du puits Combes. Dans tout ce quartier, elle est hachée par un très grand nombre d'accidents. Les plus importants plongent à l'Ouest avec une pente en général faible. La couche de la Roare est aussi souvent étirée ou amincie ; son exploitation dans ce quartier est par suite difficile.

Le *Peyron* n'a encore été reconnu que par le travers-bancs Ouest du puits des Granges. C'est une couche de 1 mètre à 1 m. 30 de puissance, comprise entre un toit et un mur de schistes durs en grosses planches. Il donne des charbons fort propres, un peu moins gras que ceux de la Varenne. Il est malheureusement à craindre que cette couche ne soit assez irrégulière et que son exploitation ne soit assez difficile.

Le travers-bancs Ouest du puits des Granges et le puits Combes paraissent avoir recoupé la couche de *la Grille* dans des accidents. Aussi n'a-t-on encore aucune donnée sérieuse sur la valeur de cette couche dans la division des Granges. On connaît les affleurements de la Grille au N.O. du hameau des Granges ; près du jour, l'épaisseur de cette couche paraît assez grande.

Au S. O. du puits Combes, on retrouve encore les affleurements du faisceau des couches des Granges. Ils doivent être affectés par un grand nombre d'accidents, car il est souvent assez difficile de les suivre en direction. Pour reconnaître ces couches en profondeur, on a creusé à la cote 402 et en partant du puits de Troussieux un grand travers-bancs se dirigeant vers le Nord. La 8ᵉ couche a d'abord été retrouvée. Elle a été explorée sur près de 150 mètres en direction à l'Ouest de ce travers-bancs. Elle est fort épaisse ; sa traversée horizontale mesure 30 à 40 mètres ; elle donne des charbons à gaz fort propres, analogues à ceux du puits Combes. Vers l'Ouest, les travaux de la 8ᵉ ont été limités par un accident qu'on n'a pas essayé de traverser.

Au mur de la 8ᵉ on a creusé deux longs travers-bancs ; ils ont reconnu l'existence de quelques veines de houille ; mais ils ne donnent pas de renseignements bien précis sur leur valeur. Le terrain houiller est en effet trop accidenté de ce côté pour pouvoir être exploré par de simples travers-bancs. On peut toutefois conclure de ces travaux qu'au-dessous de la 8ᵉ le nombre des couches exploitables diminue à mesure qu'on s'avance vers l'Ouest.

Le travers-bancs Est a traversé, à 520 mètres du puits de Troussieux, une petite couche assez irrégulière de charbon propre et gras, puis à 640 mètres de ce puits un filet de charbon cru de 0 m. 50 et enfin à 685 mètres une couche de 4 mètres de puissance, très schisteuse et paraissant formée plutôt

par des schistes charbonneux que par du charbon. Il se peut que ce soit la
Grille réunie à la Grille n° 2. Au mur de cette couche, le travers-bancs a été
prolongé sur plus de 100 mètres encore et n'a traversé que des grès.

A 3 mètres au mur du niveau 402.50 de la Varenne, le travers-bancs Ouest
a traversé une couche de 1 m. 50 formée par du bon charbon à gaz, puis, à
33 mètres et à 90 mètres, deux couches, l'une de 1 m. 60, l'autre de 0 m. 80
seulement. A 220 mètres, il a atteint quelques filets de charbons chisteux et a
été arrêté enfin dans de grosses grattes à plus de 450 mètres du mur de la
couche de la Varenne.

Entre la tête Sud du souterrain de Briasson et le Grand Beraud, on retrouve
les affleurements des couches de l'étage inférieur de Saint-Étienne. La
couche supérieure, autrefois exploitée au Grand Beraud, paraît assez épaisse
et peut être assimilée à la couche de la Varenne. Sa direction est E.–O. et
elle plonge au Sud. La 3ᵉ couche recoupée dans le tunnel de Briasson, le long
d'un accident, est assez analogue aux couches 3 et 4 de la Malafolie. Ce serait
donc la 13ᵉ. Près de Bichizieux et au mur de ces couches, on connaît les affleurements d'une petite veine de 1 m. 20 de puissance. Si la classification précédente est exacte, ce serait une couche inférieure à la 13ᵉ. On n'a pas encore
recherché ce que deviennent ces couches en profondeur.

ÉTAGE MOYEN DE SAINT-ÉTIENNE.

Les affleurements de la 3ᵉ couche sont connus sur la rive gauche de
l'Égotay depuis le Bouchage jusqu'à Ferréol. La couche plonge au S.–E. ou
au Sud avec une pente de 35 à 40 degrés. Son épaisseur est fort variable;
elle s'élève en certains points jusqu'à 5 ou 6 mètres.

Le puits de Troussieux a été creusé il y a une vingtaine d'années pour étudier la 3ᵉ; il a permis d'explorer la couche entre le jour et la cote 402.50.
La 3ᵉ est divisée en deux bancs assez épais l'un et l'autre, mais fort irréguliers;
elle est salie par un assez grand nombre de nerfs schisteux et ne donne par
suite ici que des charbons de médiocre qualité.

La fendue de la Chana a été ouverte en un point où la couche est meilleure,
mais elle ne mesure guère plus de 2 mètres et le charbon y est menu et
souvent moureux. A peu de distance du jour, la 3ᵉ est coupée par un accident vertical paraissant important, accident dans lequel la trace de la couche
a pu être suivie fort longtemps. Le travers-bancs de 110 mètres du puits

Combes a traversé cet accident et a retrouvé dans le plan de la faille (cote 453.78) un entraînement charbonneux assez important. La couche paraît se reformer au toit de cette faille et à une vingtaine de mètres en contre-bas du travers-bancs de 110 mètres. (Voir la coupe de la planche XVI.)

Au toit de la 3e, on ne connaît guère d'affleurements. Le travers-bancs du puits Combes a été prolongé sur plus de 400 mètres au toit de cette couche; il n'a recoupé qu'un ou deux filets de charbon absolument insignifiants. Quant au faisceau des couches 4 à 7, il n'est représenté dans ce travers-bancs que par deux filets de houille sans importance. Il en est de même dans le travers-bancs du puits de Troussieux. On connaît toutefois les affleurements de trois couches de ce faisceau dans la tranchée du chemin de fer de la Malafolie à Roche, au N. O. du Bourgeat. Leur épaisseur varie entre o m. 70 et 1 m. 20; elles paraissent assez irrégulières. Une de ces couches probablement, épaisse de o m. 80, affleure aussi près du Pontin.

A l'Ouest du puits des Granges n° 1, une recherche faite au toit de la 8e (voir la coupe de la planche XVI) a permis de retrouver une petite couche de 1 mètre environ, qui doit aussi appartenir au faisceau des couches 4 à 7.

L'étage moyen de Saint-Étienne est donc beaucoup plus pauvre ici qu'à Montrambert. Quant à l'étage supérieur, on ne retrouve dans le pendage des Granges aucune couche qui puisse y être rattachée.

3° TRAVAUX DE FIRMINY.

Les travaux du district de Firminy, dont j'ai encore à parler, occupent l'extrémité occidentale de la cuvette de Saint-Étienne. Ils devront un jour se raccorder aux travaux des Granges et de Montrambert qui se développent, au toit de la faille des Maures, sur les versants N. O. et S. E. de cette cuvette; mais ils en sont encore séparés par des étendues considérables de terrains entièrement vierges.

On sait qu'à l'Ouest du puits Marseille les affleurements des couches de Montrambert sont coupés par la faille de Barlet. Au toit de cet accident, les travaux souterrains ont permis de suivre la 3e couche jusqu'au puits Sainte-Marie. Au Sud de ce puits, elle est coupée par la faille de Barlet avant d'atteindre le jour, et les terrains qui affleurent entre la ligne du chemin de fer de Saint-Étienne au Puy et la limite Sud du bassin houiller de la Loire, appartiennent à la partie inférieure de l'étage inférieur de Saint-Étienne. On les a explorés par le puits du Chambon et on peut les étudier au jour dans la vallée du Vacherie, près de l'uzine Crozet-Fourneyron, et au Sud du cimetière du Chambon. Ils sont absolument stériles et sont formés, près de la limite du bassin houiller, par des poudingues plus ou moins rougeâtres, puis, plus au Nord, par d'épais bancs de grès. Sur la rive droite de l'Ondaine, les collines qui dominent le puits Sainte-Marie et le Chambon appartiennent, au contraire, à la partie supérieure de l'étage d'Avaize. Cet étage, très pauvre déjà au puits Rolland, est stérile au puits Sainte-Marie. Il est recouvert, au Nord du Chambon, par un petit lambeau de terrain rouge analogue à celui de Patroa[1].

A l'Ouest du Chambon, les poudingues de la base affleurent encore entre le Romière et le Bouchet; quant aux formations supérieures, elles ne sont plus visibles, car elles sont recouvertes dans la vallée de l'Ondaine, entre le Vacherie et le Malval, par une couche d'alluvions récentes dont l'épaisseur dépasse en certains points 3 et 4 mètres. Une tranchée N.–S., creusée en 1898 au Sud de l'usine Claudinon, entre la route n° 88 et le chemin de fer, a retrouvé sous ces alluvions des bancs de schistes et de grès houiller, plongeant au Nord avec une pente de 40 à 45 degrés. Ils ne paraissent renfermer aucune couche de houille. On ne connaît également aucun affleurement de charbon sur la rive droite de l'Ondaine, dans les collines qui dominent l'usine Claudinon et qui appartiennent à la partie supérieure de l'Etage supérieur de Saint-Étienne. Quant à la faille de Barlet, elle doit suivre plus ou moins le cours de l'Ondaine; mais on ne peut en déterminer la trace au jour dans la zone dont je viens de parler.

A l'Ouest du ravin du Malval, la limite Sud du bassin de la Loire s'infléchit brusquement vers le Sud; la vallée de l'Ondaine s'élargit en même temps et on débouche dans une plaine assez étendue dont le centre est occupé par la Malafolie et Firminy. On peut y étudier le terrain houiller plus aisément qu'au voisinage du Chambon, car les alluvions de l'Ondaine et de ses affluents ne le recouvrent que rarement. On voit affleurer en bien des points de puissants bancs de grès blanc et fin, exploités pour pierres de taille, des schistes argileux ordinaires et enfin des couches de houille nombreuses et puissantes. Les bancs, dans la plaine de la Malafolie et de Firminy, plongent en général

---

[1] On connaît le long de la bordure Est du lambeau de terrain rouge un petit affleurement de porphyre pétrosiliceux (gore).

vers le N. E. et leur direction est N. O.–S. E. Elle est donc perpendiculaire au grand axe de la cuvette de Saint-Étienne. Vers l'Est, l'allure du terrain houiller se modifie comme le montrent bien les affleurements et les courbes de niveau de la 3ᵉ couche de la Malafolie ; les bancs passent peu à peu de la direction N. O.–S. E. à la direction S. O.–N. E. et plongent alors vers le N. O., comme à Montrambert. Au Nord de l'Ondaine, du côté de Layat, les bancs prennent au contraire la direction N.–S. et plongent à l'Est ; puis, en suivant la ligne du chemin de fer de la Malafolie à Roche, on les voit s'infléchir peu à peu vers l'Est et prendre, près du souterrain de la Pépinière, la direction N. E.–S. O. avec plongée au S. E., comme aux puits de Troussieux et des Granges. Les travaux de Firminy se développent donc bien à l'extrémité occidentale de la cuvette de Saint-Étienne.

Un accident important, la *faille du Breuil,* parallèle à la faille des Maures, coupe l'extrémité occidentale de la cuvette de Saint-Étienne à peu de distance à l'Est du puits Lachaux ; aussi en descendant la vallée de l'Ondaine, traverse-t-on deux fois les affleurements des mêmes couches.

La faille du Breuil divise le district de Firminy en deux quartiers bien distincts. L'un, correspondant à la *division de la Malafolie,* est situé au mur de cet accident. Il est desservi par quatre puits d'extraction, les puits Adrienne, Monterrad, Malafolie II et du Ban. L'autre, formant la *division de Latour,* est limité vers l'Est par la faille du Breuil ; il est desservi par le puits Lachaux. Les travaux de cette dernière division sont arrêtés vers l'Ouest par la faille de Côte-Quart.

Au delà de cet accident, ou peut-être plutôt de ce plissement brusque, l'allure du terrain houiller se modifie. On pénètre en effet dans la *cuvette d'Unieux,* qui s'étend vers l'Ouest jusqu'à la limite occidentale du bassin de la Loire.

On connaît dans le district de Firminy trois faisceaux de couches ; ce sont, en allant du toit au mur :

1° Le faisceau de *la couche du Ban ou du Breuil.* La Grande Couche du Ban ou du Breuil a seule été régulièrement exploitée. Les couches Chaponot situées au toit de la couche du Ban sont en général assez minces ; elles ne donnent que des charbons de médiocre qualité ;

2° Le faisceau des *couches de la Malafolie ou de Latour,* comprenant au toit la Grande Couche ou la 1ʳᵉ couche ; puis au-dessous les 2ᵉ, 3ᵉ et 4ᵉ couches de la Malafolie ;

3° Le faisceau des *couches du Soleil ou de Fontrousse* (*ou de la Tardive*), comprenant trois couches; seules les deux couches inférieures sont exploitables.

L'intervalle stérile qui sépare chacun de ces faisceaux du suivant mesure environ 150 ou 160 mètres.

Les couches exploitées à Firminy ont peu de caractères communs avec celles qui ont été reconnues à Montrambert et à Roche-la-Molière. Il est par suite assez difficile de les classer. On paraît toutefois être en droit d'assimiler la Grande Couche du Ban à la 3ᵉ couche du bassin de la Loire, la Grande Couche de la Malafolie à la 8ᵉ, les couches 3 et 4 de la Malafolie à la Grille et à la Grille n° 2 de Roche, enfin les couches du Soleil aux couches de la Neyrette, c'est-à dire à la 15ᵉ couche. On ne retrouve à Firminy aucune trace des couches de l'étage d'Avaize et des Brûlantes de Montrambert; mais on sait que déjà dans les travaux de Montrambert ces couches diminuent beaucoup d'importance à mesure qu'on s'avance vers l'Ouest et qu'elles n'existent pas dans la division des Granges. La distance qui sépare la 8ᵉ de la 15ᵉ est beaucoup plus faible à Firminy qu'à Roche-la-Molière; mais on ne doit pas oublier que cet intervalle diminue régulièrement de l'Est à l'Ouest dans la division des Granges. Enfin le faisceau des couches 8 à 13 est beaucoup moins riche à Firminy qu'à Roche. Il comprend quatre couches au lieu de six; mais on a vu qu'au S. O. des Granges plusieurs des couches de Roche disparaissent complètement.

DIVISION DE LA MALAFOLIE.

(Planche XV.)

On a toujours admis que les travaux de la Malafolie étaient limités vers l'Est par la *faille de la Renaudière,* dirigée N. E.–S. O. et plongeant au N. O. C'est au voisinage immédiat de cet accident que l'on a attribué le contournement et le redressement brusque de la 3ᵉ couche de la Malafolie à l'aplomb du Malval; mais si les travaux souterrains effectués dans cette couche ont été arrêtés près du jour à des amincissements et à des brouillages, ils ne paraissent pas avoir été limités par un accident important. La trace de la faille de la Renaudière n'est d'ailleurs pas visible au jour, et dans les rares points où on peut étudier le terrain houiller sur la rive gauche du Malval, à l'Ouest de

Bourgognon, on voit les bancs plonger régulièrement vers le N. O. avec une pente de 5o à 6o degrés. En profondeur, au contraire, les travaux effectués en Grande Couche de la Malafolie à la cote 135 ont été limités vers l'Est par un accident très net, qui peut être la faille de la Renaudière. Malheureusement on n'a fait encore aucune recherche dans cet accident, et les études superficielles ne peuvent donner aucune idée de son importance, puisque, au mur de la faille de la Renaudière, on n'a encore retrouvé nulle part les affleurements des couches exploitées à la Malafolie[1].

Vers le Nord, les travaux effectués dans les couches de la Malafolie et du Ban ont été limités à un accident dirigé E.–O. et plongeant au Nord ; on le désigne sous le nom de *faille des Trois-Ponts.* Il se peut qu'on ait retrouvé ici l'extrémité occidentale de la faille de Barlet ; mais ce dernier accident est trop mal connu entre le Chambon et la Malafolie pour qu'on puisse l'affirmer. Au voisinage de la faille des Trois-Ponts, les couches de la Malafolie sont étirées et laminées dans le plan de cet accident. Cette faille est d'ailleurs divisée en une série de gradins, au milieu desquels on a retrouvé les lambeaux de la Grande Couche du Ban qui ont été exploités à l'Ouest du puits Malafolie II. Au voisinage immédiat de la faille des Trois-Ponts, les couches de la Malafolie, en général fort régulières, sont affectées par un très grand nombre de petits rejets, souvent de faible importance, mais qui rendent leur exploitation assez difficile.

La trace au jour de la faille des Trois-Ponts est bien visible dans les tranchées du chemin de fer de la Malafolie à Roche. Au voisinage du puits Labarge, les bancs sont dirigés N.–S. et plongent à l'Est. En suivant la ligne du

---

[1] Dans les premiers mois de 1900, une fendue attaquée à 285 mètres à l'E. S. E. du puits Saint-Thomas (coordonnée Sud 5,080 mètres, Ouest 5,915 mètres, altitude 480,60) dirigée du Nord au Sud avec une pente de 3o degrés, a recoupé à la cote 457 le mur d'une couche de houille de 8 mètres d'épaisseur, dirigée E.-O. et plongeant au Nord avec une pente de 4o degrés. Cette couche donne près du toit des charbons à gaz très crus, puis au-dessous des charbons à gaz à 10-12 p. 100 de cendres. Elle est recouverte par un toit de grès surmonté par des grattes à gros éléments et repose sur un mur de schistes noirs. On n'a pas encore pu déterminer sa position exacte par rapport à la faille de la Renaudière. Si elle est au toit de cet accident, ce doit être la Grande Couche du Ban ; si elle est au mur, c'est une des couches de la Malafolie ou du Soleil, et, dans ce cas, le rejet de la faille de la Renaudière est fort important. Cette couche ne présente pas assez d'analogies avec celle de la Malafolie pour qu'on puisse la classer avec certitude ; mais, étant donné le point où on l'a trouvée, et son allure, on est assez en droit de penser que l'on a affaire ici à la Grande Couche du Ban, et qu'on se trouve ici encore au toit de la faille de la Renaudière.

côté de Roche, on les voit prendre brusquement la direction E.–O. et la plongée au Nord, comme la faille des Trois-Ponts; puis ils reviennent à la direction N.–S. avec plongée à l'Est. On pouvait aussi voir en 1899 le passage de la faille le long de la route de Firminy à Roche, au Nord de Layat, grâce à des glissements importants de terrain dans le plan même de cet accident.

Au mur de la faille des Trois-Ponts, on exploite dans les diverses carrières à remblais de Layat des grès fins et des schistes argileux, au milieu desquels on retrouve un certain nombre de petites couches de houille. Au toit de cet accident, au contraire, on ne voit affleurer que des poudingues stériles, contenant souvent de très gros galets de granite.

On n'a encore fait aucune recherche sérieuse dans la faille des Trois-Ponts. Le travers-bancs du puits Monterrad II à la cote 234 (voir planche XV) a été prolongé vers le Nord au toit des couches de la Malafolie. Un gradin de la faille des Trois-Ponts lui a fait manquer la Grande Couche du Ban, et à la place qu'aurait dû occuper cette couche on a trouvé quelques veines de charbon cru, que l'on a assimilées aux couches de Chaponot. Au delà, on a traversé des bancs verticaux coupés par de nombreux tranchants; puis on est entré dans des terrains assez réguliers contenant quelques filets de charbon et plongeant vers le Sud ou le S. E. Cette direction et cette plongée sont celles que l'on observe dans le souterrain de la Pépinière. L'extrémité Nord du travers-bancs du puits Monterrad II paraît donc avoir atteint le relèvement Nord de la cuvette de Saint-Étienne; mais ces travaux de recherche ont été arrêtés et abandonnés il y a de nombreuses années déjà, sans qu'on ait pu déterminer avec certitude l'horizon que l'on avait ainsi atteint. On a toutefois admis que les filets charbonneux traversés en dernier lieu appartenaient au groupe des petites couches qui recouvrent la Grande Couche du Ban.

Dans tout le champ d'exploitation de la Malafolie, les couches sont, en général, assez régulières. Les seuls accidents sérieux qui les affectent sont à l'Ouest la *faille de Layat*, dirigée N.–S. et plongeant à l'Est; puis la *faille de 24 mètres*, bien connue par son intersection avec la 3ᵉ couche au voisinage du puits Monterrad II. Cet accident plonge vers l'Est[1] comme la faille de Layat. Il disparaît peu à peu vers le Sud près des affleurements et vers le Nord au voisinage du puits Malafolie II.

____

[1] Sur la planche XV et à l'Ouest du puits Adrienne, les flèches indiquant la plongée de cette faille sont mal orientées.

Au Nord du puits Adrienne, les couches de la Malafolie sont affectées par une série de petits rejets formant patte d'oie. Ils se réunissent dans la Grande Couche au voisinage de la cote 300, et donnent alors naissance à la *faille de l'Ondaine*. Cet accident plonge avec une faible pente vers l'Ouest; l'importance de son rejet augmente à mesure qu'on s'avance vers le Nord. Au mur de cet accident et en aval de la cote 160, les couches 2, 3 et 4 de la Malafolie sont affectées par une série d'accidents presque plats, plongeant légèrement vers le

Fig. 47.

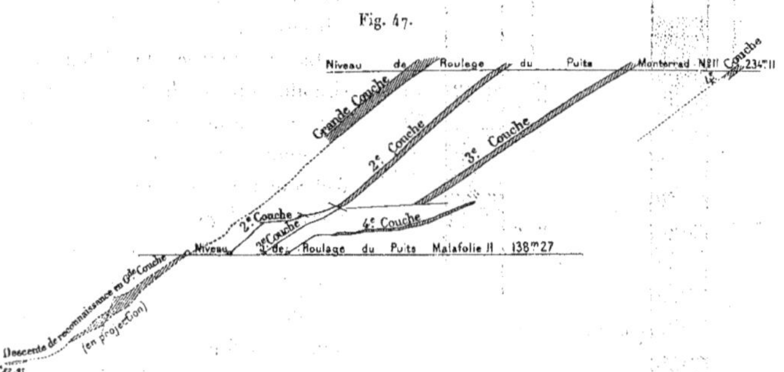

Coupe des travaux du puits Malafolie II faite à 100 mètres à l'Ouest du puits Saint-Thomas
et dirigée suivant la ligne de plus grande pente des bancs.

(Échelle : 1/2,000°.)

Nota. — La descente de reconnaissance a été tracée à 34 mètres à l'Ouest de la ligne de coupe; elle est parallèle
à cette ligne et a été projetée sur la coupe.

Nord. La coupe ci-jointe (fig. 47), faite suivant la ligne de plus grande pente des bancs et coupant le niveau 135 de la Grande Couche à 105 mètres à l'Ouest du puits Saint-Thomas, le montre bien.

Ces accidents ne paraissent pas affecter la Grande Couche, mais celle-ci est très irrégulière en aval de la cote 160, et les recherches faites au-dessous du niveau 135, soit dans la zone où passe la coupe de la figure 47, soit au voisinage même de la faille de l'Ondaine, semblent montrer que la zone brouillée est fort importante.

Le faisceau des *couches du Soleil* (voir fig. 48) n'est encore bien connu qu'au Nord du hameau du Soleil, entre le jour et la cote 235; il comprend

230   BASSIN HOUILLER DE LA LOIRE.

trois couches. La couche supérieure ou 1re couche mesure 1 mètre à 1 m. 50 dans les travaux des puits Chapelon et Monterrad (niveau 235). Elle est formée par du charbon très schisteux et a été considérée jusqu'à présent comme absolument inexploitable. Au toit et au mur de cette couche on ne trouve que des schistes.

La 2e couche du Soleil, ou Grande couche du Soleil, est la plus puissante du faisceau. Son épaisseur normale atteint souvent 6 et 8 mètres, mais elle est toujours assez variable. Au puits du Soleil notamment, la 2e couche n'est représentée que par un banc de charbon de 3 m. 40. Le toit de cette couche est formé par des schistes, le mur par un épais banc de grès, recouvert parfois par un faux mur de schistes. La composition de la Grande couche du Soleil est extrêmement variable d'un point à un autre. Près des affleurements, la qualité de la houille laisse souvent beaucoup à désirer. On trouve au milieu du charbon des boules de schistes, de grès et de minerai de fer, et souvent aussi de véritables nerfs; l'un d'eux mesure en certains points plus de 1 m. 50 d'épaisseur et, sur 100 mètres au moins en direction, il divise la couche en deux bancs séparément exploitables. Quant au charbon, il est tantôt très dur et sans aucune apparence de stratification,

Fig. 48.

COUCHES DU SOLEIL.

(Échelle : 1/200e.)

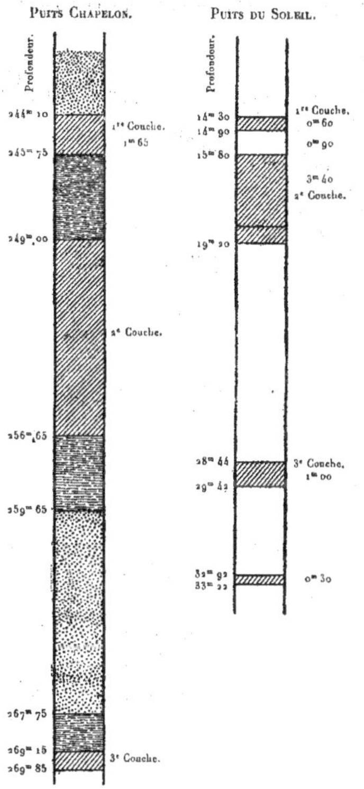

tantôt au contraire planché et friable; mais il est toujours assez cendreux :
dans cette zone, la 2ᵉ couche du Soleil ne donne qu'exceptionnellement des
charbons à moins de 15 p. 100 de cendres. En profondeur, l'épaisseur de la
couche paraît diminuer, les nerfs sont moins nombreux et le charbon est de
meilleure qualité; mais entre les cotes 235 et 365, on n'a encore fait que
quelques traçages dans la 2ᵉ couche du Soleil, et on n'a par suite que des
données peu précises sur sa valeur.

La 3ᵉ couche du Soleil est la meilleure de tout le faisceau; elle est recouverte par les bancs de grès qui forment le mur de la 2ᵉ couche; elle repose
sur un mur de schistes durs; son épaisseur varie entre 1 m. 50 et 3 mètres.
Elle donne, dans la région du Soleil, des charbons assez durs, bien planchés,
toujours plus propres que ceux de la 2ᵉ couche (charbon à 10-12 p. 100
de cendres).

Le mur de la 3ᵉ couche n'a encore été traversé que par le puits du Soleil.
A 3 m. 50 au-dessous de la 3ᵉ couche, et au milieu de schistes durs, ce puits
a traversé un filet de charbon de 0 m. 30 d'épaisseur; puis, à une dizaine de
mètres plus bas, il est entré dans les grattes verdâtres à gros galets, que l'on
exploite actuellement dans les carrières à remblais du puits du Soleil. Ces
grattes paraissent s'étendre vers le Sud jusqu'à la limite même du bassin
houiller de la Loire.

Au Sud du puits Monterrad et au voisinage de la surface tout au moins,
les couches du Soleil sont dirigées du N. O. au S. E. et plongent au N. E.
Près des affleurements, leur pente est assez faible; aussi, comme l'épaisseur
de la 2ᵉ couche mesure souvent 6 et 8 mètres, sa traversée horizontale est-
elle, en moyenne, de 30 à 40 mètres au Nord du puits du Soleil, entre les
cotes 420 et 450. En profondeur, sa pente augmente assez sensiblement; sa
traversée horizontale diminue par suite.

Au niveau 365, la 2ᵉ couche a été explorée vers l'Est jusqu'à l'aplomb de
l'Échapre; cette recherche a été arrêtée sans avoir atteint le contournement
des couches vers le N. E. et sans avoir trouvé encore aucune trace de la faille
de la Renaudière. Sur la rive droite de l'Échapre, on ne connaît d'ailleurs
pas les affleurements des couches du Soleil. Il paraît toutefois qu'au début du
siècle on a exploité, près de la Colombière, une couche de houille qui ne
peut être qu'une des couches de ce faisceau; mais toute trace de cette ancienne
exploitation a aujourd'hui entièrement disparu.

A l'Ouest du hameau du Soleil, on retrouve la trace des affleurements des couches du Soleil, près du bief d'alimentation de Firminy; mais on n'a encore aucune donnée sur leur valeur dans cette zone. On fonce actuellement près de la ferme de Coux un puits pour les recouper[1]. Au Nord-Ouest de Coux, on connaît encore dans la ville de Firminy les affleurements de deux couches de houille qui appartiennent au faisceau du Soleil; la couche inférieure, la seule sur laquelle on ait des données bien précises, traverse la route nationale n° 88. Elle mesure 0 m. 75 à 0 m. 80 et est recouverte par un épais banc de gratte. Au delà, les affleurements des couches du Soleil disparaissent sous les alluvions de l'Ondaine.

En profondeur, ce faisceau a été recherché à l'Ouest du puits Monterrad et au niveau 370 par un travers-bancs dit « des Prairies », attaqué au mur de la 4ᵉ couche Malafolie. Au point où il aurait dû trouver les couches du Soleil, soit à 230 mètres au mur de la 4ᵉ couche, ce travers-bancs a recoupé un banc de charbon cru de 1 mètre à 1 m. 50 seulement; puis il est entré dans des grattes fort analogues à celles qui existent au Soleil au mur de la 3ᵉ couche. Les travaux dans cette zone ne sont pas encore assez développés pour que l'on puisse affirmer que le faisceau des couches du Soleil se réduit ici à la veine de charbon cru recoupée par le travers-bancs des Prairies.

Les couches du Soleil, donnent aux environs du puits du Soleil et en amont de la cote 420 tout au moins, des charbons gras à 30-32 p. 100 de matières volatiles. Deux échantillons de charbon, pris au voisinage de la cote 420, et analysés à l'École des mines, ont donné :

DÉSIGNATION.	HUMIDITÉ à 105° p. 100 de charbon brut.	CENDRES, p. 100 de charbon brut.	MATIÈRES VOLATILES, p. 100 de charbon brut.	MATIÈRES VOLATILES, cendres et humidité déduites.	COULEUR des CENDRES.
3ᵉ couche.........................	0.87	16.48	26.33	31.9	Gris rosâtre.
2ᵉ couche.........................	0.18	12.70	27.42	31.6	Violet lie de vin.

[1] Ce puits (coordonnées Sud 5,805 mètres, Ouest 7,225 mètres), dont l'orifice est à la cote 504.20, a recoupé à 46 mètres de profondeur une couche de 1 m. 10 de charbon cru et à 48 mètres une couche de 0 m. 80 de charbon ; à 65 mètres, il a atteint le toit d'une couche de charbon cru de 3 mètres de puissance (deuxième couche du Soleil?), dont le toit et le mur sont formés par des schistes durs mélangés à des filets de charbon. Ces filets sont d'autant plus nombreux qu'on se rapproche davantage de la couche.

Les couches du Soleil sont recouvertes par un massif stérile de 160 à 180 mètres d'épaisseur. Il a été traversé par le puits Chapelon, par le travers-bancs du puits Monterrad et par le travers-bancs des Prairies. Au puits Chapelon, on trouve dans ce massif quatre petites veines de charbon cru; elles sont situées à 59 mètres, 76 mètres, 100 mètres et 115 mètres du toit de la 2ᵉ couche du Soleil et mesurent 1 mètre, 0 m. 80, 0 m. 50 et 0 m. 70. Ces petites veines ont été également reconnues par le travers-bancs du puits Monterrad; mais elles sont encore ici plus crues et plus minces. Elles n'existent pas dans la région du travers-bancs des Prairies.

Le faisceau des *couches de la Malafolie* comprend quatre couches, appelées 1ʳᵉ couche Malafolie ou Grande couche Malafolie, 2ᵉ couche, 3ᵉ couche et 4ᵉ couche Malafolie. Elles donnent toutes des charbons à gaz à 35 p. 100 de matières volatiles; cette teneur ne paraît pas varier sensiblement entre les affleurements et la cote 135, limite inférieure actuelle des travaux. J'ai fait analyser, en 1899, au laboratoire de l'École des mines de Saint-Étienne, quelques échantillons de charbon de ces couches; voici les résultats obtenus :

DÉSIGNATION.	HUMIDITÉ à 105°, p. 100 de charbon brut	CENDRES, p. 100 de charbon brut.	MATIÈRES VOLATILES, p. 100 de charbon brut.	MATIÈRES VOLATILES, cendres et humidité déduites.	COULEUR des CENDRES.
Grande Couche. { Quartier Layat, niveau 400..	0.66	4.14	33.32	35.0	Gris clair.
Quartier Ouest, niveau 200, au N. O. du puits Malafolie II...............	0.16	4.52	34.69	36.4	Blanc.
Quartier Est, entre la faille de l'Ondaine et le puits Saint-Thomas...............	0.41	4.15	33.45	35.0	Blanc.
2ᵉ couche, quartier Est, entre la faille de l'Ondaine et le puits Saint-Thomas...	0.56	3.39	33.69	35.1	Gris clair.
3ᵉ couche, quartier Est, entre la faille de l'Ondaine et le puits Saint-Thomas.	0 49	2.96	33.26	35.1	Gris très clair.
4ᵉ couche, quartier Est, entre la faille de l'Ondaine et le puits Saint-Thomas...	0.93	13.87	25.57	30.0	Blanc.

La Grande couche de la Malafolie mesure 6 à 8 mètres de puissance (fig. 49); elle est formée par du charbon dur et fibreux; elle est extrêmement pure dans la région Ouest et donne dans ce quartier, après triage à la main, des charbons à 6 et 7 p. 100 de cendres seulement. A l'Est du puits

Adrienne et près des affleurements, la couche est au contraire salie par une série de nerfs, dont l'importance augmente peu à peu; en même temps la houille devient de plus en plus cendreuse et, en amont du niveau 360, la couche cesse d'être exploitable aux environs du puits Malval; aussi les travaux effectués en Grande Couche ont-ils dû être arrêtés vers l'Est avant d'avoir pu atteindre la faille de la Renaudière. En profondeur, les travaux se sont développés vers l'Est jusqu'au puits Saint-Thomas; la couche est encore exploitable au voisinage de l'accident reconnu par le niveau 135 à l'Est de ce puits (faille de la Renaudière?); mais elle est un peu crue, surtout au voisinage du toit, et elle est salie par une série de nerfs. La ligne de schistification de la Grande Couche paraît donc être légèrement oblique par rapport à la ligne de plus grande pente des bancs.

Au toit de la Grande Couche, on trouve au puits Chapelon 2 mètres de schistes, puis des grès. Ces schistes sont souvent charbonneux. Ils prennent beaucoup d'importance aux dépens de la Grande Couche dans la zone où celle-ci est schistifiée. Près du puits Malval notamment, ainsi que le montre la coupe de la figure 49, l'épaisseur totale de la Grande Couche se réduit à 5 mètres; mais elle est alors recouverte par une épaisse formation de schistes entremêlés de filets charbonneux. Dans la région Ouest, on trouve dans les schistes du toit de la Grande Couche une petite planche de charbon. Elle mesure 1 mètre au puits Malafolie II, et sa puissance augmente dans le quartier de Layat; elle atteint de ce côté en certains points 2 et 3 mètres; la « Petite Couche », ou la « Crue de la Grande Couche », a pu être exploitée dans ce quartier.

Au N. O. du puits Saint-Thomas, la Grande Couche a été explorée en descente jusqu'à la cote + 80; ainsi que je l'ai déjà dit, elle est fort irrégulière en aval du niveau 140 et on n'a guère trouvé dans cette zone que des lambeaux de charbon sans grande importance. L'inclinaison des bancs diminue assez sérieusement au voisinage de la cote + 80.

Au mur de la Grande couche de la Malafolie on trouve en général un épais banc de grès fin et blanc. Il forme le toit de la 2ᵉ couche de la Malafolie.

La 2ᵉ couche mesure en moyenne 1 m. 50 à 2 mètres. Sa puissance s'élève pourtant, en certains points, jusqu'à 2 m. 50 et 3 mètres. Elle donne des charbons à gaz de très bonne qualité, analogues à ceux de la Grande Couche. On trouve presque toujours dans la 2ᵉ couche, et à peu près exactement au

Fig. 49.

GRANDE COUCHE MALAFOLIE.
(Échelle : 1/200ᵉ.)

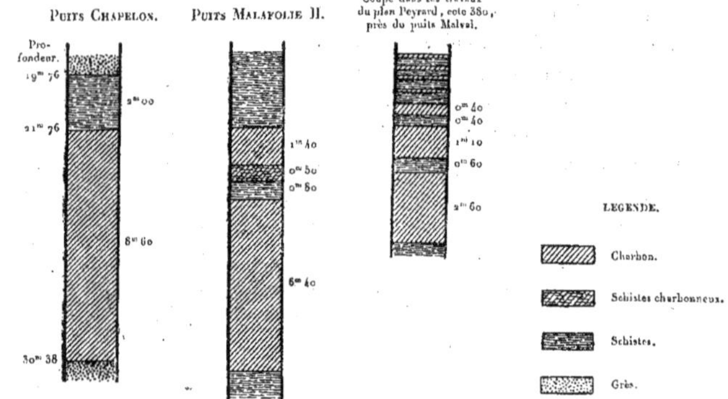

3ᵉ ET 4ᵉ COUCHES.
(Échelle : 1/100ᵉ.)

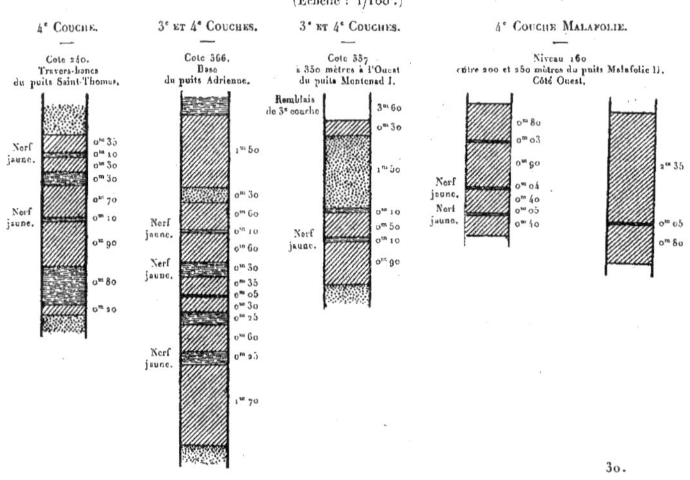

milieu de cette couche, un petit nerf de schiste noir assez caractéristique. Le vrai mur de la deuxième est formé par un épais banc de grès; il est souvent recouvert par un faux mur schisteux peu épais.

L'intervalle qui sépare la 2ᵉ de la 3ᵉ couche mesure en général 35 à 40 mètres de puissance. Il est occupé d'abord par un banc de grès de 12 à 15 mètres d'épaisseur, puis par un puissant massif de schistes durs qui forme le toit de la 3ᵉ couche.

La 3ᵉ couche est constituée, au voisinage du puits Monterrad, par un banc de charbon de très bonne qualité mesurant 2 mètres à 3 m. 50 d'épaisseur; il recouvre une série de planches de houille dure et assez cendreuse, séparées les unes des autres par des nerfs d'épaisseur variable; quelques-uns de ces nerfs sont formés par des schistes argileux couleur chocolat, très caractéristiques. On appelle 4ᵉ couche Malafolie les planches du mur de la 3ᵉ. L'intervalle qui sépare la 3ᵉ de la 4ᵉ couche n'est souvent formé, au Nord du puits Monterrad, que par un nerf de quelques centimètres d'épaisseur; mais, vers l'Est et vers l'Ouest, ce nerf se renfle brusquement; il est alors formé par un épais banc de grès passant par places à des poudingues à gros éléments. Au Sud du puits Saint-Thomas et au niveau 240 notamment, ce banc de grès mesure près de 60 mètres de traversée horizontale, soit 40 mètres d'épaisseur normale (voir fig. 51). Il en est à peu près de même dans le quartier de Layat.

La composition de la 4ᵉ couche est extrêmement variable; les nerfs sont en effet très irréguliers; dans certaines zones, la couche est tellement barrée qu'elle est inexploitable. En certains points, on voit se former, au milieu de la 4ᵉ couche, des lentilles de grès dont la figure 50 donne une idée[1]. Dans la région Ouest, la qualité de la 4ᵉ couche s'améliore souvent; les planches du toit sont propres et épaisses (fig. 49); elles sont alors simplement séparées du vrai mur de la couche par quelques filets de houille et de schistes.

A l'Ouest du hameau de Layat, les affleurements des couches 2 et 3 ont été mis à découvert dans diverses carrières, et ces couches ont été exploitées par des fendues, il y a déjà de très nombreuses années, entre le jour et la faille des Trois-Ponts, ou l'un des gradins précurseurs de cet accident. La 2ᵉ couche mesure 2 à 3 mètres de puissance; la partie inférieure de la couche

[1] Ces croquis m'ont été communiqués par M. Pasquet, ingénieur divisionnaire de la compagnie des Mines de Roche-Molière et Firminy.

sur 0 m. 50 de hauteur est terreuse, le reste est pur. Entre la 2ᵉ et la 3ᵉ, on
trouve ici un petit banc de houille de 0 m. 70, puis au-dessous un épais banc
de grès de 40 mètres de puissance; il a été activement exploité dans les carrières de Layat. Il recouvre la 3ᵉ couche formée de deux bancs de charbon
schisteux, l'un de 0 m. 60 au toit, l'autre de 0 m. 35 au mur, séparés par un

Fig. 50.

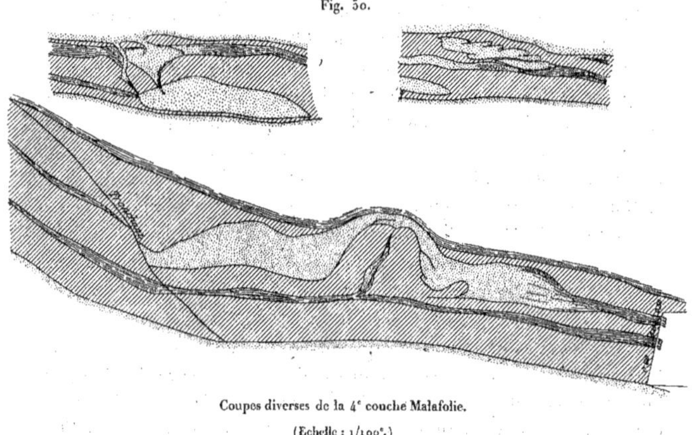

Coupes diverses de la 4ᵉ couche Malafolie.

(Echelle : 1/100ᵉ.)

nerf de 0 m. 45. Le mur de la 3ᵉ est formé par des schistes à minerai de
fer.

A l'Ouest des travaux de Layat, l'allure des bancs se modifie brusquement :
on pénètre alors dans la cuvette de Fraisse-Unieux. Je reviendrai plus loin
sur ce sujet.

La *Grande couche du Ban* est située à 150 mètres environ au toit de la
Grande couche Malafolie; dans cet intervalle, et au milieu de formations où
les schistes durs dominent, on ne trouve qu'une veine de houille de plus de
1 mètre de puissance. Elle a été reconnue par les puits du Ban et de la Malafolie, et c'est dans cette couche qu'ont été établis les bassins du puits du Ban.
Le travers-bancs du puits Saint-Thomas (voir fig. 51) l'a recoupée à 80 mètres
suivant l'horizontale de la Grande couche Malafolie. Enfin dans le travers-

bancs Est du puits Malafolie II, au niveau 135 (voir la coupe par le puits Chaponot, pl. XV), elle est située à une quarantaine de mètres de la Grande
Couche seulement. Elle ne paraît pas exister à l'Ouest du puits Malafolie II.
Entre cette veine et la couche du Ban, on connaît au puits Saint-Thomas, et
au puits Saint-Thomas seul, quelques filets de charbon sans aucune importance.

La Grande couche du Ban est la seule de l'étage moyen qui ait encore été
régulièrement exploitée à la Malafolie. Elle se présente, comme la 3ᵉ de
Saint-Étienne, sous la forme d'amas de composition et d'épaisseur extrêmement variables; elle ressemble par suite beaucoup à la 3ᵉ couche de Montrambert. Elle donne dans tout le champ d'exploitation de la Malafolie des
charbons à gaz très riches en matières volatiles (33-34 p. 100, cendres déduites). Son allure diffère souvent beaucoup de celle des autres couches de
la Malafolie : entre les puits Saint-Léon et Labarge, sa direction est en effet
sensiblement E.-O. et elle plonge vers le Nord comme la faille des Trois-
Ponts. En profondeur, au contraire, du côté de la Bargette, son allure est la
même que celle de la Grande couche Malafolie. La couche du Ban ne paraît
pas être affectée par la faille de l'Ondaine.

Entre les puits de l'Ondaine et Malafolie II et en amont de la cote 360,
la couche du Ban mesure 12 à 15 mètres de puissance normale. Sa traversée
horizontale atteint 40 mètres et même 45 mètres. Elle donne des charbons
durs, toujours assez cendreux, surtout au voisinage immédiat du toit. Elle est
salie par un certain nombre de nerfs ou de lentilles de schistes ou de grès,
d'allure et d'épaisseur extrêmement variables. Aussi, dans tout cet étage, les
tout-venants du puits du Ban contiennent-ils encore, après triage à la main,
près de 15 p. 100 de cendres en moyenne. En profondeur, les nerfs disparaissent, l'épaisseur de la couche diminue, le charbon devient plus tendre et
plus propre; au voisinage de la cote 135, les premiers traçages effectués dans
la couche du Ban permettent de penser que la teneur en cendres des tout-
venants tombera à ce niveau à 10 ou 12 p. 100 seulement.

A l'Ouest du puits Saint-Léon, l'amas de charbon dont je viens de parler
disparaît brusquement, et à 50 mètres de profondeur sous l'Ondaine la couche
se réduit à quelques bancs de charbon cru inexploitable, mesurant de 1 à
3 mètres de puissance. Au puits Saint-Thomas (fig. 51), elle est seulement
représentée par deux bancs de houille de 2 à 4 mètres d'épaisseur; enfin
dans le travers-bancs Nord du puits Saint-Thomas, à la cote 335, on n'en

retrouve plus aucune trace. Il paraît difficile d'admettre d'ailleurs qu'une faille ait fait disparaître la couche en ce point. On ne trouve nulle part en effet dans cette zone de trace d'accident. C'est ainsi, notamment, que la petite couche Bargette est extrêmement régulière au niveau 340 depuis la faille des Trois-Ponts jusqu'au puits Saint-Thomas.

Au toit de la Grande couche du Ban, on connaît une petite veine de houille de 1 m. 50 à 2 mètres de puissance, la couche Bargette. On a pu la suivre

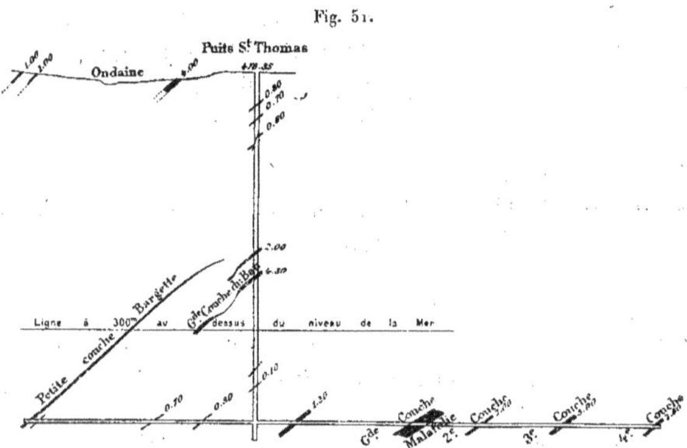

Coupe N.-S. passant par le puits Saint-Thomas.
(Échelle : 1/4,000°.)

régulièrement entre le jour et la cote 340, depuis le puits Chaponot jusqu'au puits Saint-Thomas. Elle est séparée de la Grande Couche par des schistes plus ou moins durs. Elle donne des charbons friables analogues à ceux de la couche du Ban, mais toujours plus cendreux. La petite couche Bargette a pu être exploitée, en certains points, entre le puits du Ban et le puits Saint-Thomas, en amont de la cote 360.

Dans le quartier du puits Labarge, on a exploité un lambeau de la Grande Couche au voisinage immédiat de la faille des Trois-Ponts. La couche se présente ici dans des conditions nettement différentes; elle est divisée en plusieurs bancs (souvent trois), fort irréguliers et comme épaisseur et comme qualité (fig. 52). Le banc supérieur est formé par du charbon très dur, très propre, sans trace aucune de stratification. Les bancs inférieurs sont friables et schisteux. Les nerfs qui séparent ces bancs sont formés de schistes sans consistance. Au toit du banc supérieur, on trouve souvent un filet de schistes bitumineux. Leur cassure ressemble à celle d'un laitier, et ils sonnent au choc comme du verre. Ces schistes brûlent au feu avec une longue flamme sans se déformer. Un échantillon a donné 57 p. 100 de cendres et 50 p. 100 de matières volatiles, cendres déduites. Dans le quartier Est, la teneur en matières volatiles de la Grande couche du Ban s'élève à 37-39 p. 100.

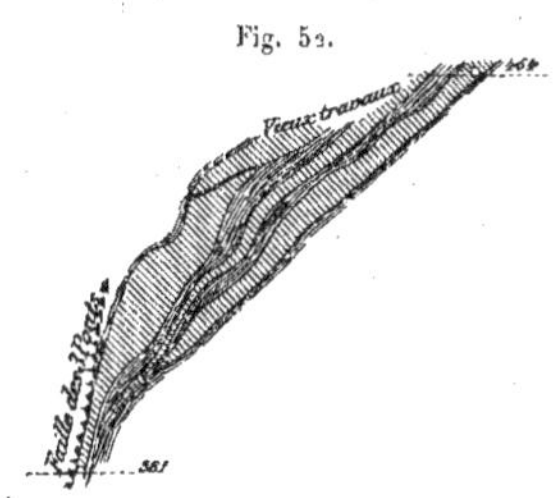

Fig. 52.

Coupe de la Grande couche du Ban, quartier Labarge, faite suivant le pendage et passant à 25 mètres à l'Ouest du puits Labarge.

(Échelle : 1/2,000ᵉ.)

Au toit de la Grande couche du Ban, on voit affleurer entre les Trois-Ponts et la Bargette une série de petites couches de houille. Elles sont coupées par de nombreux accidents, qui annoncent vraisemblablement le voisinage de la faille des Trois-Ponts, et elles ne donnent souvent que des charbons à gaz de qualité trop mauvaise pour avoir encore pu être exploités.

La *1ʳᵉ couche de Saint-Léon* est située à 30 mètres environ de la Grande couche du Ban, souvent désignée sous le nom de 2ᵉ couche Saint-Léon. Elle mesure 1 mètre au puits du Ban, 1 m. 30 au puits Chaponot et 0 m. 80 au puits Saint-Thomas. Elle ne donne que des charbons de médiocre qualité.

A 50 mètres plus haut, les puits du Ban et Chaponot ont recoupé les deux couches de Chaponot. Leur épaisseur, près du jour, s'élève par places à 4 mètres et même à 5 mètres. En certains points elles donnent des charbons purs à longue flamme. Mais leur épaisseur, leur allure et leur qualité sont fort irrégulières. Aussi n'ont-elles encore été l'objet que de travaux insignifiants aux abords du puits Chaponot. Entre l'Ondaine et le puits Saint-Thomas on connaît les affleurements d'un de ces bancs de charbon. Le puits Saint-Thomas a, d'autre part, recoupé entre cette couche et la 1ʳᵉ couche Saint-Léon deux petites veines de houille de 0 m. 80 et 0 m. 70.

Au-dessus des couches Chaponot, on exploite dans les carrières à remblais de la Bargette d'épais bancs de grès fin et blanc, puis des alternances de grès

et de schistes, au milieu desquels on trouve une et parfois même deux veines
de charbon plus ou moins schisteux. L'une d'elles, épaisse de o m. 80 à 1 mètre,
est en certains points assez bonne pour avoir pu être régulièrement exploitée dans ces carrières. Elle doit être coupée à peu de distance du jour par la
faille des Trois-Ponts; en effet, dès que l'on atteint la route de Saint-Étienne
au Puy, on retrouve des poudingues à gros galets, analogues à ceux qui
affleurent dans le ravin de Layat, au Sud du tunnel de la Pépinière. Ces poudingues sont recouverts, au N. O. du Chambon-Feugerolle, près des maisons
de Ferréol, par des grès rouges identiques à ceux de Patroa.

DIVISION DE LATOUR.

(Planches XV et XVI.)

Les travaux de la division de Latour se développent en majeure partie à
l'aplomb de la ville de Firminy; ils sont, en général, situés à une faible
profondeur; aussi, pour éviter les dégâts de surface, a-t-on dû réserver sous
cette ville des piliers de charbon fort importants, surtout dans la Grande
couche de Latour, la plus épaisse de tout le faisceau. Près des affleurements
au contraire, et en dehors de Firminy, l'exploitation des couches de Latour
a pu être complète, et c'est au voisinage immédiat de la surface que sont
aujourd'hui groupés tous les travaux dépendant du puits Lachaux.

Les bancs ont la même allure à Latour et à la Malafolie. Leur direction
générale est N. O. - S. E., avec plongée vers le N. E. Vers le Nord, du côté de
l'Ondaine, ils prennent la direction N.-S., avec pendage à l'Est comme à
Layat; au Sud de Firminy, toutes les couches s'infléchissent vers l'Est et
finissent par prendre, près du puits Camille, la direction S. O. - N. E. avec
pendage au N. O., comme sur les bords du Malval.

La *faille du Breuil*, qui limite vers l'Est les travaux du puits Lachaux, est un
accident fort mal connu; il coupe en effet les couches de la division de Latour à l'aplomb des quartiers les plus populeux de Firminy, et dans cette
zone, ainsi que je l'ai déjà dit, on a toujours hésité à trop développer les travaux souterrains. Ses affleurements ont été reconnus autrefois à l'Est du puits
Lachaux lorsqu'on exploitait à découvert la Grande couche du Breuil. Sa
direction est sensiblement N. O. - S. E.; elle plonge vers le S. O. avec une
pente de 45 degrés. Elle doit couper le puits Lachaux au mur de la Grande

couche de Latour : ce puits n'a en effet retrouvé ni la 2e, ni la 3e couche de
Latour; mais sur les coupes du puits Lachaux, coupes qui sont d'ailleurs fort
anciennes, on ne trouve aucune trace bien nette du passage de cet accident.
Si le puits Lachaux a bien traversé la faille du Breuil au mur de la Grande
couche de Latour, les grès et les grattes dans lesquelles le fonçage de ce puits
a été arrêté à 225 mètres du jour, sont situés à plus de 300 mètres du mur
des couches du Soleil. Dans les travaux de la Malafolie, on ne trouve, au
contraire, au-dessous de ces couches que des grattes à gros éléments. Aussi
doit-on se demander si l'accident qui coupe le puits Lachaux au mur de la
Grande couche de Latour n'est pas seulement un gradin de la faille du Breuil.

Du côté du puits Camille, la faille du Breuil paraît d'ailleurs divisée en plusieurs échelons. Les travaux de la Grande Couche et de la 3e couche ont en
effet été arrêtés à un accident fort net, au mur duquel on a, paraît-il, autrefois exploité par le puits de la Pate un lambeau de charbon appartenant probablement à la Grande Couche.

Un des vieux puits de Firminy, le puits du Haut-Breuil, ouvert sur le relèvement Est de la Grande couche du Breuil, à 350 mètres à l'Est du puits de
Lachaux, paraît avoir entièrement traversé la faille du Breuil et avoir atteint à
108 mètres de profondeur le terrain primitif. Mais les renseignements relatifs
à ce puits sont trop anciens pour qu'on puisse les considérer comme absolument exacts.

Vers le Nord, les travaux du puits Lachaux ne paraissent pas avoir atteint
la faille du Breuil. Cet accident est précédé, dans ce quartier, par une série
de rejets secondaires, qu'on n'a guère essayé de traverser à cause du voisinage
des Aciéries de Firminy.

Dans le champ d'exploitation du puits Lachaux, les accidents sont, en général, assez rares. Le seul qui présente un peu d'importance est la *faille de la
Péchoire,* dont les affleurements sont bien visibles dans les carrières qui entourent
le puits de la Tardive. Cet accident est presque vertical. Près de la Tardive, il
déplace les couches de 40 mètres environ; en profondeur, il disparaît peu à
peu et en Grande couche de Latour il n'existe plus au-dessous du niveau 340.

Sur la rive droite de l'Ondaine, les affleurements des quatre couches de
Latour disparaissent brusquement aux environs de Combeblanche. En allant
de Combeblanche à Côte-Quart, on voit l'allure des bancs se modifier complètement : au lieu d'être orientés N.-S. et de plonger vers l'Est, ils sont diri-

gés N.E.-S.O. et plongent vers le N.O.; on attribue ce brusque changement d'allure au passage de la *faille de Côte-Quart*, faille dirigée sensiblement N.E.-S.O. et plongeant vers le S.E. Cet accident limite vers l'Ouest la cuvette de Saint-Étienne et la sépare de la cuvette d'Unieux; dont je parlerai tout à l'heure. On peut suivre avec plus ou moins de netteté la trace de cet accident, ou plutôt de ce plissement brusque, dans le vallon de l'Écho; il passe près des maisons de la Fontaine et du Bas Écho; à l'Est de ces constructions, tous les bancs sont dirigés N.-S. et plongent régulièrement vers l'Est. Entre l'Écho et le Bas Écho au contraire, ils plongent avec une très forte pente vers le N.O. Les terrains doivent d'ailleurs être fort brouillés dans tout le vallon de l'Écho, car c'est là que viennent aussi converger la faille des Trois-Ponts et la faille du Breuil.

La *Grande couche du Breuil* correspond à la Grande couche du Ban. Son épaisseur totale est de 15 à 18 mètres. La partie inférieure de la couche sur 8 à 10 mètres de hauteur est composée de charbon dur et fibreux. La partie supérieure fournit du charbon cru entremêlé de schistes et de lentilles de minerai de fer. L'exploitation de la couche du Breuil est achevée depuis longtemps; mais on a dû y abandonner des piliers de houille assez importants au S.O. du puits Lachaux, sous la ville de Firminy. A l'Est de ce puits, la Grande couche du Breuil est étirée le long de la faille du Breuil et est ramenée par cet accident jusqu'au niveau du sol. Ses affleurements correspondent donc à la trace au jour de cette faille.

La *1re couche de Latour* est située à 140 mètres environ au-dessous de la Grande couche du Breuil. Entre ces deux couches on ne connaît que quelques filets de charbon sans aucune importance. Ils ont été recoupés par le puits Lachaux et mesurent dans la colonne de ce puits 0 m. 20, 0 m. 70 et 0 m. 90.

La 1re et la 2e couche de Latour (fig. 53) ne sont séparées au Sud du puits Lachaux que par un nerf de grès de quelques centimètres de puissance. A mesure qu'on s'avance vers le Nord, ce nerf augmente d'épaisseur et il mesure près de 20 mètres au puits Charles[1]. Dans le quartier Sud, la Grande couche de Latour (1re et 2e couches réunies) mesure 6 à 8 mètres; elle est surmontée par un toit de schistes, puis par un banc de charbon cru de 1 m. 80

[1] Le puits Charles était situé à 400 mètres à l'Ouest du puits Lachaux, au Nord de la ligne de Saint-Étienne au Puy et au Sud de la route de Saint-Bonnet-le-Château à Firminy.

à 2 mètres de puissance, recouvert également par des schistes, puis par d'épais bancs de grès que l'on exploite pour matériaux de construction dans les carrières qui entourent le puits Camille. Le charbon de la 1re couche est en général fort propre; c'est du charbon gras à 30 p. 100 de matières volatiles, très apprécié dans les usines des environs de Firminy. La Grande couche de Latour est

Fig. 53.

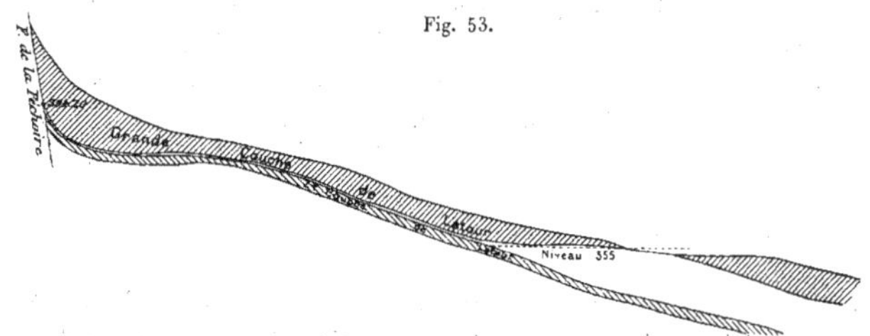

Couches 1 et 2 de Latour. Coupe E.-O. passant à 30 mètres au Sud du puits Lachaux.
(Échelle : 1/2000°.)

malheureusement criblée dans tous les sens par de vieux travaux, et depuis de nombreuses années on est réduit à y exploiter les piles que les anciens exploitants avaient dû abandonner à cause des feux. Aussi, après triage à la main, les tout-venants de la Grande Couche contiennent-t-ils encore en moyenne 12 à 13 p. 100 de cendres.

Au Nord des puits Lachaux et Charles, les couches 1 et 2 sont séparées; l'épaisseur de la Grande Couche (1re couche seule) se réduit alors à 4 ou 5 mètres seulement. La houille est moins pure et surtout moins grasse. C'est ce que montrent bien les analyses suivantes faites en 1899 à l'École des mines de Saint-Étienne, sur des échantillons pris à faible profondeur dans la Grande Couche de Latour :

	HUMIDITÉ à 105°, p. 100 de charbon brut.	CENDRES, p. 100 de charbon brut.	MATIÈRES VOLATILES, p. 100 de charbon brut.	MATIÈRES VOLATILES, cendres et humidité déduites.	COULEUR des CENDRES.
Région Camille..........	0.43	3.50	30.71	32.0	Gris clair.
Région de la Tardive au mur de la faille de la Péchoire.	0.47	2.08	26.37	27.0	Gris rosé.
Région du puits Charles....	0.49	4.77	23.27	24.5	Gris clair.
2° couche. Entre le puits Charles et le puits Lachaux.	0.37	6.13	23.89	25.5	Blanc jaunâtre.

Dans le quartier du puits Charles, le toit de la Grande Couche est formé sur une assez grande épaisseur par des schistes charbonneux; mais la crue n'existe pas ici. On a vu qu'à la Malafolie, cette couche n'existe également que dans une partie du champ d'exploitation de cette division.

La 2ᵉ couche mesure, en général, 1 m. 80 à 2 mètres. Sa puissance s'élève toutefois en certains points à 3 et à 4 mètres. Elle donne des charbons gras

Fig. 54.

COUPES DE LA GRANDE COUCHE.

(Échelle : 1/200ᵉ.)

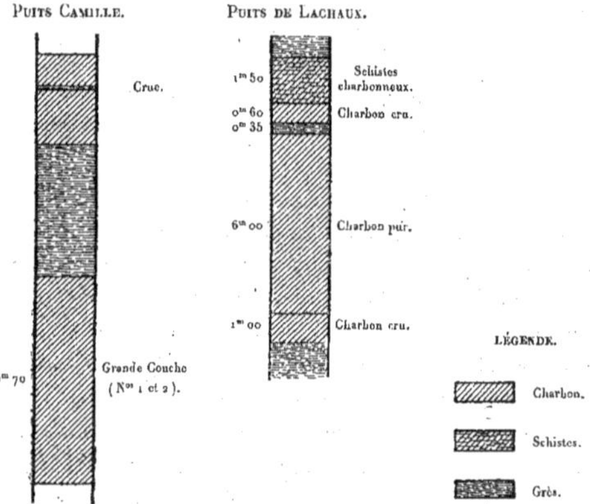

fort purs, analogues à ceux de la Grande Couche. Elle est recouverte par un épais banc de grès. Elle est séparée de la 3ᵉ couche par un banc de grès d'une trentaine de mètres de puissance, qu'on exploite dans la carrière Vincendon près du puits de la Tardive, et sur la rive droite de l'Ondaine.

La 3ᵉ couche a les mêmes caractères à Latour et à la Malafolie. Elle est formée, sous un toit de grès, par une épaisse planche de bon charbon; celle-ci recouvre une série de veines de charbon cru séparées par des bancs de schistes

et, en particulier, par des bancs de schistes de couleur chocolat (fig. 55).
L'importance de l'entre-deux qui sépare la 3ᶜ de la 4ᶜ paraît assez variable.

Fig. 55.

3ᶜ ET 4ᶜ COUCHES DE LATOUR.

(Échelle : 1/200ᶜ.)

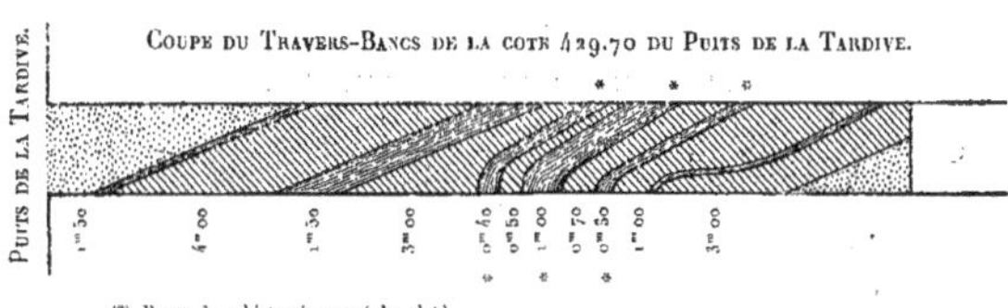

(*) Bancs de schistes jaunes (chocolat).

L'exploitation de la 3ᶜ couche est depuis longtemps déjà presque achevée ;
les planches du mur (4ᶜ couche) ne paraissent guère avoir été utilisées.

Les *couches de Fontrousse ou de la Tardive* affleurent dans la vallée de la
Gampille à l'Ouest du puits Malartre. On les retrouve également au Sud des
Bruneaux et des Noyers. Près de la surface, ces couches n'ont aucune valeur.
Il en est malheureusement de même en profondeur, ainsi que l'ont démontré
les diverses recherches effectuées dans la division de Latour.

Le puits Camille a été foncé jusqu'à 250 mètres de profondeur et a été
arrêté, à 200 mètres environ au-dessous de la Grande Couche, dans des grès
à éléments plus ou moins grossiers. Il a traversé à 52 m. 90 du jour le toit
de la Grande Couche, à 93 m. 50 du jour le toit de la 3ᶜ couche. A 134 m. 50
plus bas, il a recoupé une couche de charbon schisteux de 1 mètre de puissance ; on l'a considérée comme représentant les couches du Soleil. Il se peut
toutefois que le fonçage du puits Camille ait été arrêté au toit de ces
couches ; en effet, l'intervalle qui sépare le toit de la Grande couche Malafolie
du toit de la 2ᶜ couche du Soleil mesure 227 mètres au puits Chapelon et
plus de 250 mètres au puits de la Tardive.

Le puits Malartre, dont la profondeur totale est de 340 mètres, a trouvé à
130 mètres du jour une couche de 2 mètres de schistes, contenant quelques
filets de charbon. Elle correspond probablement aux couches de la Tardive.

Au toit et au mur de cette formation, ce puits a traversé des grès et des schistes micacés régulièrement stratifiés, plongeant au N. E. avec une pente de 10 à 12 degrés. Au mur des couches de la Tardive, le puits Malartre n'a recoupé que deux filets de charbon mesurant o m. 3o et o m. 25 et situés à 211 et à 3oo mètres du jour.

Le puits de la Tardive, ouvert au mur des affleurements de la Grande couche de Latour, a atteint à 41 mètres du jour le mur de la 4e couche; puis il est entré dans un massif stérile de plus de 200 mètres de hauteur verticale dans lequel les grès dominent. A 235 mètres du jour, il a pénétré dans des schistes durs contenant des filets de charbon cru; puis entre 255 et 26o mètres de profondeur, il a traversé les couches de la Tardive. Elles sont formées par deux bancs de charbon, l'un de 2 m. 10 au toit, l'autre de 1 m. 65 au mur, séparés par 1 m. 6o de schistes charbonneux. La 15e est plus épaisse ici qu'au puits Malartre; mais elle ne donne toujours que des charbons de très médiocre qualité. Les couches de la Tardive ont été explorées au voisinage de la cote 210 sur près de 3oo mètres en direction. Dans toute cette zone, le banc du mur est plutôt formé par des schistes charbonneux que par du charbon. Le banc du toit est un peu meilleur; mais il ne donne que du charbon schisteux à 20 ou 25 p. 100 de cendres au moins. C'est encore du charbon gras, moins gras toutefois qu'au Soleil (22 p. 100 de matières volatiles environ).

Un travers-bancs partant du puits de la Tardive à 190 mètres du jour, a atteint la couche de la Tardive à 85 mètres environ de ce puits. Sa traversée moyenne est de 6 à 7 mètres. On a également exploré la couche à ce niveau sur près de 3oo mètres en direction. Elle n'est toujours formée que par des charbons trop schisteux pour pouvoir être utilisés. Au mur de cette couche, le travers-bancs de 190 mètres du puits de la Tardive a recoupé d'épais bancs de grès; puis, à 165 mètres du puits, il a trouvé une série de filets de charbon cru paraissant tous inexploitables. La pente des bancs diminue dans ce travers-bancs à mesure qu'on s'éloigne du puits de la Tardive : elle n'est plus que de 14 à 15 degrés à 200 mètres de ce puits.

Par une descente partant du mur de la faille de la Péchoire à la cote 210, on a essayé de retrouver la couche de la Tardive au toit de cet accident. Mais au point où on aurait dû l'atteindre (cote 135 environ), la descente a été barrée par des accidents plongeant à l'Est, analogues à ceux qui avaient été autrefois reconnus par le puits du Pont-de-Sauze. Les terrains recoupés au mur de ces accidents doivent être situés au mur des couches de la Tardive.

Le puits du Pont-de-Sauze, ouvert il y a plus de quarante ans sur les affleurements de la 4ᵉ couche, mesure 240 mètres de profondeur; il ne paraît pas avoir retrouvé les couches de la Tardive. Vers le fond du puits, le terrain est irrégulier, assez relevé et brouillé par des accidents plongeant à l'Est, accidents qu'on a cru pouvoir rattacher à la faille de Côte-Quart.

Au Sud de Firminy, le terrain houiller s'étend dans la vallée de la Gampille jusqu'à Chazeau et Montessut. Sur la rive droite de ce ruisseau et au mur des couches de Fontrousse, on voit affleurer des grattes à gros éléments; elles plongent régulièrement vers le Nord comme les couches de Latour. Près de la bordure même du bassin houiller, ces grattes prennent souvent une couleur lie de vin très marquée.

Le travers-bancs de recherche du puits de la Tardive montre que l'inclinaison des bancs diminue peu à peu, à mesure qu'on se rapproche de la Gampille; ils doivent être horizontaux au-dessous de ce ruisseau; puis au delà ils plongent fortement vers l'Ouest. Ils se relèvent ensuite au voisinage immédiat du terrain primitif, et près de Montessut, sur la bordure même du bassin de la Loire, on retrouve des poudingues couleur lie de vin plongeant fortement à l'Est. Le terrain houiller forme donc dans cette zone une petite cuvette indépendante de celle de Firminy.

On a autrefois exploité dans cette cuvette une couche de houille assez irrégulière, mesurant 2 m. 50 à 3 mètres de puissance, donnant des houilles grasses à courte flamme à 22 p. 100 de matières volatiles (cendres déduites). Ses affleurements dessinent entre Montessut et la Gampille une ellipse dont le grand axe, orienté N.-S., mesure 600 à 700 mètres de longueur et le petit axe 200 à 300 mètres seulement. Dans cette couche, le fond de la cuvette se trouve au plus à 60 mètres du jour.

La couche exploitée à Montessut paraît être la même que la couche de Fontrousse.

Au mur de cette couche, on connaît les affleurements de quelques filets de houille. On les a recherchés en profondeur, sans aucun succès d'ailleurs, par le puits Gabrielle et par le sondage de la Targe (profondeur totale : 410 mètres).

CUVETTE D'UNIEUX.

La cuvette d'Unieux est limitée vers l'Est par l'accident de Côte-Quart et, plus au Sud, par le massif ancien de Fraisse. Vers le S. O. et l'Ouest, elle s'étend jusqu'à l'extrémité même du bassin de la Loire. Vers le Nord, elle paraît se raccorder à la cuvette de Saint-Étienne. Le long de la route d'Unieux à Roche, tous les bancs plongent en effet vers le S. O. ou le Sud, comme au Grand-Beraud; de plus, le plissement de Côte-Quart, si net dans la vallée de l'Écho, disparaît entièrement dès que l'on atteint la crête qui s'étend entre l'Écho et la Croix-de-Marlet, et, dans toute cette zone, on ne voit plus affleurer que des poudingues à gros galets de granite, identiques à ceux que l'on connaît à la Malafolie, au toit de la faille des Trois-Ponts.

Plusieurs couches de houille affleurent sur le versant Sud de la cuvette d'Unieux, entre Combeblanche et Côte-Martin. Des travaux importants ont été faits dans toute l'étendue de la concession de Fraisse-Unieux pour les retrouver en profondeur. Ces recherches ont malheureusement échoué : l'épaisseur des couches diminue en profondeur; elles sont souvent trop schisteuses pour pouvoir être utilisées; enfin le terrain houiller est partout très accidenté. Tous les travaux de la concession de Fraisse-Unieux sont aujourd'hui arrêtés; depuis une vingtaine d'années, on s'est borné à effectuer de temps en temps dans cette région quelques glanages sur les affleurements des couches de Combeblanche. Je n'insisterai donc guère sur la description de cette partie du bassin houiller de la Loire, qui ne peut plus présenter aucun intérêt, et je renvoie, pour plus de détails, au chapitre XII de l'ouvrage de M. l'inspecteur général Grüner.

Entre Fidel et Côte-Quart, dans le quartier desservi par les puits de Combeblanche, on connaît les affleurements de quatre couches de houille qui présentent tous les caractères des couches de la Malafolie et de Latour. La couche supérieure ou grande couche est épaisse de 4 ou 5 mètres; elle est divisée en deux bancs, l'un de 2 m. 50 et l'autre de 1 m. 50, par un nerf schisteux de près de 4 mètres de puissance. Un banc de grès, de 14 mètres d'épaisseur au puits de Combeblanche n° 2, la sépare d'une 2ᵉ couche mesurant 1 m. 80 en moyenne. A 40 mètres plus bas, et sous un nouveau banc de grès, on trouve la 3ᵉ couche, épaisse de 3 mètres à 3 m. 50. Au mur de cette couche on connaît des bancs de charbon cru séparés par des schistes, et souvent par des schistes argileux jaunâtres, identiques à ceux qui caractérisent la 4ᵉ couche de la Malafolie.

Toutes ces couches donnent des houilles à gaz.

Au Nord de Fidel et de Raboin, les couches de Combeblanche sont coupées par un accident plongeant au Nord, correspondant plus ou moins à la faille des Trois-Ponts. Un second accident, plongeant à l'Ouest, a limité vers l'Ouest ces travaux, et les recherches entreprises par le puits Raboin à la cote 205, pour retrouver les couches de Combeblanche au toit de cet accident, sont demeurées infructueuses.

Vers le S. E., les affleurements des couches de Combeblanche ont pu être suivis jusqu'au voisinage même de l'Ondaine; mais, de ce côté, aussi bien à la fendue de Combeblanche et au puits Massardier, qu'à la fendue des Planches, on n'a jamais trouvé que des lambeaux de charbon absolument insignifiants. La couche que l'on a surtout exploitée dans cette zone paraît être la 3ᵉ; son épaisseur varie de 1 à 4 mètres; elle donne des charbons tendres et menus employés par les usines à gaz de la région. Au toit de cette couche, on a reconnu au puits Massardier une petite veine de houille de 1 mètre à 1 m. 20; au mur on a retrouvé quelques filets de charbon cru séparés par des nerfs de schistes qui peuvent représenter la 4ᵉ couche. Le puits des Planches nº 1 (profondeur, 115 mètres) a été foncé autrefois pour rechercher l'aval pendage de ces couches. Il a recoupé, à 25, 35 et 85 mètres du jour, trois veines de charbon trop médiocres pour avoir pu être utilisées; il ne paraît pas avoir atteint la 3ᵉ couche de Combeblanche. Le puits des Planches nº 2 (profondeur, 60 mètres) et le puits Brochin (profondeur, 120 mètres) ont probablement été creusés sur des accidents, car ils n'ont recoupé aucune couche de houille.

Sur la rive gauche de l'Ondaine, les couches de Combeblanche affleurent dans le ravin de Côte-Martin; elles sont ici plus rapprochées les unes des autres que sur la rive droite de l'Ondaine. Elles sont minces et de médiocre qualité, aussi bien au jour qu'à 100 mètres de profondeur dans les travaux du puits de Côte-Martin; on n'a jamais encore songé à les exploiter. On suit aisément les affleurements de ces couches vers le S. O. jusqu'au hameau des Girards. Ils ont été fouillés en divers points par des fendues ou de petits puits; mais ils n'ont jamais été l'objet de travaux sérieux.

Les couches du Soleil ont été recherchées dans la région de Combeblanche par un faux puits partant du mur de la 4ᵉ couche et mesurant 205 mètres de profondeur. Il a traversé des terrains micacés assez réguliers, plongeant vers le N. O., et a été arrêté dans des schistes charbonneux qui peuvent représenter les couches du Soleil. Il est toutefois possible que cette recherche, arrêtée à 205 mètres du mur de la 4° couche, n'ait pas encore atteint les couches du Soleil, car le massif stérile qui les sépare de la 4° couche de la Malafolie, et qui mesure 165 mètres au puits Chapelon et 210 mètres au puits de la Tardive, augmente d'importance du côté de Roche-la-Molière.

Le versant Nord de la cuvette d'Unieux est encore plus pauvre que le versant Sud. Sur la rive gauche de l'Ondaine, on ne voit affleurer aucune couche de houille. Le terrain houiller est constitué de ce côté par des poudingues et des grès ou des schistes micacés; les poudingues sont particulièrement grossiers du côté de Cornillon.

Sur la rive droite de l'Ondaine, les puits d'Unieux et Saint-Honoré ont été creusés pour rechercher en profondeur quelques filets de schistes charbonneux ou de charbon qui affleurent au Nord de l'Hôpital et qui plongent fortement au Sud. Le premier de ces puits mesure 71 mètres de profondeur, le second 364 mètres. Deux travers-bancs, partant du puits Saint-Honoré à 255 et à 287 mètres de profondeur et dirigés vers le Nord, ont servi à explorer quelques filets charbonneux; mais tous ces travaux n'ont permis de reconnaître que des veines de houille d'épaisseur insignifiante et de médiocre qualité, ou des couches de schistes charbonneux. D'après leur flore, les bancs que l'on a ainsi traversés paraissent appartenir à la base de l'étage inférieur de Saint-Étienne.

Enfin le centre de la cuvette d'Unieux a été exploré par le puits Raboin. Ouvert à la cote 490, ce puits a tout d'abord traversé, sur une hauteur verticale de 160 mètres, le lambeau de terrain tertiaire qui s'étend des Planches à la Triollière sur la rive gauche du ruisseau de la Triollière; ce lambeau est uniquement formé par des sables et des argiles rouges et verts en bancs horizontaux. Le puits Raboin est ensuite entré dans le terrain houiller plongeant à l'Ouest, comme à Combeblanche. A 208 mètres du jour, il a rencontré une grande faille, dite du puits Raboin, dirigée N. E. - S. O. et plongeant au S. E. C'est cet accident qui paraît limiter vers le N. O. le lambeau de terrain tertiaire dont j'ai déjà parlé. Au mur de la faille du puits Raboin et jusqu'à 404 mètres de profondeur, le puits Raboin n'a traversé que des terrains stériles plongeant au S. E. Un travers-bancs poussé au mur, à la cote 205, a recoupé les mêmes bancs sans aucun succès. Ce travers-bancs, prolongé vers le toit, a traversé la faille du puits Raboin et a servi à rechercher au toit de

3₂.

cet accident le prolongement des couches de Combeblanche. Il a rencontré à 100 mètres du puits deux veines de o m. 5o et de o m. 75, puis à 140 mètres une couche de 3 mètres de puissance, trop schisteuse malheureusement pour pouvoir être utilisée. Les couches de Combeblanche n'existent donc pas dans la région du puits Raboin.

PROLONGEMENT DU BASSIN DE LA LOIRE

SUR LA RIVE GAUCHE DU RHÔNE.

Je n'ai étudié jusqu'à présent que la partie du bassin de la Loire située à l'Ouest du ruisseau du Bosançon. C'est la seule qui, pour le moment tout au moins, présente de l'importance. A l'Est de ce ruisseau, on ne trouve plus qu'une étroite bande de terrain houiller. Bien qu'elle ne soit pas toujours continue, on la suit aisément sur la rive gauche du Gier jusqu'au voisinage du Rhône, où elle est recouverte par les alluvions de ce fleuve. Le terrain houiller reparaît à l'Est du Rhône, au voisinage de Ternay et de Communay; puis il disparaît au S. E. de ce dernier village sous les formations tertiaires.

Les lambeaux de terrain houiller situés entre le Bosançon et le Rhône n'ont qu'une importance insignifiante. L'allure des bancs y est souvent assez irrégulière et on n'y a retrouvé jusqu'à présent que des lambeaux de couches de faible importance. Au voisinage de Tartaras toutefois, on a reconnu l'existence d'une couche de houille de 3 mètres à 3 m. 25 de puissance. Elle a été exploitée dès le début du xixe siècle. Elle donne de la houille tendre et friable, un peu schisteuse, mais assez riche en matières volatiles pour avoir pu être utilisée comme houille à gaz.

Sur la rive gauche du Rhône, le lambeau de terrain houiller reconnu près de Ternay et de Communay est plus important et plus régulier. Sa largeur varie entre 1,000 et 1,200 mètres. Il renferme trois couches d'anthracite de o m. 80 à 1 m. 50 de puissance, appartenant à un synclinal dont l'axe plonge vers l'Est. D'après leur flore, ces couches paraissent faire partie de l'étage de Rive-de-Gier.

Je ne veux pas insister ici sur cette partie du bassin houiller de la Loire. Elle n'a jamais eu et ne pourra jamais avoir aucune importance. On trouve d'ailleurs, soit dans l'ouvrage de M. l'inspecteur général Grüner, soit dans un mémoire de M. Chanselle, inséré au *Bulletin de la Société de l'Industrie minérale,* 2ᵉ série, tome XIV, page 627, et datant de 1885, de nombreux détails sur les exploitations qui s'y sont développées. Je m'étendrai plus longuement, au contraire, sur les recherches qui ont été faites en vue de retrouver le prolongement du bassin de la Loire à l'Est de Communay, dans la zone où il est recouvert par les formations tertiaires de la vallée du Rhône. Les divers sondages exécutés dans ce but ont tous montré que le terrain houiller s'étend au loin vers l'Est sur la rive gauche du Rhône; malheureusement ils ne sont pas encore assez nombreux, et surtout ils n'ont pas été poussés à des profondeurs suffisantes, pour avoir pu donner des renseignements précis sur la valeur des formations qu'ils avaient retrouvées.

A 30 kilomètres au N. E. de Communay (voir fig. 56)[1], aux environs du village de Chamagnieu, on voit affleurer un lambeau de terrain houiller reposant directement sur les terrains anciens. La ligne droite reliant les affleurements de Chamagnieu et de Communay forme, à peu de chose près, le prolongement du grand axe du bassin houiller de la Loire. Il était donc assez naturel d'admettre que le bassin de la Loire se prolongeait sur la rive gauche du Rhône jusqu'à Chamagnieu, en conservant sa direction générale S. O.-N. E., et que, pour retrouver le terrain houiller sous les formations tertiaires, il n'y avait qu'à effectuer une série de sondages le long de la ligne reliant les affleurements de Communay et de Chamagnieu.

Un premier sondage fut attaqué en 1853 au Sud de Simandres (orifice, 260 mètres); il a traversé 11 mètres de diluvium; 107 m. 70 de mollasse tertiaire; 28 m. 92 de conglomérats, et enfin 10 mètres d'une roche micacée, schisteuse. On admit que l'on avait atteint les micaschistes, et le fonçage fut arrêté à 157 mètres de profondeur. Il paraît probable que les schistes recoupés au fond du sondage de Simandres sont des schistes houillers.

Le sondage de Saint-Quentin-Fallavier, attaqué en 1855, n'a donné aucun résultat. Ouvert sur les affleurements du Lias, il traversa les calcaires du Lias

---

[1] Pour simplifier la figure 56, on a uniformément recouvert par des hachures rouges tous les terrains anciens; on n'a donc fait aucune distinction entre les schistes micacés ($x\gamma_1$) de Chamagnieu, les gneiss feuilletés (ζ^1) du Pilat et le granite (γ_1) de Chassagny et de Chamagnieu. De même les hachures bleues correspondent aux divers étages du lias ($1^{2\cdot1}$, 1^3, 1^4) et du jurassique (j_{jr}) qui affleurent au voisinage de la Verpillière. Enfin, sur la rive gauche du Rhône, on a laissé en blanc toute la zone recouverte par les formations récentes, mollasse d'eau douce (m^1), cailloutis des plateaux (p^1) et alluvions récentes (a et A). Voir, pour plus de détails, la feuille de Lyon de la Carte géologique détaillée de la France au 1/80.000ᵉ.

Nanten
la Fouillouse
Ch.ᵃᵘ
St Pierre de
Bayardière
Luzinay
le Mollard
70°
50°
60°
90°

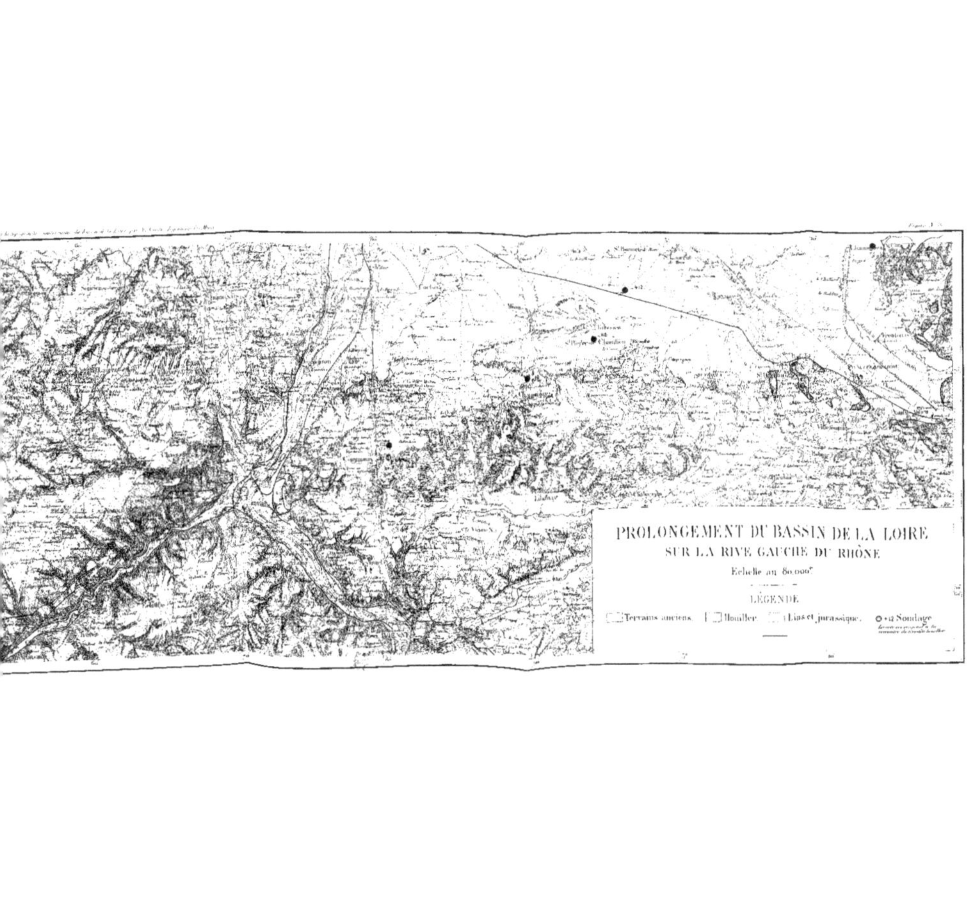

PROLONGEMENT DU BASSIN DE LA LOIRE
SUR LA RIVE GAUCHE DU RHÔNE
Echelle au 80.000ᵉ
LÉGENDE
Terrains anciens.   Houiller.   Lias et jurassique.   Sondage

et les marnes du Trias et atteignit, à 113 m. 50 de profondeur, les roches anciennes sans avoir recoupé le terrain houiller.

En 1879, on a attaqué, à 600 mètres au Sud du premier sondage de Simandres, un second sondage (orifice, cote 260 m. 60); il a traversé 11 m. 60 de diluvium, 167 mètres de mollasse tertiaire, 145 m. 35 de terrain houiller. Il a été arrêté à la profondeur de 333 m. 50 après avoir pénétré sur 9 m. 50 de hauteur verticale dans les micaschistes. Le terrain houiller affleure donc ici sous le tertiaire à la cote + 82. Il est formé par des grès et des schistes houillers plongeant au N.E., et contient, à 217, 222, 281 et 296 mètres du jour, des filets de houille grasse de 0 m. 05 à 0 m. 12 d'épaisseur.

Le sondage de Marennes fut entrepris en 1880 (orifice, cote 215 mètres). Il a traversé 44 mètres de diluvium, 127 m. 10 de mollasse tertiaire; puis il est entré dans une épaisse formation de conglomérats avec argiles rouges, et il a été arrêté dans cette formation à 320 mètres du jour, sans avoir atteint le terrain houiller.

En 1881, deux nouveaux sondages furent attaqués au voisinage de Chaponnay et de Toussieu. Le premier (orifice, cote 222 m. 30) a traversé 32 m. 40 d'alluvions, 179 m. 60 de mollasse. Il a atteint, à la cote + 10, le terrain houiller et a été arrêté dans le houiller à 271 mètres du jour. Au contact du houiller et du tertiaire, le sondage de Chaponnay a traversé un banc de 1 mètre environ d'argile rouge avec cailloux de calcaire, de gneiss et de quartz. Comme à Simandres, le houiller est ici constitué par des grès et des schistes ordinaires contenant quelques filets de houille grasse. Les bancs plongent souvent de 40 à 50 degrés vers le N. E.; les schistes présentent des surfaces de glissement fort nettes. On a cru pouvoir en conclure que le terrain houiller était assez bouleversé.

Le sondage de Toussieu (cote de l'orifice, 240 m. 30) a traversé 31 mètres d'alluvions, 204 m. 80 de mollasse; puis sous 30 m. 95 de conglomérats, il a atteint une importante formation ferrugineuse de 9 mètres de puissance totale. Au-dessous de cette formation, il a retrouvé des conglomérats et des argiles, et il a enfin atteint le terrain houiller à 321 mètres du jour, soit à la cote — 82 environ. Ce sondage a été arrêté à 465 mètres de profondeur sans avoir atteint le fond de la cuvette houillère. Ici encore le houiller contient des grès blancs ordinaires et des schistes fins avec quelques filets de houille grasse. Les bancs paraissent dirigés N.-S. et plongent à l'Est avec une très forte pente.

A la suite de ce sondage, l'attention des explorateurs fut attirée sur la formation ferrugineuse rencontrée entre la mollasse et le houiller; elle fut reconnue par deux autres sondages, l'un à 200 mètres au Nord, l'autre à 160 mètres au Sud du premier sondage de Toussieu, et à la suite de ces travaux, le décret du 31 janvier 1889 institua la concession des mines de fer, manganèse et autres métaux connexes de Toussieu. Les sondages 2 et 3 de Toussieu avaient d'ailleurs reconnu, l'un et l'autre, l'existence du houiller. Le sondage Nord l'avait atteint à la cote — 84 et le sondage Sud à la cote — 56.

Un dernier sondage (sondage de Saint-Bonnet-de-Mure, orifice cote 243 m.) fut enfin attaqué en 1892. Sur les conseils de M. l'ingénieur des mines Termier, on s'éloigna nettement cette fois de la ligne droite Communay-Chamagnieu, sur laquelle on avait jusque-là toujours tenu à se placer. Voici d'ailleurs de quelle manière M. Termier a indiqué les raisons qui ont motivé le choix de l'emplacement du nouveau sondage :

« Si l'on étudie [1] l'allure des schistes cristallins de Chamagnieu, de Saint-Symphorien-d'Ozon, de Ternay, de Givors et de Vienne, on est conduit à penser que l'affleurement houiller de Chamagnieu appartient à un autre bassin, à un autre synclinal que celui de Saint-Étienne. Le prolongement du bassin de Saint-Étienne doit être recherché sur une ligne partant de Communay et dirigée N. 45° E., au lieu de N. 70° E., qui est la direction de la ligne allant vers Chamagnieu. Il est même probable que l'axe du pli houiller s'infléchit de plus en plus vers le Nord, au fur et à mesure qu'il s'éloigne de Communay, jusqu'à prendre une direction voisine de celle des chaînes subalpines les plus proches, c'est-à-dire N. 20° E. Les sondages de Toussieu et de Chaponnay sont, selon toute vraisemblance, tombés sur le bord méridional du bassin houiller.

« Ainsi s'expliquent un certain nombre de faits : le redressement des assises houillères traversées à Chaponnay et à Toussieu; l'abondance, dans le minerai de fer de Toussieu, des galets de micaschistes et de gneiss, alors que l'on n'a trouvé, dans ce même minerai, aucun galet de grès houiller; enfin la pente très sensible, vers le Nord, de la formation tertiaire.

« C'est sous l'empire de ces considérations que le dernier sondage entrepris

[1] Voir *Comptes rendus mensuels des réunions de la Société de l'Industrie minérale*, 1895, p. 96 et suivantes.

par la Société des recherches d'Heyrieu a été placé au Nord de la voie ferrée Lyon-Grenoble, près de la gare de Chandieu-Toussieu (orifice, cote 243 m.), à 2 kilomètres et demi au N. N. E. des trois sondages de Toussieu.

« Puisque l'on cherchait à se placer dans l'axe même du synclinal houiller, il y avait lieu, conformément à la loi énoncée et vérifiée par M. Marcel Bertrand, de prévoir l'existence d'un synclinal de terrains secondaires et tertiaires exactement superposé au synclinal houiller. En d'autres termes, on pouvait s'attendre à voir toutes les épaisseurs s'accroître, et la présence des terrains secondaires (Jurassique et Trias), qui manquent entre Communay et Toussieu, devenait ici vraisemblable, sinon probable.

« L'événement a justifié ces prévisions. Le sondage n'a rencontré le minerai de fer qu'à 391 m. 50 du jour, soit 120 mètres plus bas qu'à Toussieu. De 438 mètres à 565 mètres, il a traversé le Lias. Le Trias est venu ensuite, jusqu'à 655 mètres. Enfin, à cette dernière profondeur, on a atteint le houiller.

« Voici la coupe un peu plus détaillée des terrains traversés par le sondage :

« Du jour à 391 m. 50. — Cailloutis quaternaires (glaciaire); puis Mollasse sableuse et argileuse, avec bancs d'argile nombreux, et, vers la base, quelques bancs de conglomérats.

« De 391 m. 50 à 394 m. 40. — Première couche de minerai de fer.

« De 394 m. 40 à 397 m. 25. — Sables, argiles et conglomérats.

« De 397 m. 25 à 404 mètres. — Deuxième couche de minerai de fer.

« De 404 mètres à 406 m. 50. — Couche de minerai de manganèse.

« De 406 m. 50 à 407 m. 20. — Troisième couche de minerai de fer.

« De 407 m. 20 à 438 mètres. — Conglomérats à blocs de calcaire de l'Oolithe; quelques bancs d'argile.

« De 438 mètres à 515 mètres. Marnes et argiles gris bleu du Toarcien et du sommet du Charmouthien.

« De 515 mètres à 527 mètres. — Marnes et calcaires à bélemnites charmouthiennes (Lias moyen).

« De 527 mètres à 529 mètres. — Marnes et argiles grises avec pyrite et nodules blancs phosphatés.

« De 529 mètres à 565 mètres. — Lias inférieur, comprenant marnes et calcaires durs; le calcaire lithographique (choin bâtard) semble avoir été traversé vers 545 mètres.

« De 565 mètres à 655 mètres. — Trias, comprenant surtout des argiles versicolores (marnes irisées), avec de petits bancs calcaires, et des niveaux gréseux vers la base; la coupe est analogue à celle du Mont-d'Or lyonnais, mais avec plus d'argiles et moins de calcaires et de grès.

« A 655 mètres. — Le sondage pénètre dans des grès micacés de couleur foncée, renfermant des empreintes de petits débris végétaux, et dans des schistes noirs ou couleur chocolat foncé; certains de ces schistes renferment de petits filets de houille impure. Ces assises appartiennent indubitablement au terrain houiller. »

Le sondage de Saint-Bonnet-de-Mure a malheureusement dû être arrêté à la profondeur de 686 mètres, par suite du diamètre insuffisant du trou de sonde.

Les diverses recherches dont je viens de parler ont toutes démontré d'une façon bien nette que le bassin de la Loire se poursuit au loin sur la rive gauche du Rhône et que, à 15 ou 20 kilomètres au S. E. de Lyon, le terrain houiller existe à des profondeurs parfaitement abordables aujourd'hui On n'a évidemment encore aucune donnée sur la valeur de ces formations; mais on ne doit pas oublier qu'elles paraissent avoir été retrouvées par les sondages de Simandres, de Chaponnay et de Toussieu, dans une zone où elles sont assez accidentées, et que le sondage de Saint-Bonnet-de-Mure, le seul qui, jusqu'à présent, aurait pu donner de meilleurs résultats, a dû être arrêté après avoir pénétré de 31 mètres seulement dans le terrain houiller. D'autre part, les grès et les schistes que ces sondages ont traversés sont analogues à ceux qu'on retrouve dans les bassins houillers productifs. Les résultats de ces diverses recherches sont donc loin d'être décourageants, et on sera certainement amené un jour à reprendre ces travaux. Les ressources dont on dispose dans le bassin de Saint-Étienne sont restreintes; la production y est évidemment limitée, et elle ne paraît guère pouvoir se développer encore. Aussi, la découverte d'un bassin houiller aux portes mêmes de Lyon présenterait-elle pour tous un intérêt des plus considérables.

TABLE DES MATIÈRES.